Die Sprache der Bienen

JÜRGEN TAUTZ

Prof. Dr. Jürgen Tautz ist Bienenexperte, Soziobiologe, Verhaltensforscher und Professor i. R. am Biozentrum der Universität Würzburg. Dort ist er auch Vorsitzender des Bienenforschung Würzburg e. V. sowie Leiter des interdisziplinären Projektes HOneyBee Online Studies (HOBOS) und dessen Folgeprojektes we4bee. Er ist Bestsellerautor und mehrfach ausgezeichnet für die gelungene Vermittlung von Wissenschaft an eine breite Öffentlichkeit. Im Knesebeck Verlag ist von ihm bereits der Band *Honigbienen – geheimnisvolle Waldbewohner* mit Fotos von Ingo Arndt erschienen.

JÜRGEN
TAUTZ

Die Sprache der Bienen

Mit Grafiken von Silke Arndt

KNESEBECK *Stories*

INHALT

WORUM ES GEHT

Nach einem alten Witz sucht ein Mann in einer dunklen Gasse im Lichtkegel einer Straßenlaterne nach seinem Hausschlüssel. Ein freundlicher Passant hilft ihm. Nach einer Weile erfolgloser Suche fragt der Passant den Pechvogel, wo er denn den Schlüssel verloren habe. Dieser erklärt, er habe ihn irgendwo auf dem Weg verloren, aber hier sei schließlich ausreichend Licht für die Suche.

Auch die Wissenschaft sucht hin und wieder mangels geeigneter Forschungsmethoden notgedrungen nach vorläufigen Erklärungen und Lösungen zunächst nicht unbedingt dort, wo sich Lösungen verbergen. Besonders auch dann, wenn die vorläufigen Erklärungen hohe Attraktivität besitzen.

*

Die letzten hundert Jahre Bienenforschung haben uns einen tiefen Blick in das Innenleben der Staaten der Honigbienen beschert. Wir haben sehr viel darüber gelernt, wie sie leben und wie sie sich in ihrer Welt zurechtfinden. Das Studium der Honigbienen hatte einen starken Einfluss auf die Herausbildung einer modernen Verhaltensforschung und deren Konzepte und Begriffsbildungen. Dabei hat insbesondere die Kommunikationsbiologie erheblich von dem hohen Interesse profitiert, das der sogenannten Tanzsprache der Honigbienen bis heute entgegengebracht wird. In deutlich mehr als tausend wissenschaftlichen Publikationen über die Tanzsprache wurden Einsichten gewonnen und Vorstellungen entwickelt, die sich in ungezählten Schulbüchern, Lehrbüchern und Internetbeiträgen niederschlagen.

Die Funktion und die Bedeutung des Schwänzeltanzes werden dabei bis heute überschätzt. Wenn eine Biene in den Bienenstock kommt und einen Tanz aufführt, so wird klassischerweise angenommen, dass sie sich so mit ihren Mit-Bienen verständigt und Informationen an sie weitergibt, die diese direkt zu etwaigen Futterquellen führen. Dabei wird allerdings bis heute die zweite Hälfte der Geschichte praktisch ausgeblendet, nämlich die Verständigung zwischen den Bienen außerhalb des Stockes. Diese spielt in den Vorstellungen und Modellen, die das komplexe Kommunikationsverhalten der Honigbienen erschließen, eine untergeordnete Rolle und ist in der Forschungspraxis bis heute ein blinder Fleck. Honigbienen sind nicht nur in ihrem Bienenstock soziale Insekten – hat man das im Blick, erscheint die bisherige Schwerpunktsetzung der Kommunikationsforschung an Bienen recht einseitig.

Der berühmte Insektenforscher Edward O. Wilson schrieb 1971:

> »Furthermore, the waggle dance had become something of a sacred cow and it needed a critical examination by an independent group of investigators.« (287, S. 267)
> [»Zudem ist der Schwänzeltanz so etwas wie eine heilige Kuh geworden, und er bedurfte einer kritischen Untersuchung durch eine unabhängige Gruppe von Forschern.« Übersetzung J. T.]

Und weiter:

> »Also, there is a scarcity of measurements of the amount of information added to the waggle dance by additional cues, in particular the assembly pheromones of the Nasanov glands released in the vicinity of the new finds and the sight of flying workers.« (287, S. 268)
> [»Kaum eine Arbeit befasst sich mit Reizen, die zusätzlich zur Tanzbewegung Information liefern, insbesondere die Aggregations- (›Versammlungs-‹)Pheromone der Nasanov-Drüse, freigesetzt in der Umgebung neu entdeckter Futterplätze und der Anblick fliegender Arbeiterinnen«, Übersetzung J. T.]

Dabei geht es um die Verständigung zwischen den Sammelbienen im Feld.

Mit der Verleihung des Nobelpreises an Karl von Frisch im Jahr 1973 war diese »heilige Kuh« zementiert, die Kritik Wilsons verklang ungehört. Sein damaliger Hinweis auf die fehlende zweite Hälfte der Erforschung der Bienenrekrutierung gilt auch heute noch.

Dabei findet man in der Literatur durchaus die Überlegung, dass es neben dem Tanz wohl noch weitere Hilfen gibt, die eine Biene ins

Ziel bringen. Diese Überlegungen blieben aber folgenlos, denn sie wurden weder in das Konzept einbezogen, wie die Rekrutierung bei den Bienen ablaufen soll, noch experimentell verfolgt.

Dieses Buch analysiert den Sachstand der über den Bienentanz publizierten Arbeiten, ordnet daraus wesentliche Bausteine in ein übergeordnetes Konzept und entwirft ein Programm für notwendige Forschungsarbeiten, um das Bild über eine der bemerkenswertesten Verhaltensleistungen im Tierreich eines Tages komplett zu machen.

In diesem Buch wird NICHT betrachtet, wie bedeutsam das Anzeigen von Futterstellen für eine Bienenkolonie insgesamt ist, wann die Information aus dem Tanz nicht beachtet wird und wie sich dies mit den Umständen ändern kann.

Nachtänzerinnen, die einem Bienentanz folgen, haben für ihre daran anschließenden Ausflüge viele Optionen – allerdings werden sie allein auf Basis der Informationen aus dem Tanz das gewünschte Ziel nicht finden.

Mit welchen Mechanismen aber ein Ziel, für das eine Tänzerin wirbt, doch gefunden wird, betrachtet dieses Buch. Es beleuchtet den Kern der Tanzsprache. Wird hier die Tanzsprache kritisch beleuchtet, betrifft dies nicht die vielen Überlegungen und Publikationen zu der Frage, ob es sich wirklich um eine Sprache handelt. Es geht viel bescheidener lediglich um die Frage, wie Bienenneulinge an einen Futterplatz gelangen, für den eine Sammelbiene mit ihrem Tanz wirbt.

DAS RINGEN UM ERKENNTNIS

»Diejenigen, die Wissenschaft betreiben, sind entweder Empiriker oder Dogmatiker. Die Ersteren sammeln wie die Ameisen, die Letzteren spinnen ihre Netze wie die Spinnen. Die Honigbiene, ein Mittelding zwischen den beiden, entzieht den Blumen im Garten und Feld Materie, aber bearbeitet und gestaltet sie mit eigenem Bemühen.«
Sir Francis Bacon, 1620

Es sind nicht immer neue Daten, die Bewegung in die Wissenschaft bringen, sondern auch neue Blickwinkel – ganz im Sinne der Bienenparabel von Sir Francis Bacon. Nicht selten führt ein neuer Blickwinkel, unter dem objektive Tatsachen betrachtet werden, zu komplett neuen Interpretationen und Einsichten.

Ein wunderbares Beispiel ist die Entdeckung der Atomkernspaltung. Otto Hahn experimentierte mit Uran in seinem Berliner Labor und stand mit seiner Mitarbeiterin Lise Meitner, die vor der Verfolgung der Juden durch die Nationalsozialisten nach Schweden geflohen war, in brieflichem Austausch zu seinen Forschungen. In seinen Mitteilungen tauchte immer wieder Verzweiflung darüber auf, dass er sich auf der Grundlage der damals vorherrschenden Vorstellungen seine eigenen Versuchsergebnisse nicht erklären konnte. Frau Meitner dachte nach und rechnete und kam zu dem Schluss, dass es möglich sein müsse, dass Atomkerne ›zerplatzen‹ können. Der Blick weg von der Vorstellung der Unteilbarkeit von Atomen hin zu vollkommen frischem Denken ergab die Entdeckung der Spaltbarkeit von Atomen.

Ein weiteres sehr bekanntes Beispiel für gravierende Folgen aus einer Änderung des Blickwinkels ist das Erkennen unseres heliozentrischen Weltbildes. Der griechische Astronom Ptolemäus hatte recht genaue Daten zur Bewegung der Planeten am Himmel gesammelt und für die Tatsache, dass sie zu bestimmten Zeiten auch rückwärts liefen, immer kompliziertere Annahmen und Erklärungen gegeben. Er hatte auch gar keine andere Möglichkeit, als immer weitere Zusatzannahmen zu machen, solange er an der Grundthese festhielt, die Erde sei der Mittelpunkt der Welt. Als Nikolaus Kopernikus die Daten des Ptolemäus unter einem neuen Blickwinkel betrachtete und die umwälzende Idee, die Erde kreise um die Sonne und nicht umgekehrt, für möglich hielt, ergab sich schlagartig eine viel einfachere Erklärung der beobachteten Planetenbahnen und ein komplett neues Weltbild.

Zwischen den kleinsten und den größten Dingen, die der Mensch erforscht, liegt die Welt des Lebendigen. Und auch hier gilt, dass es entscheidend sein kann, unter welchen Blickwinkeln man beobachtete Phänomene und Daten anschaut.

Eine der folgenreichsten Entdeckungen der Lebenswissenschaften der letzten Jahrzehnte betrifft die molekulare Struktur des Erbgutes. Maurice Wilkins und Rosalind Franklin hatten Röntgenstrukturdaten der Desoxyribonukleinsäure aus dem Zellkern von Lebewesen gewonnen, aber ihre Daten nicht unter dem gleichen Blickwinkel betrachtet, wie es ihre beide Kollegen James Watson und Francis Crick taten. Deren frischer Blick auf vorliegende Resultate und ein Basteln mit Papier, Schere und Klebstoff führten zum Einfall der Doppelhelix als Grundstruktur der Erbsubstanz. Damit schufen sie die entscheidende Basis für die moderne Molekulargenetik und wurden dafür 1962 gemeinsam mit dem Neuseeländer Maurice Wilkins mit dem Nobelpreis für Medizin geehrt.

Ein anderer Blickwinkel ist auch auf die Tanzsprache der Honigbiene möglich. Und dieser soll hier eingenommen werden. Eine neue Einordnung alter Daten und das Aufzeigen von Lücken in unserem Wissen begleiten als ständiger Stachel durch dieses Buch mit seinem Blick auf Beobachtungen, Experimente und Interpretationen zur Bienenkommunikation, die das heutige Bild entscheidend gestaltet haben.

Warum halbe Wahrheiten so praktisch sind

Der Bienentanz ist eine Form der Kommunikation zwischen Honigbienen. Zum Informationsgehalt dieser wohl bekanntesten Kommunikationsform im gesamten Tierreich heißt eine klassische Formulierung, die so oder abgewandelt in jedem Text zur Sprache der Bienen zu finden ist: »Im Tanz geben Honigbienen Richtung und Entfernung zu einem Ziel an.« Wieso ist diese gestraffte Aussage zum Bienentanz halbwahr? Tatsächlich vermitteln die Bienen im Tanz keine Angabe über die Position eines Futterplatzes. Richtig ist, dass Richtung und Entfernung nur als grober Hinweis auf ein Gebiet angegeben werden.

Formal betrachtet und korrekt, aber gespreizt klingend, wird durch den Bienentanz zwischen den Bienen die Hypothese übermittelt, dass zielführende Hilfen, die Neulinge zum Futterplatz leiten, draußen im Feld vom Stock aus betrachtet in einem bestimmten Winkel- und Entfernungsbereich zu finden sind.

In der Sprache der Kommunikationswissenschaften reduziert der Bienentanz in einem ersten Schritt die Unsicherheit darüber, wo im Feld die Nachtänzerinnen mit hoher Wahrscheinlichkeit auf Anschlussreize treffen können. Diese Anschlussreize bieten dann im zweiten Schritt den Neulingen die eigentlich zielführende Information. Diese trockene Beschreibung der kommunikationsbiologischen Bedeutung der Bienentänze ist die Leitlinie für die Ausführungen in diesem Buch. Für den tatsächlich komplizierteren Sachverhalt lautet eine Beschreibung zum Bienentanz wie folgt: »Durch die Tanzinformation reduzieren Honigbienen die Unsicherheit darüber, wo im Feld Rekruten auf die zielführenden Orientierungshilfen treffen.« Das klingt nicht so elegant wie die klassische Erklärung zum Bienentanz, dafür ist es aber richtig.

Die klassische Formulierung ist einfach, anschaulich und gut zu verstehen. Das macht sie sehr attraktiv, birgt aber die Gefahr, in ihr die Wiedergabe einer Tatsache zu sehen.

Ist es spitzfindig, in der Formulierung dessen, was der Bienentanz leistet, genau zu sein? Welche Folgen hat es, nicht genau zu sein? Wie ist die halbwahre Aussage zustande gekommen? Wieso hält sie sich so hartnäckig? Auf diese Fragen soll dieses Buch Antworten geben.

Wie findet eine Sammelbiene nun aber zum Ziel?

Es gibt stark verkürzte Aussagen zu Sachverhalten, bei denen niemand auf die Idee käme, sie wörtlich zu nehmen. Würde man die Aussage, dass die Erde 4,6 Milliarden Jahre alt ist, ernst nehmen, ließen sich das genaue Datum und der Wochentag der Erdentstehung ausrechnen. Das ist ganz offensichtlich absurd, jedem ist klar, dass diese Altersangabe einen groben Wert darstellt.

Wieso verhält es sich mit der Aussage »Im Tanz geben Honigbienen Richtung und Entfernung zu einem Ziel an« (in der Tanzsprache also) anders? Wird die Aussage zu Recht ernst genommen?

Verbunden damit ist die Vorstellung, dass nicht nur die Tänzerinnen Richtung und Entfernung zum Ziel vermitteln, sondern auch, dass eine rekrutierte Sammelbiene anhand der Tanzinformation eine ihr bis dahin unbekannte Futterquelle findet. Die Erforschung der Tanzsprache der Honigbienen und damit auch dieses Buch befassen sich mit genau diesem Aspekt: Wie findet eine Sammelbiene zu einem Ziel, zu dem sie von einer Bienentänzerin rekrutiert wird?

Dazu gibt es aus den letzten 2000 Jahren Bienenforschung im Wesentlichen drei Vorschläge:

1. Die Rekruten werden zum Ziel GEFÜHRT (Aristoteles)
2. Die Rekruten werden zum Ziel GESCHICKT (Karl von Frisch = Tanzsprache)
3. Die Rekruten werden vom Duft ANGELOCKT (Adrian Wenner)

Im Folgenden wird gezeigt, dass jede dieser drei Vorstellungen zutrifft, aber nicht gleichwertig alternativ, sondern Schicken, Führen und Locken sind als verwobene Bestandteile einer komplexen Kommunikationskette zwischen den Bienen zu sehen, begonnen im Bienenstock bis hin zum Ziel. Erst alle drei zusammen bringen Rekruten zu einem geografischen Zielpunkt.

Das Spezialgebiet der Verhaltensbiologie, das sich mit den Orientierungsleistungen von Tieren befasst, hat eine Reihe von allgemeinen Konzepten und Definitionen entwickelt, die auch bei den Honigbienen für das Aufsuchen eines Zieles zutreffen. Eine besondere Herausforderung ist die Erforschung der Fernorientierung, bei der Tiere höchst eindrucksvolle Leistungen erbringen. Dabei erreichen sie ein räumliches Ziel, das sie beim Start zu ihrer Reise und auf dem ersten Streckenabschnitt nicht direkt wahrnehmen können. Das Ziel wird bei Start und der ersten Wegstrecke weder gesehen noch gerochen noch gehört oder anders wahrgenommen, es gibt keine direkte wie immer geartete Verbindung mit dem Ziel.

Die Analyse typischer Merkmale einer Fernorientierung (Navigation) wurde schon sehr früh im Studium von Heimfindevermögen bei Vögeln durchgeführt, etliche Jahre vor dem Beginn einer modernen Erforschung der Kommunikation bei Honigbienen (222, 277).

Dabei sind es maximal drei aufeinanderfolgende Phasen, über die ein Tier zu einem Fernziel gelangen kann. Zunächst wird erstens eine Richtung eingeschlagen und über eine gewisse Strecke beibehalten, die zweitens in eine Suchorientierung übergeht, an die sich drittens eine wiederum gerichtete Orientierung anschließt, die das Tier zum Ziel führt.

Eine Erklärung dafür, dass Neulinge an Zielen eintreffen, zu denen beim Start am Bienenstock kein sensorischer Kontakt bestand, wird im Laufe dieses Buches immer deutlicher hervortreten, und zwar unter Einbeziehung der Modelle, die Ornithologen schon sehr früh für den Vogelzug eingeführt haben. Die Vorstellung »Im Tanz geben Honigbienen Richtung und Entfernung zu einem Ziel an« beinhaltet keine Differenzierung in die drei Stufen der Fernorientierung, denn danach soll ja die Nachtänzerin aus dem Tanz die Position des Zieles ablesen und umsetzen.

Tatsächlich leistet der Bienentanz das aber nicht, sondern sein Beitrag betrifft die erste Phase der Fernorientierung, nicht aber die zweite und dritte Phase. Der Tanz sendet in einem ersten Schritt Neulinge in eine Region, in der die zweite Phase der Fernorientierung beginnt, die Suchphase nach zuführenden Hilfen, wie Düften der Blüten und der Kommunikation mit erfahrenen Sammelbienen.

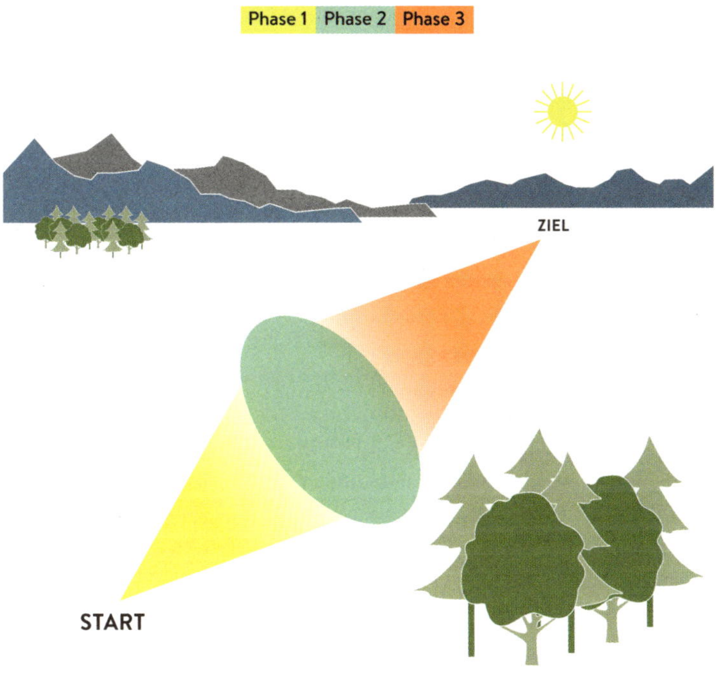

Abb. 1

Fernorientierung führt eine Biene über drei Phasen vom Start zum Zielort. Phase 1, das Einschlagen einer Richtung (SCHICKEN – gelber Sektor), reicht bis zu Phase 2, dem Erreichen eines Suchareals (SUCHEN – grüner Sektor), in dem dann die zielführenden Reize vorhanden sind und der Übergang in Phase 3 (LOCKEN – oranger Sektor) erfolgt.

Es mag zunächst übertrieben erscheinen, angesichts der Strecken, die Honigbienen zurücklegen, von Fernorientierung zu sprechen. Das sieht aus der Sicht einer Biene aber komplett anders aus. Ein Ziel in zehn Kilometern Entfernung ist ganz grob gerechnet etwa eine Million Bienen-Körperlängen entfernt. Rechnet man mit diesem Multiplikationsfaktor für einen Weißstorch, würde das für den Vogel eine Flugstrecke von tausend Kilometern bedeuten, eine Distanz, der man sofort das Prädikat Fernorientierung zugesteht.

Wie die Forschung das Phänomen erklärt

Neben der Tanzsprache wird in der Fachwelt eine zweite Hypothese darüber vertreten, wie Neulinge an ein Ziel gelangen, für das eine Tänzerin wirbt. Auch diese Hypothese (alleine der Duft des Zieles lockt die Bienen an) differenziert nicht in eine Aufeinanderfolge zielführender Schritte. Sie geht davon aus, dass es die Phase eins nicht gibt, sondern die Neulinge suchen und folgen lediglich zielführenden Düften.

Lexika bringen die Forschungslage zur Rekrutierung von Sammelbienen leicht abgewandelt und immer wiederkehrend auf diesen Punkt, beispielhaft aus dem Cambridge Dictionary (1995):

> »There are two main hypotheses to explain how foragers recruit other workers – the waggle dance or dance language theory and the odor plume theory.«
> [»Es gibt zwei Haupthypothesen um die Anwerbung anderer Bienen durch Sammelbienen zu erklären: die Hypothese vom Schwänzeltanz beziehungsweise der Tanzsprache und die Duftfahnentheorie«, Übersetzung J. T.]

Tatsächlich aber trifft keine der beiden Hypothesen zu.

Keiner der beiden Ansätze hat ein Forschungsprogramm hervorgebracht, in dem die drei Schritte einer Fernorientierung (Anfangsstrecke, Suchverhalten und Nahorientierung), über die Neulinge zu einem Ziel gelangen, gleichwertig beachtet und untersucht werden.

Es ist spannend, sich mit den Beobachtungen, Überlegungen und Experimenten zu befassen, durch die Forscher und Forscherinnen zu ihren Standpunkten gekommen sind. Verfestigt werden jeweils unterschiedliche Standpunkte nicht zuletzt durch ohne Not selbstgewählte gedankliche Sackgassen, aber auch durch die Macht verwendeter Begriffe und durch eine fehlende Bereitschaft zur Würdigung und Integration ›unpassender‹ Resultate und Daten.

Um in diesem Buch einen Themenbereich lebendig und transparent zu machen, der derart komplex ist, wie die Forschungen und Vorstellungen rund um den Bienentanz, sollen auch einzelne Forscher und Forscherinnen mit ihren eigenen Worten zur Sprache kommen. Es werden Experimente und deren Resultate vorgestellt und geschildert, welche Schlüsse die Forschenden daraus gezogen haben (oder auch nicht gezogen haben).

Die rekordverdächtige Menge an wissenschaftlichen Publikationen über den Bienentanz macht eine Auswahl der vorgestellten Arbeiten unumgänglich. Dabei wurde darauf geachtet, dass jeder Standpunkt mit zentralen Experimenten, Daten und Deutungen zur Sprache kommt.

Es ist erhellend, beim Lesen von Publikationen, die sich mit der Tanzsprache der Bienen befassen, der zentralen Aussage dieses Buches zu folgen und darauf zu achten, ob der Aspekt einer Kommunikation, die zwischen den Bienen draußen im Feld stattfindet, in der betrachteten Arbeit Erwähnung findet oder gar in der praktischen Arbeit beachtet worden ist.

Dabei scheint es eine Ironie der Historie der Bienenforschung, dass die systematische Erforschung des Verhaltens der Honigbiene vor mehr als hundert Jahren mit der Entdeckung der Verständigung zwischen den Sammelbienen draußen im Feld begonnen hat, dass das damals Entdeckte aber von späteren Ideen zwar nicht korrigiert, aber überrollt worden ist.

Wie in jeder Wissenschaft sind neben der Phantasie und der Beobachtungsgabe der Forscher und Forscherinnen die zur Verfügung stehenden Untersuchungsmethoden maßgeblich für den Wissensstand und die Vorstellungen, die man sich zu einem Phänomen macht. Siehe den alten Witz im Vorspann dieses Buches.

Für die Untersuchung der Kommunikation zwischen Honigbienen bedeutet dies, dass Methoden geeignet sein müssen, die Bienen in ihrem Nest, aber auch draußen im Feld zu studieren.

Neben den technischen Beobachtungsmöglichkeiten, die ständig erweitert werden, eröffnet die durch die Natur vorgegebene Lernfähigkeit der Honigbienen für deren Erforschung Möglichkeiten, wie sie sich nur für ganz wenige weitere Insektenarten ergeben. In Lernexperimenten lassen sich die Bienen ganz direkt danach ›befragen‹, in welcher Wahrnehmungswelt sie leben. Diesen enormen Vorteil der Bienen hat als Erster Karl von Frisch erkannt und genutzt.

Derart ausgerüstet müht sich die Bienenforschung, immer tiefer in die Welt der Honigbienen einzudringen. Eines der spannendsten Felder ist dabei die Kommunikationsbiologie dieser Insekten. Über kaum ein Tier und über kein anderes Insekt sind derart viele verhaltensbiologische Arbeiten entstanden, wie über die Honigbiene.

Honigbienen machen in ihren Tänzen keine klaren Ansagen

Das besondere Interesse der Wissenschaft an der Honigbiene und die Faszination, die von ihr ausgeht, sind Gründe dafür, dass die sogenannte Tanzsprache eine Popularität besitzt wie kein anderes Verhalten eines Tieres. Befragt man Lehrbücher, Schulbücher und das Internet nach der Tanzsprache, stößt man auf die eingangs gegebene Darstellung – sie ist festgemauert.

Das wäre leicht zu akzeptieren, wenn diese Darstellung die Tanzsprache als das behandeln würde, was sie ist, nämlich eine starke Vereinfachung, ein stark reduziertes Modell, das die biologische Wirklichkeit so nicht wiedergibt.

So ist das Bohrsche Atommodell mit einem zentralen Atomkern und auf Schalen um ihn herum kreisenden Elektronen ein guter Einstieg in die Welt der Atome mit unbestrittenem didaktischem Wert und deswegen bis heute populär. Für die moderne Atomphysik hat dieses Modell, das mit seinen Halbwahrheiten die Wirklichkeit der Atome so nicht wiedergibt, heute lediglich noch historische Bedeutung. Wird es sich eines Tages mit den ›Halbwahrheiten‹ im Bienentanz ähnlich verhalten?

Mit verwaschenen Angaben und Aussagen befasst sich ein Teilgebiet der Mathematik, die Fuzzylogik, deren Interessen auf der Behandlung unklarer Ansagen liegen (139). Wurzeln der Überlegungen zur Fuzzylogik gehen auf den griechischen Philosophen Platon zurück, der den Gedanken einbrachte, dass es zwischen den Begriffen ›wahr‹ und ›falsch‹ einen dritten Bereich gibt, das ›Halbwahre‹. Im Gegensatz dazu vertrat dessen Zeitgenosse Aristoteles die Auffassung, dass die Präzision der Mathematik und der Wissenschaften nur dadurch möglich sei, dass eine Aussage nur entweder ›wahr‹ oder ›falsch‹ ist.

Honigbienen wären mit ihren ›halbwahren‹ Ansagen im Bienentanz eindeutig auf der Seite Platons. Denn: Halbwahrheiten im Bienentanz sind keine Unwahrheiten.

WIE DIE KOMMUNIKATIONS-FORSCHUNG AN HONIGBIENEN BEGONNEN HAT

von Aristoteles bis Maeterlinck

»Bernhard von Chartres sagte, wir seien gleichsam Zwerge, die auf den Schultern von Riesen sitzen, um mehr und Entfernteres als diese sehen zu können – freilich nicht dank eigener scharfer Sehkraft oder Körpergröße, sondern weil die Größe der Riesen uns emporhebt.«
Johannes von Salisbury, 1159

In den bisherigen 2000 Jahren Bienenforschung hat besonders die perfekt erscheinende Zusammenarbeit zwischen den Arbeitsbienen die Aufmerksamkeit der Menschen auf sich gezogen. Am Anfang standen Beobachtungen nektar- und pollensammelnder Bienen im Feld. Rasch wurde aber auch das Interesse an den Vorgängen im Inneren der Bienennester geweckt.

ARISTOTELES entdeckte, dass Bienen keine Einzelkämpfer sind

Wie bei so vielen Themen, kann man auch zu schriftlich festgehaltenen Bienenbeobachtungen bei Aristoteles (384 v. Chr. – 322 v. Chr.) beginnen.

Resultate seiner Feldstudien an Honigbienen findet man in seinem mehrbändigen Werk *Historia animalium*, entstanden im 4. Jahrhundert vor Christus:

»Bei den jeweiligen Ausflügen geht die Biene nicht zu der Art nach verschiedenen Blüten, also nur von Ion [Goldlack, Schneeglöckchen oder Duftveilchen] zu Ion, und kommt jedenfalls nicht mit einer anderen in Kontakt, bis sie in ihren Bienenstock geflogen ist. Wenn sie im Bienenstock angekommen sind, schütteln sie sich, und einer jeden sind drei oder vier andere Arbeiterbienen dicht zur Seite. Das Mitgenommene ist nicht leicht zu sehen, und auf welche Weise sie ihre Arbeit ausführen, ist noch nicht beobachtet worden, da sie [scil. die Arbeiterbienen] aufgrund des dichten Laubes längere Zeit an derselben Stelle bleiben.« (5, S. 76; Erklärungen vom Übersetzer)

Der überlieferte Text ist nicht eindeutig formuliert. »Rückkehr« wohin? In den Bienenstock? Dann hätte Aristoteles als Erster über Bienentanzgruppen geschrieben. Zu den Blumen? Dann hätte Aristoteles als Erster die Ankunft der aus erfahrenen Bienen und Rekruten gemischten Gruppen beschrieben. Die Bienenliteratur zitiert Aristoteles ausschließlich für die letzte der beiden Möglichkeiten, wobei unklar ist, ob sich dabei jeder Autor selbst um die Originalquelle bemüht hat oder eine einmal getroffene Festlegung auf eine bestimmte Übersetzung durch Kopieren weitergereicht worden ist.

BUTLER beschrieb, wie Bienen im Flug Düfte wahrnehmen

Der Beitrag von Charles Butler (1560–1647) zur Orientierungs- und Kommunikationsbiologie der Honigbienen bestand in der folgenden Beobachtung:

»But their sense of smell is excellent, by which when they fly aloft in the air, they will quickly perceive anything under them that they like, such as honey, resin, or tar, even though it is covered. As soon as the honey-dew is fallen, they immediately change direction, even though the oaks which receive it are far off.« (24, S. 20 f.)

[»Aber ihr Geruchssinn (der der Bienen, J.T.) ist ausgezeichnet. Wenn sie in der Luft fliegen, werden sie schnell alles unter sich wahrnehmen, was sie mögen, wie Honig, Harz oder Teer, auch wenn es bedeckt ist. Sobald der Honigtau gefallen ist, ändern sie sofort die Richtung, obwohl die Eichen, die ihn enthalten, weit entfernt sind«, Übersetzung J.T.]

SWAMMERDAM erforschte die Bienen in ihren Nestern

Ein Pionier in der Erforschung der Honigbienen war der Niederländer Jan Swammerdam (1637–1680). Er beschrieb Gestalt und Anatomie der Bienen, betrachtete sie durch eines der ersten Mikroskope und bestätigte dabei die Entdeckung des Spaniers Luis Méndez de Torres aus dem Jahr 1586 (264), dass ein Bienenvolk eine Königin und keinen König hat und dass nur sie die Eier ablegt.

Um bei seinen Studien einzelne Bienen im Gewusel des Bienenvolkes besser sehen und verfolgen zu können, nutzte er weiße Papierbögen, die er zwischen die Waben schob, sodass er vor diesem hellen Hintergrund die Bienen und deren Verhalten leichter studieren konnte.

RÉAUMUR erfand den gläsernen Beobachtungsstock

Swammerdam blieb die Herkunft des Wachses noch verborgen, eine Aufklärung gab seine Beobachtungsmethode nicht her. Des Rätsels Lösung publizierte als Erster René-Antoine Ferchault de Réaumur (1683–1757), der eine neue Welt für die Bienenforschung eröffnete, indem er den Beobachtungsstock mit gläsernen Fenstern einführte. Plinius (Gaius Plinius Secundus) berichtete zwar schon 77 nach Christus von Bienenstöcken mit Fenstern aus dünn geschliffenem Horn (87), von denen aber keine Abbildungen überliefert sind.

Zu seiner revolutionären Idee eines Beobachtungsstockes entwickelte Réaumur eine ganze Batterie unterschiedlicher Modelle. In seinem Buch über die Honigbienen schrieb er 1740:

> »Die Erfindung der Glasbienenstöcke oder der transparenten Bienenstöcke ist neu. Es scheint, dass sie zur Zeit von Swammerdam um 1680 nicht bekannt waren [...]. Swammerdam hätte zweifellos einige Beobachtungen an den Bienen gemacht, zu denen er nicht in der Lage war, weil er keine solchen Glasbienenstöcke hatte.« (201, S. 11, 12)

‹ **Abb. 2**

Einer der ersten Beobachtungsstöcke. Der Kupferstich mit dem gläsernen Beobachtungsstock aus dem Medizingarten in Amsterdam wurde 1730 in einer Enzyklopädie veröffentlicht (216).

Réaumur selbst studierte im Detail den Wabenbau und das Verhalten der Arbeitsbienen gegenüber der Königin im Bemühen zu verstehen, wie die Tätigkeiten in einem Bienenvolk veranlasst und organisiert werden. Er führte in seinem Buch zu den Beobachtungsstöcken weiter aus:

> »Es muss jedoch zugegeben werden, dass die gewöhnlichen Glasbienenstöcke einem Zuschauer [...] nicht viel Befriedigung verschaffen. Er bedauert, dass Manöver, die er gerne sehen würde, oft an Orten durchgeführt werden, die zu weit von seinen Augen entfernt sind und auch zu wenig erleuchtet. Im Allgemeinen sind alle Arbeitsbienen zu turbulent. Die Biene, auf die er seine Augen fixiert hat und die er während der ganzen Zeit beobachten möchte, wird bald von anderen verborgen. Wenn ein Bienenstock stark bevölkert ist, ist die Bewegung umso größer und umso verwirrender, obwohl alles in größerer Ordnung abläuft.« (201, S. 12)

In seinen Experimenten beobachtete SPITZNER Tänze und Brauseflüge

Eine deutliche Verbesserung, um einzelne Bienen über längere Zeit beobachten zu können, brachte die Minimalform eines Beobachtungsstockes, bestehend aus vier über- und nebeneinander angeordneten Waben, abgeschlossen durch zwei Glasscheiben vorne und hinten. So ausgestattet war Johann Ernst Spitzner (1731–1805) der erste Bienenforscher, von dem nicht nur zutreffende Beobachtungen zum Rekrutierungsverhalten der Honigbienen bekannt sind, sondern der sogar bereits zu diesem Thema Versuche anstellte. Es lohnt sich, seine Schilderung zur ersten experimentellen Untersuchung der Kommunikation zwischen Honigbienen zum Futtereintrag im Wortlaut zu lesen:

> »Beim Eintragen gehen nicht mehr Bienen aus dem Korbe, als daraus zur Versorgung und Erwärmung der Brut entbehrt werden können; an noch kühlen Tagen kaum der dritte Theil; an warmen, und wenn vieler Stoff zum Eintragen vorhanden ist, wohl zwei Theile. Wenn eine Biene irgendwo gute Honigtracht gefunden hat, so macht sie es den andern geschwind bekannt, und die eilen alle dieser zuerst heimgekommenen in vollem Fluge nach, wenn sie wieder ausfliegt. Damit geht es so zu, wie ich es in den Glasstöcken erforscht habe: Ich setzte ein kleines Gefäß mit Honig am Ende des Gartens in das Gras, trug nur zwei Bienen aus dem Glasstocke dazu, daß sie sich davon vollsaugen konnten, und gab Acht, wie sich diese bei ihrer Rückkehr in den Stock gebehrden würden. Sie kamen bald zurück, schwungen sich länger als andere mit einem hellsingenden Ton um das Flugloch herum, und als sie zu den anderen eingegangen waren, wälzten sie sich öfters von unten bis oben, und von oben bis wieder herunter auf den an den Tafeln [gemeint sind die Waben, der Verf.] ruhig sitzenden Bienen in beständigen Kreisen herum, reichten auch mancher ihre Zunge zum Ablecken, ehe sie ihr gebrachtes Honig in eine Zelle ausschütteten. Dadurch geriethen alle in Allarm, liefen nach dem Flugloche zu, und

folgten dieser, wieder mit einem hellsingenden Ton abgehenden Biene in vollem Haufen nach [dabei kann es sich nur um die Brauseflüge gehandelt haben, der Verf.]. In wenig Minuten war das kleine Gefäß ganz mit Bienen bedeckt, das gefundene Honig aufgezehrt und eingetragen. Es geschah dieses an einem trüben Tage, an welchem sie nicht ins Feld gingen, damit es die andern [Bienen aus anderen Bienenstöcken, der Verf.] nicht gewahr würden. Einige zunächst stehende wurden aber doch durch den hellen Ton, den diese machten, auch aus ihren Körben gelockt, und folgten ihnen nach.« (245, S. 68–70)

(...) Wenn eine Biene irgendwo gute Honigtracht gefunden hat, so macht sie es den anderen geschwind bekannt, und sie eilen alle dieser zuerst heimgekommenen in vollem Fluge nach, wenn sie wieder auffliegt. Damit geht es so zu, wie ich es in den Glasstöcken erforscht habe: Ich setzte ein kleines Gefäß mit Honig am Ende des Gartens in das Gras, trug nur zwei Bienen aus dem Glasstocke dazu, daß sie sich davon vollsaugen konnten, und gab Acht, wie sich diese bei ihrer Rückkunft in den Stock gebehrden würden. Sie kamen bald zurück, schwungen sich länger als andere mit einem hellsingenden Ton um das Flugloch herum, und als sie zu den anderen eingegangen waren, wälzten sie sich öfters von unten bis oben, und von oben bis wieder herunter auf den an den Tafeln ruhig sitzenden Bienen in beständigen Kreisen herum, reichten auch mancher ihre Zunge zum Ablecken, ehe sie ihr gebrachtes Honig in eine Zelle ausschütteten. Dadurch geriethen alle in Allarm, liefen nach dem Flugloche zu, und folgten dieser, wieder mit einem hellsingenden Ton abgehenden Bienen in vollen Haufen nach.(...)

^ Abb. 3

Seite 69 aus dem Buch von Johann Ernst Spitzner *Ausführliche Beschreibung der Korbbienenzucht im sächsischen Churkreise [...]*, Leipzig 1788 (245)

SPRENGEL entdeckte, dass die Blüten durch Insekten bestäubt werden

‹ **Abb. 4**

Das Deckblatt des epochalen Buches *Das entdeckte Geheimnis der Natur im Bau und in der Befruchtung der Blumen*, Berlin 1793, von Christian Konrad Sprengel (244)

Nach Aristoteles findet man in den folgenden nahezu 2000 Jahren keine weiteren Studien zum Verhalten von Honigbienen draußen im Feld. Erst Christian Konrad Sprengel (1750–1816) publizierte dazu wieder, mit epochalen Einsichten. So geht auf ihn die überragende Erkenntnis zurück, dass Blütenpflanzen durch Insekten bestäubt werden und dass die Honigbiene dabei eine wichtige Rolle spielt.

Dass Bienen Blüten besuchen, war auch, wie erwähnt, Aristoteles bekannt, aber dieser gab den Grund für den Blütenbesuch wie folgt an:

> »Das Wachs nehmen die Arbeiterbienen auf, indem sie hastig mit den Vorderbeinen zu den Brya [spezielle Blüten oder -teile?] klettern; diese [d. h. die Vorderbeine] streifen sie an den mittleren Beinen ab und die mittleren an den Wölbungen der Hinterbeine. Und so beladen fliegen sie weiter und sind sichtlich schwer beladen.« (5, S. 76; Erklärungen vom Übersetzer)

Dieses irrtümlich für Wachssammeln gehaltene Verhalten trifft perfekt auf das Sammeln von Pollen zu. Die wahre Herkunft des Wachses konnte erst aufgeklärt werden, als man Herangehensweisen ersonnen hatte, die es erlaubten, die Bienen in ihrem Nest genauer zu beobachten.

HUBER gelangen umwälzende Beobachtungen – obwohl er blind war

François Huber (1750–1831) hatte eine geniale Idee. Als Jugendlicher erblindet, erdachte er einen Bienenstock, in dem die einzelnen Waben wie die Seiten eines Buches umgeblättert werden konnten. Seine Ehefrau und sein Diener Franz Burnens erzählten ihm, was sie auf seine Anweisungen hin durch solche Beobachtungsmöglichkeiten an den Bienen sehen konnten. So entdeckte er durch die Augen seiner Helfer, dass jungfräuliche Königinnen nicht von den Drohnen im eigenen Bienenstock begattet werden, dass sie dazu den Stock verlassen müssen und dass die Paarung hoch in der Luft stattfindet. Auch zur Entstehung der Wachsschuppen, deren Bildung erstmals der Pastor Herman Christian Hornbostel aus Dörverden im Jahr 1720 direkt beobachtet hatte (zit. in 122), hat Huber entscheidende Einsichten gewinnen können. Zudem hat er den Luftaustausch in einem Bienenstock und das Fächelverhalten der Bienen gründlich studiert und beschrieben (Kapitel »Nachforschungen über die Art der Erneuerung der Luft in den Stöcken«, in 122, S. 175 ff.).

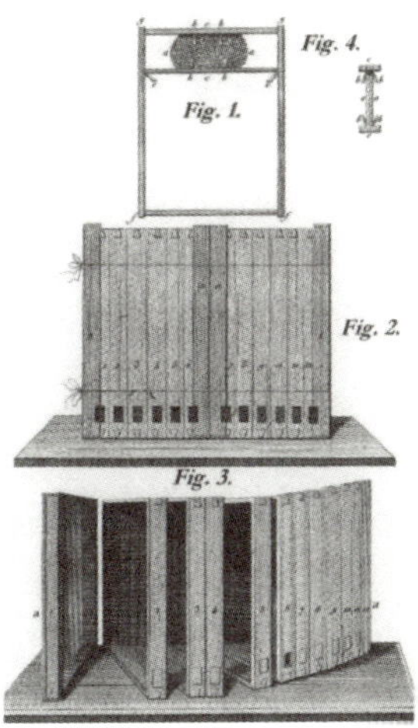

‹ **Abb. 5**

Der blinde Bienenforscher François Huber ersann einen Bienenstock, in dem die Waben wie die Seiten eines Buches umgeblättert werden konnten.

> »Ich entschloss mich, zu dem Ende vor dem Flugloche eines Stockes kleine, sehr leichte Windmesser, z. B. Papierstreifchen, Federn, Baumwolle, anzubringen. Diese mittels eines Fadens an einem Stäbchen aufgehängten Windmesser mussten mir nachweisen, ob an dem Flugloche der Bienenstöcke eine merkliche Luftströmung stattfinde und von welcher Stärke sie sei [...]. Kaum waren die Windmesser in den Bereich der Bienen-Atmosphäre gekommen, als sie auch schon in Bewegung geriethen; bald schienen sie sich gegen das Flugloch zu stürzen und daselbst einen Augenblick zu verweilen, bald hielten sie sich, mit derselben Geschwindigkeit zurückschnellend, einen oder zwei Zoll von der Pendellinie entfernt in der Luft. Diese Anziehungen und Abstoßungen schienen mir mit der Anzahl der fächelnden Bienen im Verhältnis zu stehen; mitunter waren sie weniger merklich, aber nie hörten sie ganz auf.« (122, S. 178 f.)

Es verblüfft, dass man trotz einer immensen Fülle an sehr präzisen Beobachtungen in beiden Büchern Hubers keine Beschreibung eines Verhaltens findet, die auf den Bienentanz hindeuten könnte. Huber hat auch nur ganz wenige Experimente außerhalb des Bienenstockes durchgeführt, von denen eines höchst geeignet gewesen wäre, die Tatsache der Rekrutierung zu beobachten.
Zur Frage,

> »[...] ob der Geruch des Honigs und nicht bloß der Anblick der Blumen sie von seinem Vorhandensein benachrichtigte, musste ich diese Substanz an einem Orte verbergen, zu welchem das Auge keinen Zugang hatte. [...] Ich nahm Kästchen von verschiedener Größe, Farbe und Gestalt, brachte an den in ihren Deckeln gemachten Löchern kleine Klappen von Kartenpapier an, goss dann auf den Boden der Kästchen Honig und stellte sie zweihundert Schritte von meinem Bienenhause auf. Nach einer halben Stunde sah ich Bienen bei diesen Kästchen ankommen, welche dieselben aufmerksam umkreisten und gar bald die Stelle ausfindig gemacht hatten, wo sie eindringen konnten; ich sah, wie sie die Klappen zurückschlugen und zum Honig vordrangen.« (122, S. 196 f.)

Hätte Huber über längere Zeit beobachtet, was an den Kästchen geschah, hätte er, da er seine ›Lockkästchen‹ in Schwänzeltanz-Distanz von 200 Schritten aufgebaut hatte, mit Sicherheit Rekrutierung beobachten können und vielleicht bei gleichzeitiger Positionierung seiner sehenden Helfer:innen am Bienenstock den Schwänzeltanz entdeckt.

Vielleicht saßen François Huber und Johann Ernst Spitzner sogar zeitgleich, aber nichts voneinander wissend vor ihren Bienenstöcken. Sie wären ein Dream-Team der frühen Bienenforschung gewesen.

CHRIST beschrieb ganze Wolken von Bienen

Oberpfarrer Johann Christ (1739–1813) beobachtete Brauseflüge und Rekrutierung. So schrieb er in seinem Buch von 1783:

> »Indessen sehe man bei einer Biene die Freudenbezeugung durch Schwingung der Flügel, durch Erregung gewisser zwar einförmiger Töne, wenn sie zum ersten mal an ein Gefäß mit Honig kommt oder sonst dergleichen Entdeckung gemacht hat: wie sie dadurch bewirkt, daß sogleich mehrere herbeieilen und mit ihr fliegen: wie sich bald eine ganze Wolke von Bienen versammelt, um gemeinschaftliche Hand anzulegen.« (31, S. 36)

Christ hatte also beobachtet, dass eine Biene »bewirkt«, dass weitere Bienen hinzukommen (Rekrutierung) und dass »eine ganze Wolke von Bienen« gemeinsam arbeitet (Brauseflug).

UNHOCH schaute genauer auf die Tanzschritte der Bienen

Mit seinem experimentellen Ansatz war Spitzner bereits weiter als Nikolaus Unhoch (1762–1833), der fast 50 Jahre später ebenfalls ein Buch über Honigbienen veröffentlichte (270). Unhoch seinerseits lieferte die erste brauchbare Beschreibung des Tanzverhaltens der Honigbienen, das für ihn aber absolut rätselhaft blieb. Er schrieb in seinem Buch im § 13, betitelt »Von dem Bienentanze«, wie folgt:

»Es wird manchem lächerlich, ja wohl gar unglaublich scheinen, wenn ich behaupte, dass auch die Bienen, wenn anders der Stock in gutem Stand ist, gewisse Lustbarkeiten und Freuden unter sich haben, dass sie sogar auch nach ihrer Art zuweilen einen gewissen Tanz anstellen. Ich habe dieses schon sehr oft beobachtet, und jeder, der einen Bienenkasten mit Gläsern hat, kann diesen Scherz der Bienen öfters mit Augen ansehen, und sich davon überzeugen. Eine einzelne Biene drängt sich unvermuthet zwischen andere 3 bis 4 ruhigstehende Bienen hinein, steckt den Kopf auf den Boden, streckt die Flügel auseinander, und zittert mit ihrem aufgerichtete Hinterleibe eine kleine Weile, die nächststehenden Bienen thun auch ein Gleiches, stecken ihren Kopf auf den Boden, endlich drehen sie sich miteinander in etwas mehr als einem Halbzirkel bald rechts bald links fünf bis sechs Mal hin und her, und machen einen förmlichen Rundtanz. Auf einmal geht die Tanzmeisterin von ihnen hinweg, gesellt sich auf einer andern Seite unter andere ruhigsitzende Bienen hinein, und thut wieder ein Gleiches, wie das erstemal und die nächststehenden Bienen tanzen mit ihr. Die Tanzmeisterin wiederholt ihren Tanz öfters vier bis fünf Mal hintereinander an verschiedenen Seiten. Ich habe dieses öfters mehreren Bienenfreunden gezeigt, die sich sehr verwunderten, und herzlich darüber lachen mußten. Ich beobachtete diesen Tanz meistens nur an schönen heitern Tagen, und bey guten Stöcken, hingegen bey trübem Wetter und an magern oder weisellosen Stöcken wird man ihn nie wahrnehmen. Was eigentlich dieser Tanz bedeuten soll, kann ich mir noch nicht erklären; ob es vielleicht eine muthige Freude und Aufmunterung unter ihnen selbst ist, oder ob es aus einem andern noch unbekannten Zweck geschieht, das muss die Zukunft lehren, und mit diesem Bienenballett schließe ich mein erstes Heft.« (270, S. 115 f.)

BONNIER beobachtete eine Biene in Begleitung einer zweiten

Der französische Bienenforscher Gaston Bonnier (1853–1922) beschrieb unter anderen Studien an Honigbienen eingehend seine Beobachtungen zum Eintreffen von Sammelbienen an Blütenzweigen vom Bocksdorn, einem Nachtschattengewächs. Die Fragen, mit denen sich Bonnier dabei beschäftigte, betrafen das Zusammenspiel von Suchern und Sammlern. Er protokollierte Zeitpunkte und Anzahl der an den Blütenzweigen eintreffenden Bienen. In einer Reihe von Versuchen schnitt er Zweige mit Blüten ab und transportierte sie an einen neuen Standort, an dem zunächst keine Bienen verkehrten. Dazu notierte er Beobachtungen wie diese: Am ersten Folgetag entdeckte eine suchende Sammelbiene diese Trachtquelle. Bonnier markierte sie mit einem Farbpunkt. Die Biene flog mit Nektar und etwas Pollen zum Bienenstand zurück und traf nach fünf Minuten erneut am Bocksdorn ein, begleitet von einer zweiten Biene (20). Im Zusammenhang mit solchen Beobachtungen waren Überlegungen zu Kommunikation und Rekrutierung für Bonnier kein Thema.

Maeterlinck machte Experimente rund um die Futterplatzrekrutierung

Anders als Bonnier ging Maurice Maeterlinck (1862–1949) an ähnliche Beobachtungen heran. Er war einer der frühen Bienenforscher, dessen Experimente und Überlegungen zum Leben und insbesondere zur Kommunikation bei Honigbienen voller origineller Ansätze, Ideen und spannender Beobachtungen sind und dessen Arbeit näher zu betrachten sich sehr lohnt. Der Trick, einzelne Bienen mit Farbpunkten zu markieren – Maeterlinck wie Bonnier setzten dies als eine der ersten

Bienenforscher ein – war für das weitere Eindringen in die Geheimnisse der Honigbienen entscheidend.

Hier stößt man bei der Nachforschung nach den Entstehungswegen des heute fest etablierten Bildes zur Rekrutierung bei Honigbienen auf eine verwunderliche Tatsache: Die Entdeckungen und Gedankengänge Maeterlincks werden in der Bienenfachwelt bis heute nicht angemessen zur Kenntnis genommen, nicht gewürdigt oder so fehlerhaft zitiert, dass das Gegenteil der Aussage von Maeterlinck resultiert.

Maeterlinck war nicht nur ein gründlicher Naturbeobachter, sondern auch und vor allem ein begnadeter Literat, im Jahre 1911 mit dem Nobelpreis für Literatur ausgezeichnet. Beide Talente zusammen führten zu wunderbaren und sachlich belastbaren Texten, wie der folgende Ausschnitt aus seinem Buch *Das Leben der Bienen* belegt:

> »Schließlich müssen wir, um uns von ihrem Verstand eine genauere Vorstellung zu machen, festzustellen versuchen, auf welche Weise sie sich miteinander verständigen. Denn dass sie sich verständigen, ist sonnenklar; ein Gemeinwesen von so großer Volkszahl, dessen Arbeiten so mannigfach sind und doch so wunderbar harmonieren, könnte bei der Unfähigkeit seiner Mitglieder, miteinander in Verbindung zu gelangen und aus ihrer geistigen Vereinsamung herauszutreten, nicht bestehen. Sie müssen also die Fähigkeit haben, ihre Gedanken und Gefühle auszudrücken, sei es durch eine Lautsprache, sei es, was wahrscheinlicher ist, mithilfe einer Tastsprache oder einer magnetischen Übertragung, die sich vielleicht an Eigenschaften der Materie und an Sinne knüpft, die uns völlig unbekannt sind, und der Sitz dieser Sinne könnte sich in ihren geheimnisvollen Fühlern befinden, welche die Finsternis abtasten und fühlen und nach Berechnungen von Cheshire bei den Arbeitsbienen aus zwölftausend Fühlfäden und fünftausend Geruchshöhlen bestehen. Dass sie sich nicht nur über ihre gewöhnlichen Arbeiten verständigen, sondern dass auch Außergewöhnliches Platz und Namen in ihrer Sprache hat, das geht daraus hervor, dass jede gute oder böse, gewohnte oder übernatürliche Nachricht sich durch den Bienenstock verbreitet, wie zum Beispiel Verlust und Wiederkehr der Königin, Eindringen eines Feindes, einer fremden Königin, Nahen eines Räuberschwarmes, Entdeckung eines Schatzes [die Vorgänge der Rekrutierung zu einer Futterstelle, der Verf.] und so fort. Das Benehmen und die Töne der Bienen

sind bei jedem dieser Ereignisse so verschieden, so charakteristisch, dass der erfahrene Bienenwirt unschwer errät, was in dem kribbelnden Dunkel des Bienenstockes vorgeht.

Will man einen deutlicheren Beweis, so beobachte man eine Biene, die auf einem Fensterbrett oder einer Tischdecke ein paar Honigtropfen gefunden hat. Zuerst saugt sie sich so gierig voll, dass man sie in aller Muße, ohne sie in ihrer Arbeit zu stören, mit einem kleinen Farbfleck zeichnen kann. Aber diese Fressgier ist nur scheinbar. Der Honig kommt nicht in den eigentlichen, sozusagen persönlichen Magen der Biene, er bleibt im Honigmagen, der gewissermaßen der Magen der Gesamtheit ist. Sobald dieses Behältnis gefüllt ist, fliegt die Biene von dannen, aber nicht blind und unmittelbar wie ein Schmetterling oder eine Fliege. Man wird sie im Gegenteil einige Augenblicke rückwärts fliegen sehen; sie schwirrt aufmerksam oder in der Fensteröffnung oder um den Tisch herum, den Kopf dem Zimmer zugewandt. Sie prägt sich die Örtlichkeit ein und merkt sich genau die Stelle, wo der Schatz liegt. Dann erst fliegt sie zum Stock zurück, entleert ihre Beute in eine der Vorratszellen und ist in drei oder vier Minuten wieder da, um eine neue Ladung von dem wunderbaren Brett zu holen. Alle fünf Minuten kommt sie, solange noch Honig da ist, und wenn es bis zum Abend währt, ununterbrochen wieder und fliegt, ohne sich die geringste Ruhe zu gönnen, von dem Fenster zum Bienenstock und vom Bienenstock zum Fenster.

Ich will die Wahrheit nicht ausschmücken, wie es viele getan haben, die über die Bienen schrieben.

Beobachtungen dieser Art sind nur dann von Interesse, wenn sie absolut ehrlich sind. Ich hätte vielleicht gesagt, dass die Bienen unfähig sind, sich über ein Ereignis außerhalb des Bienenstockes zu verständigen, wenn ich nicht gelegentlich bei einer kleinen experimentellen Enttäuschung ein Vergnügen daran gefunden hätte, wieder einmal zu konstatieren, dass der Mensch im Grunde doch das einzige wirklich vernunftbegabte Wesen auf diesem Erdball ist. [...]

Ich will also eingestehen, dass die gezeichneten Bienen oft allein wiederkehren. [...] Wie dem auch sei, es geschieht auch oft genug, dass die vom Glück begünstigte Biene mit zwei oder drei Gefährtinnen wiederkommt. [...]

Einmal betupfte ich einer besonders kleinen italienischen Biene den Leib mit einem Farbfleck. Beim zweiten Mal kam sie mit zwei Schwestern wieder. Ich fing diese weg, ohne dass sie sich stören ließ. Das nächste Mal kam sie mit drei Gefährtinnen wieder, die ich ebenfalls wegfing, und so fort, bis ich am Ende des Nachmittags achtzehn Bienen gefangen hatte. Sie hatte also achtzehn Schwestern die Mitteilung zu machen gewusst. [...]

Man wird bei der Wiederholung des oben genannten Experiments bemerken, dass die mitgebrachten Freundinnen, die der Losung des Glücks gehorchen, nicht immer zusammen ankommen und dass oft ein Zwischenraum von mehreren Sekunden zwischen der Ankunft der Einzelnen liegt. Man muss sich also über ihr Mitteilungsvermögen dieselbe Frage vorlegen, die Sir John Lubbock [Lubbock 1882 (159), J. T.] für die Ameisen gelöst hat: Tun die Gefährtinnen, die sich bei dem von der ersten Biene entdeckten Schatz mit einfinden, nichts weiter, als dass sie dieser folgen, oder sind sie vielleicht von ihr geschickt und finden ihn selbst nach deren Angaben und der von ihr gemachten Ortsbeschreibung? Es wäre dies, wie man leicht einsieht, ein gewaltiger Unterschied hinsichtlich der Höhe und Vollkommenheit ihres Verstandes. [...]

Mein Arbeitszimmer auf dem Lande liegt im ersten Stock über einem sehr hohen Erdgeschoss. Außer in der Blütezeit der Kastanien und Linden pflegen die Bienen nie sehr hoch zu fliegen, so dass ich ein Stück entdeckelten Wabenhonig (d.h. gefüllte Honigwaben, von denen die Wachsdeckel entfernt waren) vor dem Experiment mehr als eine Woche auf dem Tische liegen hatte, ohne dass eine einzige Biene von dem Duft angelockt wurde und die Wabe beflog. Ich nahm nun eine italienische Biene aus einem unfern des Hauses ausgestellten Beobachtungsstock, trug sie in mein Arbeitszimmer hinauf und ließ sie an dem Honig naschen, während ich sie mit einem Farbfleck betupfte.

Als sie sich vollgesogen hatte, flog sie nach ihrem Bienenstock zurück. Ich ging hinterher und sah, wie sie hastig über die anderen Bienen hinweglief, ihren Kopf in einer leeren Zelle verschwinden ließ, den Honig entleerte und sich zum Ausfliegen anschickte. Zwanzigmal hintereinander wiederholte ich denselben Versuch mit verschiedenen Bienen und fing dabei jedes Mal die geköderte Biene fort, sodass die anderen ihrer Spur nicht folgen konnten. Ich hatte zu diesem Zweck vor dem

> Flugloch einen Glaskasten angebracht, der durch eine Klappthür in zwei Abteilungen geschieden war. Kam die gezeichnete Biene allein heraus, so fing ich sie einfach weg und wartete dann in meinem Zimmer auf die Ankunft der Freundinnen, denen sie die Nachricht gebracht hätte. Kam sie mit zwei oder drei andern Bienen heraus, so hielt ich sie in der ersten Abteilung des Glaskastens gefangen und trennte sie so von ihren Gefährtinnen, denen ich einen Fleck von anderer Farbe auftupfte und dann die Freiheit gab, wobei ich sie mit den Augen verfolgte. Es ist klar, dass ich, wenn eine lautliche oder magnetische Mitteilung stattgefunden hätte, die eine Ortsbeschreibung oder Orientierungsmethode in sich schlösse, eine Anzahl von Bienen, die auf die Fährte gesetzt waren, in meinem Zimmer hätte vorfinden müssen. Ich muss gestehen, dass sich nur eine einfand. Folgte sie den im Bienenstock empfangenen Anweisungen, oder war es reiner Zufall? Die Beobachtung war nicht ausreichend genug, aber die Umstände verstatteten nicht, sie fortzusetzen. Ich ließ die Bienen wieder frei und alsbald war mein Arbeitszimmer voll von der summenden Menge, der sie in gewohnter Weise den Weg zum Schatze gewiesen hatten.« (160, S. 92–98)

In der Deutung der Resultate seiner Versuche war Maeterlinck extrem vorsichtig, obwohl eine klare Tendenz erkennbar war. Einzelne erfahrene Bienen tauchten in Begleitung von zwei oder drei Rekruten (bis zu 18 Rekruten, aufaddiert über mehrere Flüge einer erfahrenen Biene) am Futterplatz auf. Wurden hingegen erfahrene Bienen am Flug zum Futter gehindert, entdeckte in all seinen Beobachtungen zusammengenommen nur eine einzige Biene den Wabenhonig. Für die Rekrutierung erscheint die Bedeutung der Flüge erfahrener Bienen zum Futter klar, trotzdem fragt sich Maeterlinck wegen der einen Biene, die ohne erfahrene Biene am Futterplatz landete:

> »Tun die Gefährtinnen, die sich bei dem von der ersten Biene entdeckten Schatz mit einfinden, nichts weiter, als dass sie dieser folgen, oder sind sie vielleicht von ihr geschickt und finden ihn selbst nach deren Angaben und der von ihr gemachten Ortsbeschreibung?« (160, S. 97)

Eine Kombination aus beiden Hypothesen kommt ihm nicht in den Sinn, aber er hätte sicherlich erkannt, dass der Sachverhalt komplexer ist, als es diese beiden erdachten Alternativen zunächst erscheinen lassen, wenn er nicht aus unbekannten Gründen seine Versuche hätte abbrechen müssen, denn »die Umstände verstatteten nicht, sie fortzusetzen« (160, S. 99).

Abb. 6

Titelblatt der Ausgabe von Maeterlincks Bienen-Buch

MIT KARL VON FRISCH BEGINNT DIE BLÜTEZEIT DER BIENENFORSCHUNG

Karl von Frisch hat mit seinen sorgfältig angelegten Experimenten an Honigbienen eines der am intensivsten bearbeiteten Felder der modernen Zoologie eröffnet. Und noch ist kein Ende der unbeantworteten Fragen in Sicht – ganz im Gegenteil.

VON FRISCH entdeckte, dass Sammelbienen sich über Futterstellen austauschen

Mit Karl von Frisch (1886–1982) beginnt die Zeit der gründlichen experimentellen Erforschung der Rekrutierung bei Honigbienen. In seinen frühen Forschungen befasste er sich mit dem Geruchssinn (70) und mit dem Farbensehen der Honigbienen (69). Im Zuge dieser Arbeiten, in denen es zunächst überhaupt nicht um die Rekrutierung ging, stieß der aufmerksame Beobachter von Frisch auf ein Phänomen, das ihn erst zum Rekrutierungsthema brachte.

Er schrieb dazu 1923 (mit Bezug auf frühere Beobachtungen):

> »Eine unaufgeklärte Beobachtung, die ich in früheren Jahren bei Versuchen über den Farbensinn der Bienen immer wieder machen konnte, ließ mir keine Ruhe und forderte zu näherer Untersuchung heraus. Wenn ich sah, daß ein im Freien ausgelegter Honigbogen stundenlang, ja tagelang nicht entdeckt wurde, daß aber dann, wenn EINE Biene ihn gefunden hatte, bald andere Tiere nachfolgten, und ihre Zahl in wenigen Stunden zu vielen Dutzenden anwuchs, so konnte ich

damit nur Bekanntes bestätigen und man durfte sich mit der landläufigen Anschauung zufrieden geben, daß die erfolgreiche Tätigkeit der Sammlerinnen im Stocke bemerkt wurde und daß ihnen bei der Rückkehr zum Futter andere, aufmerksam gewordene Tiere nachflogen.« (72, S. 9, Auszeichnung im Original)

Im Fokus dieser frühen Untersuchung, die von Frisch 1914 publiziert hatte, stand eine Sammelschar, die von Frisch an einen bestimmten Futterplatz dressiert hatte. Um sie von nicht dressierten Bienen unterscheiden zu können, hatte er jede dieser Bienen mit Farbpunkten markiert. Zu diesem Experiment schrieb von Frisch 1923 (und zitierte dabei erneut am Ende des Textes seine Publikation von 1914):

»Es unterliegt keinem Zweifel, daß sie [diese Sammelschar, J. T.] ruhig im Stock bleiben, wenn tausende von Sammlerinnen mit Blütenstaub und Nektar beladen vom Blumenbesuch heimkehren. Warum werden sie gerade dann mobil, wenn nur eine einzige Biene, DIE IHRER SCHAR ANGEHÖRT, nach Hause kommt? Dies schien mir mit Notwendigkeit darauf hinzuweisen, ›daß unter den nach vielen Tausenden zählenden Bewohnern eines Stockes die wenigen Tiere, die an einer bestimmten Futterstelle verkehren, ständig miteinander in Fühlung sind und sich gewissermaßen persönlich kennen‹.« (69, zit. in 72, S. 10, Auszeichnung im Original)

VON FRISCH begriff, dass Tänze unerfahrene Bienen anregen, den beworbenen Ort anzufliegen

Diese Beobachtung von Frischs begründete letzten Endes den Tanzsprachen-Forschungskomplex: Bienen fliegen nicht nur angeregt durch Sammelbienen zu ihnen bekannten Plätzen aus, sie tauchen auch an ihnen zunächst unbekannten Orten auf, von denen werbende Bienen nach Hause gekommen sind.

Vorausgegangen war eine Beobachtung im Bienenstock, bei der Farbpunktmarkierungen aller dressierten Bienen ans Licht brachte, was von Frisch wie folgt beschrieb:

> »Ein Teil der Bienen – manchmal auch alle –, die hinter der Tänzerin hergetrippelt sind, waren UNMARKIERTE Tiere, waren Bienen, die unseren Futterplatz nicht kennen.« (72, S. 34, Auszeichnung im Original)

Über solche Neulinge, die dann auch an den künstlich eingerichteten Futterstellen auftauchten, schrieb von Frisch an gleicher Stelle:

> »Es wird allgemein angenommen, und war ursprünglich auch meine Überzeugung, daß eine Biene, die eine neue Futterquelle entdeckt hat, bei wiederholten Flügen ihre Stockgenossen DAHIN GELEITET.« (72, S. 92, Auszeichnung im Original)

Zeitgleiches Erfassen des Bienenverhaltens durch mehrere Beobachter im Beobachtungsstock und am Futterplatz richtete bei diesen Versuchen zunehmend die Aufmerksamkeit der Forschung auf die Tänze im Bienenstock, denn:

> »Solange die Tracht üppig ist, tanzen die heimkehrenden Bienen; und solange sie tanzen, erhält ihre Schar neuen Zuzug [von Rekruten, J.T.].« (72, S. 93).

Mit dieser Beobachtung war das Problemfeld endgültig festgelegt, mit dem sich seit nahezu einhundert Jahren Biologen intensiv befassen: die sogenannte Tanzsprache der Honigbienen.

VON FRISCH entdeckte, dass der Blütenduft an einer Tänzerin Bienen zu ihnen bereits bekannten Orten lockt (nicht aber zum Zielort der Tänzerin)

Im Zuge seiner Studien zur Rolle von Düften für das Aufsuchen von Futterstellen führte von Frisch mit Mitarbeitenden ein Experiment durch, in dem Tänzerinnen mit einem Blütenduft versehen wurden, der an einem anderen Sammelort vorkam, nicht aber an dem, der von der Tänzerin besucht worden war und für den sie mit ihren Tänzen warb. Es zeigte sich, dass dieser Duft Sammelbienen dazu veranlasste, die ihnen bekannten Sammelplätze aufzusuchen, die sie mit diesem Duft verbanden. Die Bienen erinnerten sich an die ihnen bekannten Sammelplätze, sie folgten nicht der Tanzinformation und flogen folglich nicht zum Futterplatz der Tänzerin (84).

Zitat aus der Arbeit von Frisch und Gustav Adolf Rösch:

> »Der Rundtanz einer Zuckerwassersammlerin, an deren Hinterbeinen Pollenhöschen (Rosenpollen) befestigt sind oder die mit Blütenstaub von Rosen bepudert ist, alarmiert die Rosen-Pollensammler.«
> (die daraufhin zu einem anderen Sammelort fliegen als die Zuckerwassersammlerin; 84, S. 20)

Dass ein bestimmter Blütenduft, den erfahrene Sammelbienen im Stock wahrnehmen, sie dazu veranlassen kann, ihnen bekannte Futterplätze aufzusuchen, die durch den gleichen Duft gekennzeichnet sind, wurde unter anderem recht bald von Johnson bestätigt (129). Aber erst etwas mehr als achtzig Jahre nach der Arbeit der Autoren von Frisch und Rösch rückte die Tatsache, dass Sammelbienen, die einer Tänzerin gefolgt sind, durch den an ihr haftenden Blütenduft veranlasst werden, nicht zum Sammelort der Tänzerin, sondern zu ihnen bereits bekannten anderen Orten auszufliegen, endgültig in den Fokus der Bienenforschung. Dabei zeigte sich, dass bis zu neunzig Prozent aller Nachtänze zu einer Reaktivierung erfahrener Sammelbienen führen können, die bereits eine andere Futterstelle kennen und diese dann auch aufsuchen (16, 109, 111, 112, 116).

Der Erste, der das Verhalten von Sammelbienen, die einen Futterplatz kannten, aber den Tänzen für einen anderen Futterplatz gefolgt waren, mit hochmoderner Technologie erfasste, war Rodrigo De Marco. Ihm gelang es, Sammelbienen sowohl in ihrem Tanzfolgeverhalten im Beobachtungsstock zu registrieren als auch mittels Radartechnik die Spuren der Flüge aufzuzeichnen, zu denen sie nach einer Reihe von

Tanzverfolgungen aufbrachen. Abb. 7 gibt ein Beispiel für die Flugspur einer Sammelbiene, die die Richtungsangabe der Tänzerin, der sie über Dutzende von Tanzrunden gefolgt war, nicht beachtete.

Abb. 7

Ausflug einer Sammelbiene, etwa sechs Minuten nachdem sie im Beobachtungsstock einigen Dutzend Tanzrunden einer Tänzerin gefolgt ist. Die Vortänzerin warb für einen Futterplatz, der südwestlich des Bienenstockes lag (Pfeil). Die Biene flog in nördlicher Richtung davon und kehrte erst nach etwas mehr als einer halben Stunde in ihren Bienenstock zurück, der zeitliche Abstand zwischen benachbarten Punkten betrug fünf Sekunden (erstmalige Veröffentlichung einer derartigen Flugspur, gestützt auf die persönliche Mitteilung von Rodrigo De Marco).

Weitere Resultate und Ideen zur spannenden Frage, unter welchen Umständen eine Ortsinformation aus dem Tanz von Nachtänzerinnen genutzt oder nicht genutzt wird, sind nicht Gegenstand dieses Buches (siehe aber 11, 44, 45, 62, 92, 110, 112, 148, 240).

Ganz generell hat eine Nachtänzerin im Anschluss an die Verfolgung von Tänzen, die ein bestimmtes Ziel bewerben, viele Optionen, nur nicht die, anhand der Tanzinformation ein Ziel zu finden.

Wie VON FRISCH sich die Rekrutierung zu einem Ziel vorstellte

Die Idee der Tanzsprache lag zunächst im Jahre 1923 noch in weiter Ferne. Karl von Frisch formulierte zum Start seiner Rekrutierungsforschung damals wie folgt:

> »Wenn nun eine Biene nach längerer Pause das Schälchen wieder gefüllt findet, werden dann ihre Kollegen von ihr zum Futter geholt oder zum Futter geschickt? ERHALTEN SIE VON DER FUTTERTRÄGERIN EIN ZEICHEN, IHR BEIM AUSFLUG NACHZUFOLGEN, ODER ERHALTEN SIE EIN ZEICHEN, DASS DIE QUELLE WIEDER FLIESST, UND GEHEN SIE SELBSTÄNDIG IHREN WEG? Eine klare Antwort auf diese Fragen wird man dann erhalten, wenn nach einer längeren Futterpause die Kundschafter nur mehr spärlich und in großen Abständen zum Schälchen kommen.« (72, S. 27, Auszeichnung im Original)

In Bezug auf die Sammelbienen, die den Futterplatz bereits kennen, formulierte von Frisch demnach Ideen, wie sie schon vor ihm Maeterlinck hatte. Beide stellen sich für eine erfolgreiche Rekrutierung zwei alternative Möglichkeiten vor: Entweder folgen die Neulinge erfahrenen Bienen zum zunächst unbekannten Ziel oder aber sie fliegen alleine dorthin. Diese beiden Hypothesen waren Leitlinie für nachfolgende Forschungen, über die Maeterlinck schrieb:

> »[...] nichts weiter, als dass sie dieser folgen, oder sind sie vielleicht von ihr geschickt und finden ihn selbst nach deren Angaben und der von ihr gemachten Ortsbeschreibung?« (160, S. 97)

Eine andere Möglichkeit – so wäre auch ein Zusammenspiel dieser Alternativen grundsätzlich anzudenken – zog von Frisch nicht in Betracht. Damit schuf er eine Ausgangslage, in der sich Forschende zu einer Entscheidung zwischen zwei erdachten Alternativen zwingen mussten. Das hatte Folgen.

VON FRISCH untersuchte, ob Bienen mit Brauseflügen ihr Ziel markieren

Im Zuge seiner frühen Arbeiten über die Rekrutierung bei Honigbienen machte von Frisch am Futterplatz eine höchst relevante Entdeckung. Er beobachtete ein Verhalten der erfahrenen Bienen, bei dem Neulinge ins Ziel kamen: Die erfahrenen Bienen markierten das Ziel.

Als Mechanismus der Zielmarkierung nahm von Frisch zunächst die sogenannten Brauseflüge an, die einem Beobachter auffallend erscheinen. Zur möglichen Rolle der Brauseflüge in der Kommunikation zwischen Bienen hatte er sich 1920 noch skeptisch geäußert. Er schrieb in der Bayerischen Bienenzeitung über die Entdeckung Spitzners, den er als einen der »scharfsinnigsten Bienenbeobachter aller Zeiten« bewunderte:

> »Ich bin Herrn Dr. Manger sehr dankbar, dass er auf jene alten Beobachtungen, die ich schwerlich gefunden hätte, aufmerksam gemacht hat. Unverständlich ist mir, daß diese Beobachtungen vollständig in Vergessenheit geraten konnten und in der neueren Literatur, wie es scheint, nirgends erwähnt werden. Was den ›hellsingenden Ton der Freude‹ betrifft, so will ich gar nicht bestreiten, dass eine Biene, die in raschem Flug zwischen Stock und Futterplatz verkehrt, ein anderes (helleres) Summen hervorbringt als etwa eine gemächlich vorspielende Biene. Eine andere Frage ist, ob diesem Unterschied eine Bedeutung als Verständigungsmittel zukommt.« (71, S. 168)

Nachdem von Frischs Interesse an dem Phänomen der Rekrutierung bei Honigbienen geweckt war, nahm er diese alte Beobachtung eines »hellsingenden Tones der Freude« wieder auf und begann dazu systematische Untersuchungen. Die Brauseflüge beschrieb er wie folgt:

> »Tatsächlich hat der Flugton der Bienen, die zu einer reichen Trachtquelle fliegen, etwas Besonderes. Das fiel mir zum ersten Male auf, als ich von zwei Bienengruppen gleichzeitig die eine reichlich, aus dem vollen Zuckerwasserschälchen, die andere spärlich, am Fließpapierschälchen, fütterte. Das Summen der anfliegenden Bienen war bei den zwei Gruppen deutlich voneinander verschieden [...].« (72, S. 150 f.)

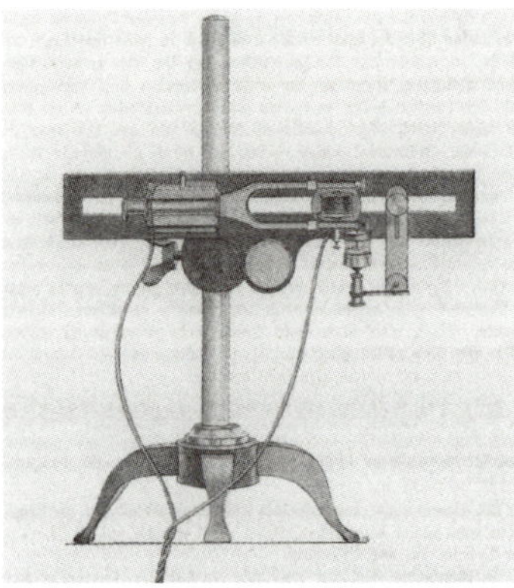

‹ **Abb. 8**

Das erste Gerät, das zur wissenschaftlichen Erforschung des Bienenverhaltens entwickelt wurde. Mit dieser elektrisch angeregten und in der Tonhöhe verstellbaren Stimmgabel testete Karl von Frisch die Hypothese, dass der Flugton der auffallenden Brauseflüge die Rekruten zum Futterplatz führen könnte (aus 72).

Von Frisch führte zu dieser Beobachtung einen Versuch durch, mit dem er testen wollte, ob die auffallenden Flugtöne bei reichen Trachtquellen möglicherweise andere Bienen anlockten. Dafür ließ er sich die erste technische Apparatur in der Bienenforschung anfertigen. Eine Stimmgabel mit verstellbarer Resonanzfrequenz und einer Anregung über einen Elektromagneten (siehe Abb. 8) sollte die lockenden Töne brausefliegender Bienen imitieren. Das schien auch wunderbar zu funktionieren, die summende Stimmgabel wurde bald von Bienen umschwärmt. Als von Frisch die Stimmgabel jedoch stumm schaltete, zeigte sich das gleiche Resultat, Sammelbienen umflogen den Gegenstand. Es war also nicht der Schall, der Bienen angelockt hatte, sondern

»das blanke Instrument erweckte in gleicher Weise die Aufmerksamkeit der umherstreifenden Bienen« (72, S. 156).

Mit diesem grundsätzlichen Problem haben alle Bienenforscher:innen in ihren Freilandversuchen zu kämpfen: Welche Reize gehen für die Bienen von den Versuchsaufbauten und der Anwesenheit der Forschenden an den Orten aus, an denen das Eintreffen von Bienen studiert wird? Wird das Verhalten der Bienen dadurch beeinflusst? So könnten die Forschenden ungewollt den suchenden Bienen Zielfindungshilfen geben, die das Resultat der Versuche mehr oder weniger verfälschen könnten. Dieses Problem ist in jedem einzelnen Fall nur durch sorgfältig angelegte Kontrollexperimente in den Griff zu bekommen.

VON FRISCH untersuchte die Bedeutung von Duftmarkierungen

Nachdem er experimentell nachgewiesen hatte, dass es nicht der Flugton ist, der Rekruten zur Futterschale lockt, wandte von Frisch sich einem weiteren Unterschied im Verhalten von Bienen im Anflug auf spärliche oder im Vergleich reiche Futterquellen zu: den sichtbar ausgestülpten Duftdrüsen am Hinterleib der Bienen (Nasanov-Drüsen) (siehe Abb. 40, 41). Dazu einige Zitate aus von Frischs Publikation von 1923:

> »[...] es kommt nicht selten vor, daß während einer längeren Periode üppiger Fütterung ALLE Bienen der Schar bei ALLEN Anflügen das Organ ausstrecken. Bei spärlicher Tracht aber wird es, auch bei stundenlang fortgesetzter Sammeltätigkeit der Bienen NIEMALS ausgestülpt.« (72, S. 160 f., Auszeichnungen im Original)

Und weiter, nach zeitgleichen Beobachtungen im Bienenstock und am Futterplatz:

> »Erst wenn sie nach ihrer Heimkehr auf den Waben getanzt haben und nun zum Schälchen zurückkehren, dann stülpen sie die duftende Tasche aus. [...] Erst jetzt bemerkte ich, daß sie zumeist schon

während des Herumschwärmens über dem Schälchen im Fluge das Duftorgan ausstrecken und so die Umgebung der reichen Trachtquelle ausgiebig mit jedem besonderen Duft schwängern. Haben sie sich endlich niedergelassen, so stülpen sie am Schälchen selbst nochmals für eine Weile das Organ hervor. [...] Je länger eine Biene auf den Waben getanzt hat, je eifriger sie also um Neulinge geworben hat, desto ergiebiger erfolgt auch im allgemeinen bei ihrer Rückkehr zum Futter das ›Beduften‹ des Platzes.« (72, S. 161).

Als Resultat der Kommunikation draußen im Feld beobachtete von Frisch:

»Hiermit ist erwiesen, daß der normale starke Zustrom an Neulingen zur Futterstelle in der Hauptsache durch das Ausstülpen der Duftorgane von Seiten der Sammlerinnen bedingt ist.« (72, S. 166).

Und weiter:

»Die Sammlerinnen, die eine reiche Trachtquelle ausbeuten, umschwärmen das Ziel, wenn sie vom Stock her angeflogen kommen, längere Zeit mit ausgestülptem Duftorgan, sie strecken es auch noch während des Saugens hervor, und schwängern so die Umgebung der Futterquelle mit jenem spezifischen Duft. Dadurch locken sie die suchend herumstreifenden Neulinge aus weitem Umkreis an und leiten sie an den rechten Ort.« (72, S. 175).

Die Rolle des Duftorgans der Honigbiene bei der Zielführung von Rekruten hat von Frisch dann noch einmal eingehend studiert und 1926 in einer ausführlichen Publikation besprochen (84).

Folgendes entdeckte von Frisch in der letzten Originalforschung, in der er sich mit einer Kommunikation zwischen Bienen im Feld befasste:

»Wenn die Sammlerin getanzt hatte und zu den Blumen zurückkehrte, schwärmte sie ½ - 1 Minute lang mit ausgestülpten Duftorgan um die Blütenzweige herum und streckte die Duftdrüse auch noch zum Beginn der Sammeltätigkeit, beim Besuch der ersten ein bis zwei Blüten hervor, genau so, wie sie das Zuckerwasserschälchen zunächst mit ausgestülpten Duftorgan zu umschwärmen pflegt und erst nach

> dem Niedersitzen während des Saugens die Duftfalte einzieht. Waren die Blüten mehrmals besucht worden und der angesammelte Nektarvorrat aufgesogen, so wurde die nun spärliche Tracht weiter gesammelt, aber es unterblieben die Tänze im Stock und es unterblieb das Ausstülpen des Duftorganes beim Befliegen der Blüten.« (84, S. 4 f.)

Und weiter:

> »Entgegen gewissen Zweifeln wird festgestellt, daß die Bienen auch beim Nektarsammeln und Pollensammeln an natürlichen Blumen ihr Duftorgan in gleicher Weise, wie beim Eintragen von Zuckerwasser, zur Verständigung benutzen.« (84, S. 20)

Damit war für Karl von Frisch Mitte der 1920er Jahre klar: Erfahrene Bienen tanzen im Stock, machen so interessierte Nachfolgebienen aufmerksam, dass es draußen etwas zu holen gibt, und markieren das Ziel für die in Folge danach suchenden Rekruten, die sie aus weitem Umkreis zum Ziel locken. Die Markierung erfolgt dabei durch das Pheromon der am Hinterleib gelegenen Nasanov-Drüse (siehe Abb. 41), deren Hauptkomponente das nach der Geraniumpflanze riechende Geraniol ist.

JULIEN FRANÇON beschrieb die Zielmarkierung, ohne sie so zu benennen

Für eine Markierung des Zieles durch erfahrene Bienen sprechen auch Experimente, die Julien Françon in seinem 1938 veröffentlichten Buch (65) schilderte. Allerdings deutete er seine Beobachtungen nicht in dieser Form. Für ihn war das, was sich in seinen Experimenten ergab, ein rätselhafter Beleg für die »Klugheit der Bienen«.

Vorangegangen war eine Beobachtung, die für die Bienenforschung nicht neu war. Françon dressierte Bienen zu einem Futterplatz (zur Methode Bienen zu dressieren siehe Anhang) und markierte sie zur Wiedererkennung mit Farbpunkten. Dabei erlebte er wie viele andere vor und nach ihm folgende Überraschung:

> »Wenige Sekunden nach ihrer [der dressierten und markierten Biene, J. T.] fünften Rückkehr kommt das große Ereignis: eine unbekannte Biene setzt sich nach allmählicher Landung an ihre Seite!« (65, S. 49)

Diese Beobachtung veranlasste Françon zu einer ganze Reihe unterschiedlicher Experimente. Ein besonders spannendes bestand in der Einrichtung versteckter Futterplätze, zu denen er zwei Eingänge installierte. Einer der Eingänge war einfach, der andere schwer zu entdecken. Kamen Rekruten auch ohne direkte Begleitung der trainierten Bienen an, wählten sie immer den Eingang, den auch zuvor die trainierte Biene benutzt hatte. So nahmen sie auch den schwierigen Eingang, einen engen langen Tunnel, der zudem unter Laub verborgen sein konnte, wenn die erfahrenen Bienen diesen Weg zuvor gewählt hatten.

Dazu Françons Schilderung und Deutung, in der er über eine Mitteilung an die Rekruten spekulierte, die, wie von ihm beobachtet, so präzise ist, dass sogar der richtige zum Teil unter Steinen versteckte Eingang unter zwei alternativen Eingängen beim Futterplatz mitgeteilt wird (unter »Köderbiene« versteht Françon die Biene, die auf den teilweise extrem versteckten Futterplatz dressiert wurde, und unter »Gehilfin« den Neuling):

> »1. Bienen, die nicht geködert wurden, schenken dem Beutestück, dessen Wert sie nicht kennen, keinerlei Beachtung. 2. Die Köderbiene kann das Beutestück nur dann wiederfinden, wenn sie den ganzen Weg bis zu ihm hin vorher vermerkt hat. 3. Ist das Vermerken erfolgt, so findet die Köderbiene das Beutestück auch unter den schwierigsten Bedingungen wieder.
>
> Nun haben wir aber zu ungezählten Malen feststellen können, dass Gehilfinnen ohne jede Führung, ganz allein zu dem Beutestück gelangten, dessen Wert einzig die Köderbiene kannte. Ja, mehr noch, diese Fremden, die in anderen Fällen nicht fähig sind, einen Eingang zu entdecken, den sie vorher nicht vermerkten, haben es hier genau so gut und sicher wie die Köderbiene vermocht, den noch nie betretenen und durch nichts bezeichneten Weg zum Ziel zu entdecken. Ohne Zweifel hätten diese Eingeladenen das Stück Zucker

nie erreicht, wenn sie nicht über seinen Wert, seine Lage und den umständlichen Weg zu ihm hin genau Bescheid gewusst hätten. Zu Beginn eines jeden Versuches besaß ausschließlich die Köderbiene diese Kenntnisse. Daraus folgt, dass sie es war, die da die Gehilfinnen unterrichtet und ihnen die notwendigen Anweisungen erteilt hat, deren Genauigkeit und Verlässlichkeit alle von uns beschriebenen Proben erwiesen haben.« (65, S. 176 f.).

Françon ließ offen, wie er sich eine Unterrichtung der Rekruten vorstellte. Das Auffinden auch verborgener Zugänge zu einer Futterstelle spricht für eine chemische Markierung des Zugangs durch die »Köderbienen«. Auf den Gedanken ist Françon nicht gekommen. Seine Feststellung über den »durch nichts bezeichneten Weg zum Ziel« würde einer Überprüfung mit modernen chemischen Methoden nicht standhalten.

Brauseflüge und Zielbeduftung gerieten in Vergessenheit

Die Entdeckung der Brauseflüge um den Futterplatz mit Zielbeduftung und deren anlockende Wirkung auf Rekruten wird in späteren Arbeiten von Frischs und seiner Schüler und Schülerinnen nie mehr in ein systematisches Forschungsprogramm oder in die Deutung experimenteller Resultate aufgenommen, mit der einzigen folgenden Ausnahme.

Nach der Herausbildung der Idee einer Tanzsprache kam von Frisch nur noch einmal auf das Experiment zurück, in dem er zuvor die anlockende Rolle von Geraniol gezeigt hatte. Diesmal in der Absicht zu testen, ob auch ohne das Geraniol eine eindeutige Zielfindung durch Rekruten stattfindet. Dafür verschloss er die Nasanov-Drüse der Bienen mit Schellack. Da er nun einen ähnlichen Rekrutierungserfolg fand wie bei unbehandelten Bienen, schloss er, dass das Geraniol nicht die anlockende Wirkung habe, sondern der Tanz für das Auffinden des Zieles verantwortlich sei.

Kritiker meinen dazu, dass die Überzeugungskraft dieses Versuches aus zwei Gründen leidet: Es konnte mangels geeigneter chemischer Erfassungsmethoden nicht überprüft werden, wie dicht der Lackverschluss tatsächlich war, das heißt, ob nicht eventuell Geraniol entweichen konnte. Von Frisch nahm zwar an, der Verschluss sei hundertprozentig dicht (zu dem methodischen Problem, ›komplette Verschlüsse‹ von Körperabschnitten bei Bienen tatsächlich zu erreichen siehe S. 80, 81), was aber mangels geeigneter Analysemethoden nicht überprüft werden konnte. Der zweite Kritikpunkt bezieht sich auf den starken Eigenduft von Schellack, der das Experiment beeinflusst und selbst als Lockmittel gewirkt haben könnte.

Wie auch immer – fest steht, dass die mit einem Lackanstrich behandelten Bienen am Ziel ebenfalls ihre Brauseflüge zeigten.

Brauseflüge und die zumindest am Zielort offenen Nasanov-Drüsen waren in den nachfolgenden Experimenten von Frischs aber dennoch weiterhin Gesichtspunkte. Allerdings nicht als Forschungsgegenstände, sondern ganz im Gegenteil als Faktoren, die er mit voller Absicht vernachlässigte und dieses Vorgehen in seinen Schriften hervorhob. Er wies immer wieder darauf hin, dass er ganz bewusst NICHT auf die Vorgänge am Futterplatz selbst achte, da ja hier die erfahrenen Bienen die Rekruten zum Ziel lockten.

Er studierte somit konsequenterweise im Zuge seiner berühmten Stufen- und Fächerversuche nur die Vorgänge an künstlichen Kontrollstationen, die nicht von erfahrenen Bienen beflogen wurden, aber nicht an den Futterstellen, die erfahrene Bienen frequentierten (vgl. Abb. 9 und 10).

VON FRISCH kam zu der Auffassung, dass der Tanz eine Ortsangabe beinhaltet

Donnerstag, 10., Freitag, 11. und Samstag, 12. August 1944 sind Daten, die im Forscherleben des Karl von Frisch aus eigener Sicht, geschildert in einer umfangreichen Publikation in 1946 (75), besonders bemerkenswert sind. An diesen drei Tagen hatte er erstmals Futterplätze, zu denen er Gruppen farblich gekennzeichneter Bienen dressiert hatte, sowie Kontrollstationen, an denen Rekruten gezählt werden sollten, in unterschiedlichen Entfernungen (10 und 150 Meter sowie 15, 140 und 150 Meter) zum Bienenstock aufgebaut.

Auch für ihn selbst war zunächst noch unklar, warum er diesen Versuch so angelegt hatte und was er davon erwartete. Er könnte dazu durch unsystematische Beobachtungen aus dem Kreis seiner Schüler:innen angeregt worden sein. Diese hatten gesehen, dass Neulinge nicht notwendigerweise die dem Bienenstock nächstgelegenen Futterstationen aufsuchten, wenn mehrere Stationen in unterschiedlichen Entfernungen eingerichtet waren. Hier zeigt sich wieder einmal: Ein phantasievoller, unvoreingenommener und spielerischer Umgang mit Forschungsthemen ist oft Voraussetzung für besonders spannende Neuentdeckungen.

Obwohl alle Stationen mit Lavendelduft versehen waren, kamen die mit Abstand meisten Rekruten immer an der Futterstelle an, zu der auch die erfahrenen Bienen verkehrten. Das deckte sich mit den Experimenten, die von Frisch 1923 publiziert hatte.

Neu und absolut überraschend, weil komplett unerwartet, war aber, dass nur wenige Bienen an den Kontrollstationen landeten, die näher zum Bienenstock lagen. Die meisten rekrutierten Bienen flogen hingegen an weiter entfernte Kontrollstationen (75). Dafür konnten nur Vorgänge zwischen den Sammelbienen verantwortlich sein.

Zu diesem Zeitpunkt war für von Frisch unter anderem dies der Stand seiner Erkenntnisse aus seinen vorangegangenen Experimenten, zitiert aus seiner Publikation von 1946:

> »Bei reicher Tracht stülpen die Besucherinnen von Blüten, wie auch von Zuckerschälchen, am Ziel ihr Duftorgan aus, eine drüsenreiche Hauttasche nahe der Hinterleibspitze, und können so Neulinge, die in der NÄHE herumsuchen, durch einen intensiven körpereigenen Lockduft an den richtigen Ort leiten.« (75, S. 2, Auszeichnung J. T.)

1923 hatte von Frisch den gleichen Umstand noch so formuliert:

> »[...] LOCKEN SIE DIE SUCHEND UMHERSTREIFENDEN NEULINGE AUS WEITEM UMKREIS AN.« (72, S. 175, Auszeichnung im Original)

Und ein Jahr später schrieb er Ähnliches:

> »Die reich gefütterten Bienen stülpen, während sie beim Schälchen anfliegen und auch noch während sie sitzen und trinken, ihr DUFT-ORGAN [Auszeichnung im Original] aus, eine drüsenreiche Hauttasche am Hinterleib nahe dem After, die einen auch für die menschliche Nase wahrnehmbaren, fruchtätherartigen Duft ausströmt. Dieser Duft ist, wie ich durch besondere Versuche zeigen konnte, für die Bienen ungeheuer intensiv und AUF GROSSE ENTFERNUNG [Auszeichnung J. T.] wirksam. Die Tiere, die zur spärlichen Trachtquelle fliegen, stülpen das Organ niemals aus. Der Geruch dieses Duftorgans ist es, der die suchenden Neulinge aus beträchtlichem Umkreis an den Ort zieht [...].« (73, S. 23 f.)

Es sind keine Experimente, Messungen oder Daten bekannt, die von Frisch dazu gebracht haben, zunächst von einer großen Anlockdistanz auszugehen, sich später dann zu korrigieren und im Laufe der Zeit »aus weitem Umkreis« durch »in der Nähe« zu ersetzen. Aber diese auf Vermutungen basierende Änderung in der Einschätzung zur Reichweite des Lockduftes der Bienen war eine ganz entscheidende Weichenstellung für weitere Forschungen.

Das folgende Zitat aus einer 1965 erschienenen Publikation von Karl von Frisch unterstreicht diese Weichenstellung.

> »Bei weit entfernten Weideplätzen kann weder der Geruch der Duftdrüse, die von den Sammlerinnen vor dem Niedersitzen betätigt wird, noch der Duft der beflogenen Blumen den Neulingen vom Stock zum Ziel eine Brücke bauen. Erst wenn sie durch die Richtungs- und Entfernungsweisung in die Nähe des Futterplatzes gelenkt sind, werden diese Dufthilfen wirksam. Der Drüsenduft lockt unmittelbar an die Stelle, wo Sammlerinnen erfolgreich tätig sind [...].« (78, S. 229)

Was von Frisch hier mit seinen Worten schildert, entspricht dem Konzept eines dreiphasigen Mechanismus der Fernorientierung, das von

Ornithologen als ein Resultat der Erforschung des Vogelzuges erstmals formuliert wurde (277; Abb. 1). Aufgeführt sind hier SCHICKEN (»gelenkt«) und LOCKEN (»lockt«) als erste und letzte Phase der Verhaltenskette. Die zwischengeschaltete zweite Phase, die Suchphase, in der die zielführenden Reize und Signale auftauchen, verbirgt sich hinter »in die Nähe«, dem Übergangsfeld von SCHICKEN zu LOCKEN. Aber was ist ›Nähe‹?

Da ›Nähe‹ keine klar definierte Distanz ist, hilft eine solche Formulierung wenig, wenn eine Aussage dazu gemacht werden soll, wo auf dem Flug vom Stock die grobe Tanz-Information in eine präzise Zielführung übergeht, wo auf der Flugstrecke vom Bienenstock zum Futterplatz die Nasanov-Drüse der Tänzerinnen geöffnet wird und von welchen äußeren Faktoren dies abhängig ist.

Über Details der Suchphase und deren Übergang ins Locken wissen wir bis heute nichts. Dazu finden sich in der Forschung bestenfalls allgemeine Formulierungen wie im oben wiedergegebenen Zitat von Karl von Frisch.

Mangels geeigneter technischer Möglichkeiten kam bisher nur die Direktbeobachtung langsam fliegender Bienen in Frage, nach der dann entschieden wurde, ob ihre Drüsen offen oder geschlossen waren. Diese einfache Art der Abschätzung über einen Einsatz der Nasanov-Drüse durch die Bienen findet man in der Forschung bis heute.

Die Einschätzung, dass das Duftorgan der Sammelbienen nur in der Nähe (hier sogar in sehr dichter Nähe) der Futterstelle als Lockmittel wirksam ist, wird auch von Adrian Wenner geteilt (284). Aber auch in dessen Arbeit werden keine Angaben zu Versuchen gemacht, die zur Feststellung Anlass geben, die Lockwirkung des Duftorgans sei auf die Nähe (auch hier, was ist ›Nähe‹?) des Futterplatzes beschränkt.

Diesen Vermutungen über den Einsatz des Duftorganes der Arbeiterinnen sind bis heute keine systematischen Untersuchungen gefolgt, es ist ein vernachlässigtes Gebiet der Kommunikationsforschung der Bienen. Man stößt auch hier wieder auf den blinden Fleck, die fehlende Hälfte in der Erforschung der Kommunikation zwischen den Sammelbienen im Feld.

VON FRISCH verstand, dass die Tanzfigur auf den Futterplatz verweist

Die Wortwahl hat in der Bienenforschung immer wieder Weichen gestellt, auch dann, wenn diese eher auf Vermutungen als auf Beobachtungen und Daten beruhte. Wird aus »weitem Umkreis« *später* »in der Nähe«, ohne dass weder für das eine noch für das andere Daten vorliegen, verändert dies die Erwartung, das Bild, das man sich von Vorgängen macht. So auch die Deutung einer Beobachtung, hier zum Auffinden von Futterplätzen durch Rekruten. Wenn man davon ausgeht, dass ein Duft nur aus der Nähe anlockt, muss man danach suchen, was den Bienenneuling in diese Nähe gebracht hat.

Das hat von Frisch getan und fündig wurde er im Bienentanz. Seine Publikation von 1946 enthält eine der zentralen Entdeckungen der gesamten bisherigen Bienenforschung, die von Frisch selbst so formulierte:

> »Man kann mit Hilfe der Uhr aus der Zahl der Wendungen recht genau ablesen, wie weit die Trachtquelle entfernt liegt, von der die Tänzerin ihre Bürde bringt. Beim Schwänzeltanz weist die Biene überdies die Richtung zur Trachtquelle.« (75, S. 48).

Diese Entdeckung, die allen seinen Vorgängern entgangen war, wird zu Recht als eine der bedeutendsten Erkenntnisse der modernen Verhaltensbiologie eingeordnet, und man kann vermuten, dass dies die gewichtigste Einzelentdeckung war, die zur Verleihung des Nobelpreises an Karl von Frisch geführt hat.

Damit, obwohl zur Entfernung vorsichtig formuliert (*»recht genau«),* konzentrierten sich die Aufmerksamkeit und die Gewichte in der Forschung und in der Deutung von Forschungsresultaten für eine große Gemeinde von Forscher:innen in den folgenden Jahrzehnten eindeutig auf die Vorgänge im Bienenstock.

Seine Auffassung zur Rekrutierung brachte Karl von Frisch in seinem berühmten Buch *Tanzsprache und Orientierung der Bienen* (78) nochmals auf den Punkt:

> »Sammlerinnen, die an einer guten Futterstelle verkehren, bringen auch an ferne und versteckt gelegene Stellen rasch zahlreiche Neulinge heran. Diese werden NICHT ZUM ZIEL GELEITET sondern ZUM ZIEL GESCHICKT.« (78, S. 236, Auszeichnungen J. T.)

Zwanzig Jahre zuvor war sich von Frisch über die überragende Bedeutung des Schickens noch nicht so sicher. Er schrieb in einer Publikation von 1946:

> »Konnte nicht das Duftorgan der sammelnden Bienen die alleinige Ursache sein, daß bei jenem Beobachtungsplatz, der in der Nähe der Futterstelle lag, eine Überzahl von Neulingen erschien? [...] Durch den regen Verkehr der sammelnden Bienen konnte vielleicht die ganze Umgebung etwas von dem lockenden Geruch des Duftorgans abbekommen haben, der sich so auch an dem benachbarten Beobachtungsplatz geltend macht.« (75, S. 9)

Um hierüber Klarheit zu erhalten, entwickelte er die Idee zu seinen später wichtigen Fächerversuchen:

> »Um dies zu prüfen, legte ich bei weiteren Versuchen mit Fütterung an entfernten Futterstellen Beobachtungsplätze auch in GLEICHER ENTFERNUNG, aber ganz ANDERER RICHTUNG an, also weit außerhalb des Duftbereiches der sammelnden Bienen.« (75, S. 9, Auszeichnungen im Original)

Auch hier gilt es festzustellen, dass von Frisch über die Reichweite und Wirkung des Duftorgans der Sammelbienen und damit über die Kommunikation der Bienen im Feld eine Feststellung traf, zu der es keine Daten gab.

Die entscheidenden Experimente, die von Frisch zu seiner klaren Aussage (»Diese werden nicht zum Ziel geleitet sondern zum Ziel geschickt«) brachten, ergaben sich aus einer systematischen Weiterführung seiner Versuche von 1944 in Form der Stufen- und Fächerversuche.

Seine Idee, dass die Bienen mittels einer Tanzsprache Ortsangaben übermitteln, testete von Frisch vor allem in den fünfziger Jahren in seinen berühmten Stufen- und Fächerversuchen. Ziel war es zu überprüfen, ob die Rekruten einer Zielangabe im Tanz tatsächlich folgen. Die Stufenversuche sollten dabei zeigen, ob eine Entfernungsangabe übermittelt wird, die Fächerversuche, ob eine Richtungsangabe verstanden wird.

In seinen Stufenversuchen untersuchte VON FRISCH, ob die Bienen mit ihrem Tanz eine Entfernungsangabe übermitteln

Schauen wir zunächst auf den Stufenversuch vom 10. Juli 1956 (aus 78). In einer bestimmten Entfernung vom Bienenstock (hier 1050 Meter, siehe Abb. 51 zu Versuchsstrecken, entlang derer solche Versuche typischerweise stattfanden) wurde ein Futterplatz – ein Schälchen mit Zuckerwasser, das zusätzlich mit einem Duftstoff (Orangengenblütenöl) attraktiv gemacht wurde – eingerichtet (orange in Abb. 9). Dreißig farblich markierte Sammelbienen wurden auf diesen Platz dressiert (zur Methodik, Honigbienen auf den Besuch eines Futterplatzes zu dressieren, siehe Anhang). Zunächst wurde eine niedrige Zuckerlösung geboten, die unbeduftet war. Die Bienen sammelten Zuckerwasser, tanzten aber für dieses spärliche Angebot nicht im Stock. Zu Versuchsbeginn wurde dann die Zuckerkonzentration erhöht, sodass die dressierten Bienen nun mit den Tänzen begannen. Zudem wurde die Zuckerwasserlösung jetzt beduftet. Diese dressierten Bienen, die auch während des dreistündigen Beobachtungszeitraumes zwischen dem Stock und dem Futterplatz hin- und herflogen, rekrutierten nun innerhalb der drei Stunden 132 Rekruten zur Futterstelle, die alle dort landeten und abgefangen wurden. Entlang der Linie Bienenstock – Futterplatz wurden acht Kontrollstationen eingerichtet, die genau wie der Futterplatz beschaffen waren, also ebenfalls beduftet, aber kein Futter anboten. Damit sollte erfasst werden, wie eng sich die Rekruten an die getanzte Botschaft hinsichtlich der Entfernung des Futterplatzes hielten. Dazu wurden folgende Daten erhoben:

> »Bei jeder Duftplatte sitzt ein Beobachter und notiert die Zahl der anschwärmenden und der sich setzenden ungezeichneten Bienen. [...] sie kommen gegen die Windrichtung nahe am Boden langsam, in kurzem Zickzackflug suchend heran und umschwärmen die Platte. Sie werden nur notiert, wenn sie sich ihr auf etwa 20 cm genähert haben.« (78, S. 86)

Innerhalb der drei Stunden Beobachtungszeit verteilten sich an diesen Kontrollstellen Rekruten, die in den Veröffentlichungen als »Anflüge an die Duftplatten« festgehalten sind. Dabei wurden alle Bienenneulinge gezählt, unabhängig davon, ob sie auf den Kontrollstationen gelandet waren oder nicht, wobei das Risiko bestand, dass umherfliegende Individuen mehrfach gezählt wurden. Diese Einschränkung findet man in der Literatur als Argument gegen den Wert dieser Versuche (z.B. 283). Dabei ist die Problematik eine andere. Ergänzt man nachträglich das Schaubild (Abb. 9) um die Anzahl von Rekruten, die sich aus dem Begleittext in von Frischs Buch herauslesen lassen und die direkt am Futterplatz gelandet sind und dort abgefangen wurden, so wirken die Rekruten (egal ob gelandet, nicht gelandet oder mehrfach gezählt) an den Kontrollstationen eher als Ausreißer. Mit 132 sind die meisten Rekruten in diesem Versuch genau dort gelandet, wohin die erfahrenen Bienen (die Tänzerinnen) während der Beobachtungszeit kontinuierlich zum Sammeln geflogen sind,

Aus einer vergleichenden Betrachtung der beiden Darstellungen in Abbildung 9 und 10 ergibt sich diese Überlegung: Man könnte die Daten aus den Stufenversuchen im Sinne dieses Buches auch anders betrachten und vermuten, dass die Rekruten, die an den Kontrollstationen gezählt wurden, diejenigen sind, die im Feld den Anschluss an die erfahrenen Sammelbienen nicht gefunden oder wieder verloren haben.

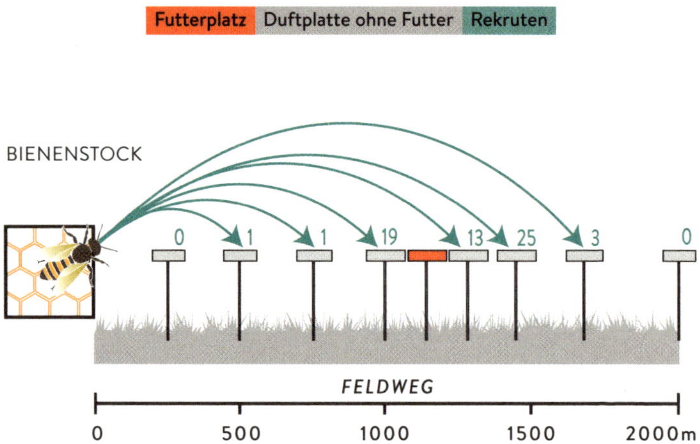

Abb. 9

Einer der vielen Stufenversuche, die Karl von Frisch und seine Mitarbeiter:innen durchgeführt haben. Von einem Beobachtungsstock wurden dreißig Sammelbienen darauf dressiert, an einem Futterplatz (orange markiert) in 1050 Metern Abstand zum Bienenstock zu sammeln. Diese Bienen tanzten im Stock und aktivierten Rekruten. Acht Kontrollstationen wurden in gerader Linie und unterschiedlichen Abständen vom Bienenstock eingerichtet. Gezählt wurden die Rekruten, die sich den Kontrollstationen bis auf zwanzig Zentimeter angenähert hatten (nicht aber die, die den Futterplatz erreichten). Der Versuch ergab, dass an Kontrollstationen in der Nähe des Futterplatzes die meisten Rekruten auftauchten (Anzahl und Flugbahn der Rekruten in Türkis). Die Darstellung folgt der Originalabbildung aus von Frischs Buch von 1965 (78, S. 90, Abb. 85). Zum generellen Erscheinungsbild dieser Versuche siehe Abb. 51.

Aus den Stufenversuchen wird auf jeden Fall deutlich: (1) An dem Ort, an dem erfahrene Sammelbienen verkehren, treffen die mit weitem Abstand meisten Rekruten ein. (2) An den Kontrollstationen, die näher am Futterplatz liegen, treffen mehr Rekruten ein als an den entfernter liegenden Stationen.

Ein solches Versuchsergebnis lässt unter anderen zwei Anschlussfragen zu, die man je nach Blickwinkel unterschiedlich gewichten kann und sich somit an dieser Stelle entscheidet, welche Vorstellung zur Rekrutierung zu Futterplätzen man künftig bevorzugen möchte.

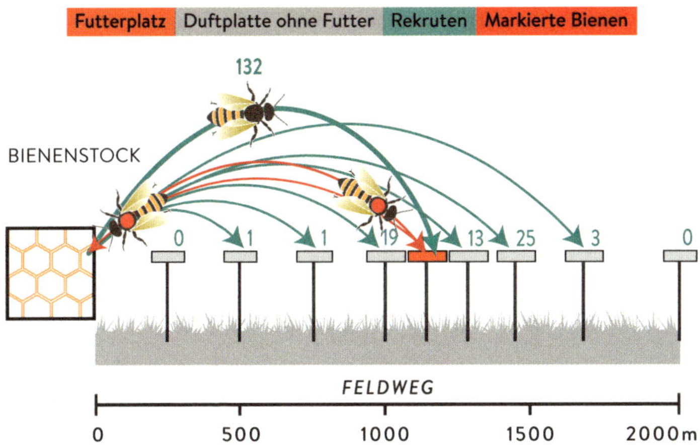

Abb. 10

Für einige von Karl von Frischs Stufenversuchen lässt sich aus dem Text (78), der die Versuche beschreibt, entnehmen, wie viele Rekruten direkt an dem Futterplatz (orange markiert) gelandet sind, für den die erfahrenen Bienen tanzten und den sie während der Versuchszeit kontinuierlich anflogen (rote Flugbahn). In diesem Versuch haben 132 Tiere den von den erfahrenen Bienen beworbenen Futterplatz erreicht (Anzahl und Flugbahn der Rekruten in Türkis). Trägt man diesen Wert in Abb. 9 ein, wirken die Rekruten an den Kontrollstationen eher wie versprengte Tiere.

Die erste Frage konzentriert sich auf die Vorgänge an der Futterstelle und lautet: Was bringt derart viele Rekruten exakt an der von den dreißig erfahrenen Bienen besuchten Futterstelle zur Landung? Diese Frage führt direkt zur Erforschung der von den rekrutierenden Bienen eingesetzten Kommunikationsmechanismen sowohl im Bienenstock als auch im Feld.

Die zweite Frage konzentriert sich auf die Vorgänge an den Kontrollstationen und lautet: Wie verteilen sich die Rekruten an den Kontrollstationen, die von keinen erfahrenen Bienen besucht wurden und die mit Duft, aber ohne Futter versehen waren, und was hat die Rekruten dorthin geführt? Diese Frage schließt die Erforschung von Kommunikation zwischen erfahrenen und unerfahrenen Bienen im Feld aus und konzentriert sich auf die Vorgänge im Bienenstock.

Karl von Frisch entschied sich für die zweite Frage und klammerte bewusst die Vorgänge am Futterplatz, zu dem die erfahrenen Bienen flogen und für den sie mit ihren Tänzen warben, aus. Die enorme Zahl an Rekruten, die in allen seinen Versuchen direkt am Futterplatz landeten und die er bei vielen späteren Experimenten gar nicht mehr angab, kommentierte er wie folgt:

> »HIERMIT IST ERWIESEN, DASS DER NORMALE STARKE ZUSTROM AN NEULINGEN ZUR FUTTERSTELLE IN DER HAUPTSACHE DURCH DAS AUSSTÜLPEN DER DUFTORGANE VON SEITEN DER SAMMLERINNEN BEDINGT IST.« (72, S. 166, Auszeichnung im Original)

Methoden, die geeignet gewesen wären, die Kommunikation zwischen Bienen im Feld auf der Strecke zwischen Stock und Futterplatz zu studieren, waren damals nicht verfügbar. Dass mangels geeigneter Untersuchungsmethoden der Aspekt einer Kommunikation zwischen Bienen im Feld bereits sehr früh auch konzeptionell ausgeklammert wurde (siehe oben), ist nachvollziehbar, hatte aber auf die nachfolgende Bienenforschung und deren Sicht auf die Rekrutierung eine stark einengende Wirkung, die bis heute zu spüren ist. Ein Sozialverhalten auch draußen im Feld wurde nicht als noch zu bearbeitende Aufgabe eingeordnet, nicht beachtet und ist so als Forschungsgegenstand im Laufe der Zeit immer mehr verblasst – der blinde Fleck hatte Fuß gefasst.

In seinen Fächerversuchen konzentrierte sich VON FRISCH darauf, ob die Bienen mit ihrem Tanz eine Richtungsangabe übermitteln

Der Grundgedanke der Fächerversuche war der gleiche wie bei den Stufenversuchen. Eine Schar markierter Sammelbienen wurde auf einen bedufteten Futterplatz hin dressiert. Registriert wurde die Anzahl an Neulingen, die an den Kontrollstationen ankamen.

Die Resultate seiner Fächerversuche hat Karl von Frisch durchgehend ohne die Vorgänge am Futterplatz vorgestellt.

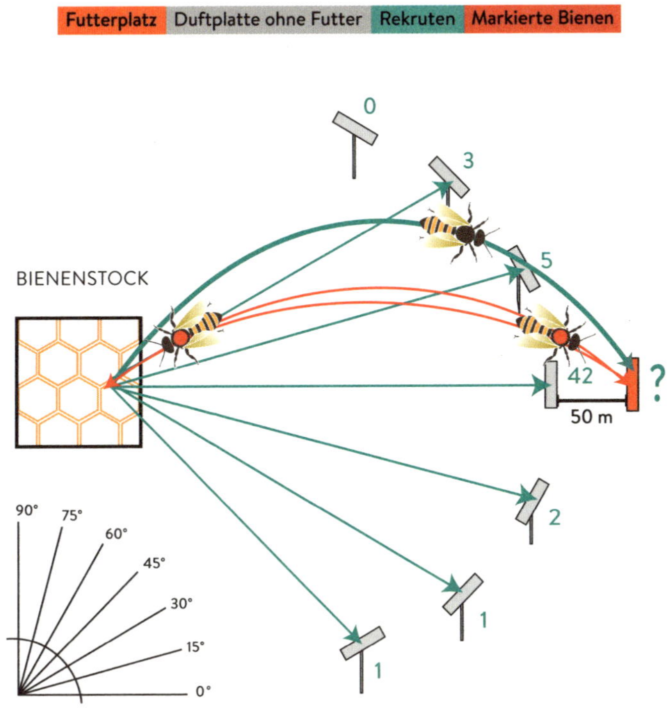

Abb. 11

Bei diesem Versuch baute von Frisch im gleichen Abstand zum Bienenstock (550 Meter), aber in unterschiedlichen Richtungen (deren genaue Ausrichtungen ist links unten angegeben) Kontrollstationen auf, die kein Futter boten, aber ansonsten genauso beschaffen waren wie die einzige Futterstelle (orange markiert), die fünfzig Meter hinter der zentralen Kontrollstation lag und die als einzige von den erfahrenen Bienen beflogen wurde (rote Flugbahn). Gezählt wurden die Bienen, die an den Kontrollstationen beobachtet wurden, wobei die meisten Bienen an den Kontrollstationen in der Nähe der Futterstation ankamen (Anzahl und Flugbahn der rekrutierten Bienen in Türkis). Die Rekruten, die an der einzigen von den dressierten Bienen beflogenen Futterstation landeten und dort abgefangen wurden, wurden nicht gezählt (nach 78, Abb. 138, S. 159).

Es zeigte sich, dass ebenso wie bei den Stufenversuchen umso mehr Rekruten an den Kontrollstationen gezählt werden konnten, je näher diese an der von erfahrenen Bienen beflogenen Futterstation lagen. Anders als für einige Stufenversuche finden sich bei von Frisch (78) nun keine Angaben mehr über die Vorgänge an der Futterplatte, zu der die dressierten Bienen mit Tänzen und Nasanov-Duft rekrutierten. So gibt es auch keine Angaben über die Anzahl der Rekruten, die direkt am Futterplatz eintrafen und dort abgefangen werden konnten.

Die Rolle der Kommunikation zwischen Bienen im Feld wurde trotz der überragenden Bedeutung, die durchaus erkannt wurde, auch hier ganz bewusst ausgespart, um zu sehen, wie sich Rekruten auf die Kontrollstationen verteilen, die zwar den Duft des Futterplatzes tragen, aber von keinen erfahrenen Bienen besucht werden.

Die kurz gefasste Formulierung zu den Resultaten der Stufen- und Fächerversuche Karl von Frischs heißt noch heute: Im Schwänzeltanz vermittelt eine Tänzerin die Richtung und die Entfernung zu einem Ziel. Genauer, zu dem Ziel, von dem die Tänzerin herkommt und für das sie Nachfolgerinnen anwirbt. Die erste Abbildung, die in der Bienenliteratur diese Aussage zur Richtungsweisung durch Bienentänze vorstellt, findet sich mehr oder weniger stark modifiziert vieltausendfach publiziert (Abb. 12).

Richtungsangaben sind nie absolut, sondern sie beziehen sich immer auf eine Referenz. Für die Bienen ist dies im Freien die Position der Sonne, die eine Bezugsrichtung vorgibt, im dunklen Stock ist es die nach unten weisende Richtung der Schwerkraft. Die Honigbienen übersetzen den im Flug wahrgenommenen Winkel zwischen ihrer Flugbahn und der Sonne im Tanz auf den senkrecht hängenden Waben in einen Winkel zwischen der Ausrichtung der Schwänzelphase und der Schwerkraftrichtung. Das klingt präziser als es ist, und wird in diesem Buch noch im Detail beleuchtet.

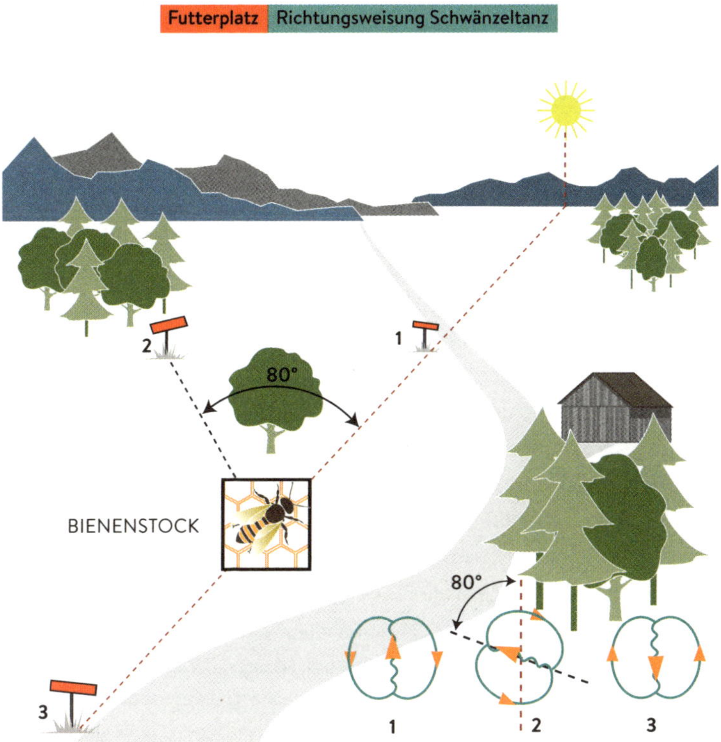

Abb. 12

Die klassische auf den Fächerversuchen von Karl von Frisch basierende Darstellung, wie Nachtänzerinnen die Richtungsinformationen aus dem Bienentanz entschlüsseln. Unten rechts sind drei Tänze schematisch dargestellt. Tanz 1 und 3 weisen nach oben beziehungsweise unten, entsprechen also der Richtung der Schwerkraft. Da sich die Biene im Feld an der Sonne orientiert, versteht die Nachtänzerin, dass die Futterstelle (orange markiert) in einer Linie mit dem Stand der Sonne liegt. Entsprechend findet sie zur Futterstelle aus Tanz 2, indem sie einen um 80 Grad vom Sonnenstand abweichenden Winkel anfliegt. Die Darstellung folgt der Originalabbildung aus von Frischs Buch von 1965 (78, Abb. 119).

VON FRISCH erhielt für seine Forschungen den Nobelpreis – aber auch Alternativen sind denkbar

Die Stufen- und Fächerversuche und die daraus gezogenen Schlussfolgerungen über die Kommunikationsfähigkeiten der Honigbiene waren wesentliche Bausteine für die Verleihung der höchsten Auszeichnung an Karl von Frisch, die ein Forscher oder eine Forscherin bekommen kann. Der Nobelpreis für Medizin ging im Jahr 1973 an drei Verhaltensbiologen, neben Karl von Frisch an Niko Tinbergen und Konrad Lorenz.

Die Schlussfolgerung aus den Stufen- und Fächerversuchen, die in Abb. 12 grafisch dargestellt ist, ist zur Erklärung der Resultate nicht alternativlos. In diesem Stadium der Forschung boten sich mehrere Erklärungsmöglichkeiten an:

1. Möglichkeit: Die Rekruten sind im Feld Signalen gefolgt, die von den erfahrenen Bienen ausgingen, denn die übergroße Mehrheit der Rekruten landete an den Futterstellen, die auch von den erfahrenen Bienen (= Tänzerinnen) besucht wurden. Die Rekruten, die nicht dort gelandet sind, haben den Anschluss an die erfahrenen Bienen nie gefunden. Diese Erklärungsmöglichkeit erkannte auch von Frisch mit seiner ersten Entdeckung zu Mechanismen der Rekrutierung an (siehe S. 40).

2. Möglichkeit: Die Rekruten folgen Ortsangaben aus den Tänzen im Bienenstock (82). Das war die zentrale Botschaft aus den Stufen- und Fächerversuchen. Vorsichtiger formuliert könnte man aber auch sagen: Die Schwänzeltänze der Sammelbienen haben einen Einfluss auf den Entfernungsbereich und den Richtungsbereich, in dem Rekruten im Feld beduftete Kontrollplatten anfliegen. Je näher die Kontrollstationen am Futterplatz liegen, desto stärker werden sie von Rekruten besucht.

3. Möglichkeit: Die Rekruten folgen ausschließlich den Duftreizen, die von allen Stationen ausgehen. Die Tänze beinhalten keinerlei für die Rekruten nutzbare Ortsangaben, sie veranlassen die Rekruten lediglich, auf die Suche auszufliegen (284).

Es sollte nicht überraschen, dass diese offene Erklärungsvielfalt mit zunächst gleichwertigen Möglichkeiten dazu führte, dass nicht alle Bienenforscher und Bienenforscherinnen von der funktionellen Bedeutung der Bienentänze als Tanzsprache überzeugt waren. Was in den sechziger Jahren begann, war eine Auseinandersetzung um die von Karl von Frisch abweichende Auffassung, dass Nachtänzerinnen überhaupt keine Ortsinformation aus der Tanzfigur ziehen würden. Wortführer der exponiertesten Gruppe von Bienenforscher:innen, die diese Auffassung vertreten, ist der US-amerikanische Biologe Adrian Wenner.

DIE TANZSPRACHE BLEIBT EINE UMSTRITTENE IDEE

> »Die Debatte über den Informationsgehalt der Bienentänze ist bis heute nicht zu einem Ende gekommen. Für die Zunft der Bienenforscher ist es ein echter Aufreger – und seit Jahrzehnten ein Dauerbrenner.« Tina Heidborn 2010 (117, S. 79)

Details der Versuchsaufbauten der Stufen- und Fächerversuche, wie sie Karl von Frisch erdacht und durchgeführt hat, können abgewandelt werden, was dann zu graduell abweichenden Resultaten führen kann bis hin zu Ergebnissen, die auch ohne eine kommunikative Rolle der Tänze gedeutet werden können. Dies führte zur Herausbildung einer Vorstellung zur Rekrutierung bei Honigbienen, die ›das Kind mit dem Bade ausschüttete‹.

WENNER ging davon aus, dass sich Bienen ausschließlich am Duft orientieren

Adrian Wenner befasste sich mit der Frage, ob Rekruten die in den Tänzen gegebene Information nutzen oder aber nicht beachten und ausschließlich durch Düfte zum Ziel gelenkt werden. Er kam dabei zu einer radikalen Schlussfolgerung, in der Zutreffendes ebenso wie Unzutreffendes steckt.

Nach seiner Auffassung lesen zwar die Wissenschaftler und Wissenschaftlerinnen aus der Tanzfigur die Information über die Lage des Zielortes, der im Tanz beworben wird (siehe Abb. 12 zur Richtung eines

Zieles), nicht aber die Nachtänzerinnen. Für die Nachtänzerinnen enthält nach seiner Auffassung der Tanz keinerlei Ortsinformation.

Letzteres ist falsch. Karl von Frisch konnte in den Stufen- und Fächerversuchen zweifelsfrei zeigen, dass sich Nachtänzerinnen in ihren Ausflügen durch die Ausrichtung und Dauer der beobachteten Schwänzeltänze lenken lassen. Wenner hatte somit nicht recht mit seiner Hypothese, die Nachtänzerinnen würden eine Ortsinformation komplett ignorieren.

Richtig in Wenners Beurteilung der Tanzsprache ist die Feststellung, dass eine genaue Ortsangabe von der Forschung aus den Tänzen der Bienen herausgerechnet werden kann (siehe Abb. 12), und das umso präziser, je aufwendiger und komplexer die Analyseschritte sind und je größer der analysierte Datenumfang ist. Dieser Informationsumfang und diese komplexen Kalkulationsmöglichkeiten stehen aber den Nachtänzerinnen nicht zur Verfügung. Den Nachtänzerinnen werden im Tanz Halbwahrheiten geboten, keine präzisen Informationen (vgl. Abb. 12 und 27).

Adrian Wenner hat seine Überlegungen, Experimente und Kritiken an Karl von Frisch, verflochten mit grundsätzlichen erkenntnistheoretischen Überlegungen über Verfahrensweisen in den Wissenschaften und mit allgemeinen Betrachtungen zu Paradigmenwechseln, gemeinsam mit seinem Co-Autor Patrick Wells in einem Buch mit dem vielsagenden Titel *Anatomy of a controversy* (284) zusammengefasst.

Will man die Vorstellung von Wenner auf einen Punkt bringen, so erklären er und weitere Forschende das Auftauchen von Rekruten an einer Futterstelle ausschließlich anhand der Orientierung nach Düften. Er bemühte sich dabei um eine sehr ausführliche Begründung für die Auffassung, dass für die Honigbienen die Verbindung zwischen Details des Bienentanzes und der Lage einer Futterstelle bedeutungslos ist und dass die Nachtänzerinnen durch die Tanzfigur keinerlei Hinweis auf die Lage eines Zieles erhalten (283). Nach seiner Vorstellung veranlassen die Tänze Rekruten lediglich zum Ausfliegen aus dem Bienenstock in zunächst beliebige Himmelsrichtungen. Gemäß Wenner erreichen sie dann den Ort, für den die Tänzerin wirbt, ausschließlich durch Orientierung an Düften in der Landschaft. Er entwirft mit seinen Mitarbeiter:innen als Erklärung für das Auffinden auch eines sehr punktuellen Zieles aus einer Reihe möglicher Ziele (Stufen- und Fächerversuche) die Vorstellung von einem Schwerpunkt in einem Duftfeld, der aus einem Zusammenspiel aller Duftquellen im Feld entsteht (130, 284).

WENNER versus VON FRISCH: Steckt Ortsinformation im Bienentanz?

Ein Blick auf das Konzept der Fernorientierung (Abb. 1) zeigt, dass das Rekrutierungsmodell von Adrian Wenner dort nicht eingepasst werden kann. Die 1. Phase, das SCHICKEN, fehlt, das Verhalten der Rekruten beginnt mit SUCHEN. Diese Suchphase fällt sogar weg, wenn ein Wind den Duft des Zieles zum Bienenstock trägt, dann liegt Nahorientierung vor, die Rekruten sind sofort auf der richtigen Spur (siehe Abb. 13 und 42).

Um die hohe Bedeutung von Blütendüften für die Orientierung von Bienen wusste im Übrigen auch schon Karl von Frisch. Um das sogenannte Duftlenken, die Frage, wie man Bienen gezielt zu deren Bestäubungseinsatz in der Landwirtschaft lenken kann, drehte sich ein Großteil seiner Forschungsarbeiten zur Bienenkommunikation (76, 77).

Von Frisch schrieb dazu:

> »Nicht selten hat der Landwirt den Wunsch, DIESE BESTÄUBUNGSARBEIT NOCH INTENSIVER ZU GESTALTEN, als sie an sich schon ist. Wir haben die Möglichkeit dazu. Denn es ist uns bekannt, WIE BIENEN MITEINANDER REDEN, und WIR KÖNNEN SIE IN IHRER EIGENEN SPRACHE WISSEN LASSEN, WOHIN SIE FLIEGEN SOLLEN. [...] Bringt man aber Bienenvölker an ein Rotkleefeld und füttert man sie mit etwas Zuckerwasser unter Beigabe von Rotkleeblüten, so tanzen sie im Stock, sie alarmieren die Stockgenossen und veranlassen sie durch den Kleeduft zum Beflug des Rotkleefeldes.« (76, S. 3, Auszeichnungen im Original)

Da sich die Kontroverse zwischen von Frisch und Wenner immer mehr an dem einzigen Punkt festfraß, ob im Tanz eine wie immer auch von den Bienen genutzte Ortsinformation steckte oder nicht (97), hat sie dem blinden Fleck kräftigen Vorschub geleistet. Eine Beantwortung der Frage, wer von beiden in diesem Punkt recht hat, wurde als Schlussstein für die Erforschung der Bienenkommunikation betrachtet (178).

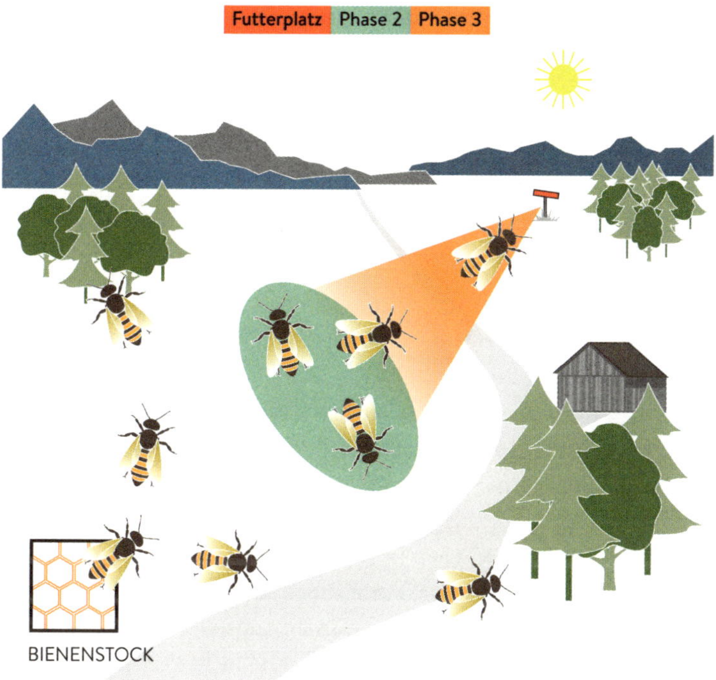

^ Abb. 13

Die Resultate der Forschungsarbeiten von Adrian Wenner und seinen Schülern und Schülerinnen belegen die große Bedeutung von Düften, die von Blüten ausgehen, für das Auffinden der Ziele in der letzten Phase der Fernorientierung (Phase 3, roter Sektor, vgl. Abb. 1). Erreichen Düfte mit dem Wind den Bienenstock, rückt das Suchfeld (grün) dicht an den Bienenstock heran und kann sogar ganz verschwinden (siehe Abb. 42). Die Fernorientierung geht dann in eine Nahorientierung über, die Rekruten können vom Bienenstock aus das Ziel direkt anfliegen.

‹ **Abb. 14**

Original-Versuchskästchen (Kantenlänge 8 cm), wie sie Karl von Frisch in großer Stückzahl einsetzte, um Honigbienen auf die Wahrnehmung unterschiedlicher Düfte zu dressieren. Im Inneren der Kästchen wurden Duftquellen untergebracht, die von Sammelbienen aufgefunden werden mussten (78).

Lehren aus der Kontroverse – eine Zwischenbilanz zum damaligen Stand

Hier soll nicht wiederholt werden, was über diese Kontroverse bereits geschrieben wurde (siehe auch zu erkenntnistheoretischen Überlegungen in diesem Zusammenhang z. B. 271). Ihre Kritik an den Versuchen von Frischs haben die Forscher Wenner und Wells in ihrem Buch sehr ausführlich dargestellt (284). Den dort zusammengefassten Einwänden zahlreicher über einen langen Zeitraum verteilter Publikationen der Wenner-Schule wurde umgekehrt auch wieder aus der Von-Frisch-Schule widersprochen (z. B. 79). Auch welche Kontrollversuche und welche Kontrollen der Kontrollversuche der jeweils anderen Seite von beiden Schulen durchgeführt wurden und wie diese von jeder der beiden Gruppierungen gedeutet wurden, soll nicht Gegenstand dieses Buches sein, zumal diese Kontroverse nichts zur Erhellung des blinden Flecks beigetragen hat. Im Gegenteil, die Fokussierung auf eine einzige Frage unter den vielen offenen Punkten und die Verhärtung der Auseinandersetzung hat den Eindruck hinterlassen, als wäre mit einer Klärung der Kontroverse auch die Frage beantwortet, wie Honigbienen rekrutieren.

Auch wenn sich die Waagschale durch die Nobelpreisverleihung an Karl von Frisch klar gegen die Hypothese von Wenner bewegte

(117, 178, 179), so blieb doch die Notwendigkeit, die Bedeutung der Tanzbewegungen unabhängig von weiteren Zielfindungshilfen direkt zu bestätigen. Die drei Erklärungsmöglichkeiten für das Zustandekommen der Resultate in den Stufen- und Fächerversuchen standen zunächst gleichgewichtig nebeneinander.

Der Standpunkt Wenners, die Tanzfigur vermittle keine Ortsinformation, wurde damals und wird heute von nur sehr wenigen Bienenforscher:innen geteilt. Er hat sich als falsch herausgestellt. Die Arbeiten Wenners und seiner Mitarbeitenden haben aber zweifelsfrei gezeigt (und dabei auch alte Arbeiten von Frischs bestätigt, siehe etwa dessen Studien zur Duftlenkung von Sammelbienen), wie bedeutungsvoll die Düfte der Blüten für die Orientierung von Sammelbienen in der Phase 3 der Fernorientierung sind, wenn die Bienen, angeregt durch Tänze, auf der Suche nach Nahrungsquellen unterwegs sind.

Richard Dawkins kommentierte zur Auseinandersetzung zwischen der Von-Frisch- und der Wenner-Schule um die möglichen Mechanismen der Rekrutierung bei Honigbienen versöhnlich insofern, dass es vernünftig sei anzunehmen, Sammelbienen verfügten über gleichwertige alternative Möglichkeiten, eine Nahrungsquelle aufzufinden. Das wären unter anderem die Tänze, Gerüche und die Gegenwart anderer Bienen im Feld. Dann würde es von den Umständen abhängen, welche dieser Möglichkeiten dominiere und von den Bienen genutzt werde (38).

Ähnlich äußerten sich sechzehn Jahre später Gould, Dyer und Towne:

> »Kurz gesagt argumentierten sie [Wenner und Mitarbeiter:innen, J. T.], dass die Tanzkorrelationen für die Bienen bedeutungslos sind, da Bienen entweder nur Düfte oder eine Sprache für die Kommunikation verwenden und da sie Bedingungen schaffen konnten, unter denen Bienen nur durch Düfte rekrutiert wurden. Der Fehler in dieser Argumentation ist natürlich die Annahme, dass Bienen nur auf eine Weise kommunizieren können.« (104, S. 142)

Die Ansicht Wenners, dass Honigbienen nur auf eine Weise kommunizieren können (das ist nach seiner Meinung die Rekrutierung ausschließlich mit Düften), wird zu Recht abgelehnt. Damit wird aber automatisch angenommen, dass das Gegenteil der Fall sei. Denn wenn es falsch ist, dass den Bienen nur ein einziger von zwei denkbaren Mechanismen zur Zielfindung zur Verfügung steht, sollte es richtig sein, dass die Bienen beide diskutierten Mechanismen gleichwertig nutzen können. Das trifft aber nicht zu.

Dieser Vorschlag gleichwertiger Möglichkeiten, aus denen die Sammelbienen auswählen können, um Rekruten zum Ziel zu bringen, ist das Konzept, das in der aktuellen Forschung am häufigsten angeführt wird. Danach wären alle Mechanismen gleichwertig und es hängt von den Umständen ab, welche die Bienen in jedem konkreten Fall nutzen. Somit wären formal betrachtet alle Beobachtungen unter einen Hut gebracht, was einmal für den einen und ein andermal für einen anderen Standpunkt (siehe Kontroverse) sprechen kann.

Diese Lösung umgeht allerdings den blinden Fleck, denn Wesentliches scheint damit geklärt. In diesem Buch soll gezeigt werden, dass NICHT alles geklärt ist, dass NICHT alles möglich ist und NICHT alle Bausteine gleichwertig sind, dass aber ALLE angesprochenen Bausteine von den Bienen eingesetzt werden, allerdings in enger funktioneller Verbindung zueinander und nicht als von den Bienen frei wählbare Alternativen.

JAMES L. GOULDS EXPERIMENTE KLÄREN EINIGES – ABER NICHT ALLES

Ein Versuch des US-amerikanischen Biologen James L. Gould sollte die Kontroverse endgültig entscheiden, hatte aber nicht zum Ziel, die Rekrutierung der Bienen in vollem Umfang zu erforschen. Der blinde Fleck blieb ausgespart.

In der noch immer heißen Phase der Auseinandersetzung der Von-Frisch- und Wenner-Schulen fertigte Gould 1975 eine Doktorarbeit an, deren Resultate für die Auseinandersetzung um die sehr kritischen Meinungen von Wenner gegenüber der Arbeit von Frischs eine enorm hohe Bedeutung hatten.

Die Wissenschaftshistorikerin Tania Munz, die sich im Rahmen ihrer Doktorarbeit auf das Gründlichste mit den *bee battles* zwischen Karl von Frisch und Adrian Wenner befasst hat, ordnete die Bedeutung der Arbeit von Gould (95) ein wie folgt:

> »Many in the animal behavior community welcomed Gould's work as the final word in the controversy and hailed it as the vindication of von Frisch's theory.« (178, S. 560)
> [»Viele in der Gemeinschaft der Verhaltensforscher begrüßten Goulds Arbeit als das letzte Wort in der Kontroverse und begrüßten es als Bestätigung von Karl von Frischs Theorie«, Übersetzung J. T.]

Dieses hohe Gewicht der Gould'schen Arbeit lässt es angebracht erscheinen, das Projekt detaillierter zu beleuchten. Die Daten der Arbeit von Gould werden hier so aufgenommen, wie sie publiziert worden sind, und unter dem Thema dieses Buches beleuchtet, dem blinden Fleck in der Betrachtung der Bienenkommunikation.

So offen und vorsichtig Gould selbst in der Deutung der Resultate seiner Arbeit war (siehe S. 88), so sehr wurden seine Versuchsergebnisse als Schlussstein in einer Auseinandersetzung angenommen, die sich festgefressen und sogar persönlich geworden war.

Polakoff formulierte am Beispiel der Kontroverse um den Bienentanz über die Gefahr einer abgeschlossenen Meinung, die neues Denken verhindere, wie folgt:

> »The honeybee recruitment system has been debated extensively for many years. Perhaps what is needed are fewer debates and personal attacks and more observations and data. With well thoughtout experimental designs, the communication abilities of honeybees will unfold before us. Controversy is a human phenomenon, and it is time to take our personal feelings out of the equation and just watch the bees.« (198, S. 193)
> [»Das Rekrutierungssystem der Honigbienen wird seit vielen Jahren ausführlich diskutiert. Möglicherweise sind weniger Debatten und persönliche Angriffe, aber dafür mehr Beobachtungen und Daten erforderlich. Mit gut durchdachten Versuchsplänen werden sich die Kommunikationsfähigkeiten von Honigbienen vor uns entfalten. Kontroversen sind ein menschliches Phänomen, und es ist Zeit, unsere persönlichen Gefühle aus der Gleichung herauszunehmen und nur die Bienen zu beobachten«, Übersetzung J.T.]

Wie sich Bienen orientieren

In der Tanzkommunikation der Honigbienen bieten Licht (im Freien) und Schwerkraft (im Bienenstock) entscheidende Orientierungshilfen, wie Karl von Frisch und Mitarbeiter:innen aufklären konnten (zusammengefasst in 78).

Honigbienen nutzen im Freien die Sonne (und auch das Polarisationsmuster des Lichtes am Himmel; 214, 215; siehe Abb. 53) als wesentliche Bezugsgrößen in der Orientierung ihrer Sammelflüge. Im dunklen Stock, in dem auf senkrecht hängenden Waben getanzt wird, bietet die nach unten weisende Schwerkraft die Linie, auf die sich eine Richtungsangabe im Tanz beziehen lässt (163).

Zur Wahrnehmung dieser Orientierungshilfen besitzen die Honigbienen entsprechende Sinnesorgane.

‹ **Abb. 15**

Der Kopf einer Bienenarbeiterin. Die wichtigsten Sinne sind ihr Sehsinn mit den beiden großen Komplexaugen und drei winzigen, zwischen den Haaren verborgenen Einzelaugen (= Ocellen, Pfeile, eines hier sichtbar, zwei im dichten Haarkleid verborgen) sowie der Geruchssinn in den beiden Fühlern. Im Inneren jedes Fühlers sitzt zwischen dem langen Flagellum (FLAG) und dem folgenden Antennenglied das Johnston-Organ (Kreis), das gereizt wird, wenn das Flagellum von Luftbewegungen bewegt wird.

Abb. 16 ›

Das Facettenauge einer Biene unter dem Rasterelektronenmikroskop. In jedem der einzelnen sechseckigen Facetten der Komplexaugen entsteht ein einziger Bildpunkt. Die Facetten, die im Flug der Bienen nach oben zum Himmel schauen, können polarisiertes Licht erkennen, was insbesondere für die Ausrichtung der Flüge in Phase 1 der Fernorientierung rekrutierter Sammelbienen wichtig ist. Die Sinneshärchen zwischen den Facetten reagieren auf Berührung und Luftbewegung.

Die Wahrnehmung der Richtung der Schwerkraft beruht bei den Bienen wie bei den meisten Insekten auf einem einfachen Prinzip. An Gelenken, über die jeweils zwei bewegliche Körperabschnitte verbunden sind, sitzen Polster aus winzigen Sinneshärchen, mit denen die Richtung der Schwerkraft bestimmt werden kann. Zieht die Schwerkraft freihängende Körperabschnitte wie den Hinterleib (Abdomen), den Kopf oder die beiden Fühler nach unten, drücken diese auf Sinneshärchen und das rechts beziehungsweise links umso unterschiedlicher, je stärker die Ausrichtung der Biene von der Schwerkraftrichtung abweicht (Abb. 17). Auch an den Gelenken der Beine sitzen solche Gruppen von Sinneshärchen, die sich an der Wahrnehmung der Schwerkraft durch die Biene beteiligen (161, 162, 163).

˄ Abb. 17

Zwischen allen Gelenken an Rumpf und Beinen sitzen feine Sinneshaarpolster. Die Schwerkraft, wie hier markiert, zieht an Kopf oder Hinterleib nach unten. Die Sinneszellen der Sinneshärchen messen dann, wie stark die Ablenkung gegenüber dem mittleren Körperabschnitt ist, der mit den Beinen an der Unterlage festhält. So können Bienen ihre Ausrichtung auf der Wabe auch im dunklen Bienenstock bestimmen.

^ **Abb. 18**

Die beiden Fühler der Honigbiene sind dicht bepackt mit Sinneszellen, von denen die meisten der Wahrnehmung von Düften dienen. An Umweltfaktoren werden außerdem Temperatur, Luftfeuchte und Kohlendioxid wahrgenommen. An den Gelenken, wie hier an der Verbindung zur Kopfkapsel, sitzen Sinneshärchen, mit denen die Biene die Ausrichtung der Fühler und die Richtung der Schwerkraft bestimmen kann.

Die wichtigsten Sinnesorgane von Bienen arbeiten in der Kommunikation zusammen. Bemerkenswert ist eine Übertragung bei der Bestimmung von Winkeln, die im Flug über die Augen und im dunklen Stock auf den senkrechten Waben über die Schwerkraftsinnesorgane festgestellt werden. Diese Fähigkeit findet man auch bei vielen anderen Insektenarten, sie ist nicht bienenspezifisch (222). In der Tanzkommunikation wird die Wahrnehmung von Richtungen zwischen beiden Sinneswelten hin und her übertragen. Die Tänzerin bildet den im Flug gesehenen Winkel im Tanz ab, der Nachtänzerin hilft eine aus dem Tanz entnommene Richtungsangabe, das Suchfeld zu finden (siehe Abb. 1 – grüner Sektor).

Diese enge Verknüpfung von Sehsinn und Schweresinn hat Gould in seinen Experimenten wie folgt eingesetzt: Bringt man in den dunklen Bienenstock eine kleine Lichtquelle, nimmt die Biene beides gleichzeitig wahr, die Schwerkraft und das Licht. Das führt dazu, dass nun eine Kombination aus beiden Sinneswahrnehmungen als Bezugsrichtung zur Winkelmessung und dementsprechend zur Orientierung dient.

Nicht die Bienen lügen

Als experimenteller Kniff in der Dissertation von Gould sollten »lügende« Bienen zum Einsatz kommen (»We figured out a way to get bees to lie about where they'd been«; 98 [»Wir haben einen Weg gefunden, Bienen dazu zu bringen, darüber zu lügen, wo sie gewesen sind«, Übersetzung J. T.]), wie es über diese Arbeit auch später immer wieder berichtet wurde. Für die folgenden Überlegungen zwar unerheblich, soll aber doch festgestellt werden: Studiert man die Arbeit von Gould, wird klar, es gab in diesem Experiment keine »lügenden« Bienen, sondern der Versuchsaufbau war so angelegt, dass die Bienen, die einer Tänzerin folgten, verfälschte Informationen aufnehmen mussten.

Was steckte dahinter? Die prinzipielle Überlegung zu diesen Versuchen ging wie folgt: Wenn man es schafft, Nachtänzerinnen eine andere Information zukommen zu lassen, als sie die Tänzerin abgibt, sollten die Rekruten im Feld falsch fliegen, wenn sie diese Fehlinformation nutzten. So könnte im Versuch überprüft werden, ob Nachfolgebienen dorthin fliegen, wo die Tänzerin tatsächlich herkommt und auch wieder hinfliegt, dann nutzen sie die Tanzinformation nicht. Oder sie folgen einer falsch gedeuteten Information und fliegen an einen anderen Ort als zu dem von der Tänzerin besuchten Futterplatz. Dann nutzen sie die Tanzinformation.

Als minimale Erkenntnis aus diesen Experimenten sollte demnach die Frage beantwortet werden, ob der Tanz die Ausflüge der Nachtänzerinnen beeinflusst. Es sollte festzustellen sein, ob Wenners Behauptung, der Tanz liefere den Bienen keine Ortsinformation, zutrifft.

Für seine Versuche bereitete Gould zwei unterschiedliche Gruppen von Bienen vor. Eine zahlenmäßig kleine Gruppe, die sich als Tänzerinnen im Bienenstock in ihren Tänzen nur nach der Schwerkraft richteten und somit ihre Botschaft unverfälscht abgaben (es waren keine ›lügenden‹ Bienen; zu einem Versuch mit tatsächlich ›lügenden‹ Bienen siehe das folgende Teilkapitel). Dazu eine zweite, mehr als tausendköpfige Gruppe Sammelbienen, die sich im Bienenstock zusätzlich auch nach einer dort installierten Lichtquelle orientierten. Diese kombinierten die beiden Richtungsangaben aus Licht- und Schwerkraftwahrnehmung und hatten somit einen anderen Richtungsbezug als die Tänzerinnen. Deswegen deuteten sie die richtige Botschaft der Tänzerinnen falsch.

Wie GOULD die Tänzerinnen manipulierte

Honigbienen besitzen zusätzlich zu den beiden großen Facettenaugen noch drei sogenannte Punktaugen, die Ocellen (siehe Abb. 15). Ocellen sehen keine Bilder, sondern nur hell und dunkel. Übermalt man die Ocellen von Honigbienen komplett, sehen diese Insekten die Helligkeit des Lichtes mit ihren Komplexaugen sechsfach abgeschwächt. Um bestimmte Verhaltensweisen mit optischen Reizen auszulösen, muss das Licht bei übermalten Ocellen folglich sechsfach heller werden. Trotz der massiven Einschränkung fliegen solche Bienen noch aus und tanzen im Stock (153).

Gould schaffte es, die zwischen den Kopfhaaren der Bienen eingebetteten Ocellen (Abb. 15) von mindestens dreißig Tänzerinnen (es müssen mehr gewesen sein, wie viele tatsächlich, geht aus seinen Arbeiten nicht hervor) derart hochpräzise restlichtdurchlässig zu übermalen, dass sie einerseits nicht komplett lichtdicht waren, aber andererseits auch nicht zu viel Licht durch die Übermalung hindurchdringen konnte. Er erreichte so für die manipulierten Bienen eine genau definierte Lichtmenge, die in die Ocellen eintreten konnte. Es war für diesen Versuch die unbedingte Voraussetzung, dass die manipulierten Bienen mit übermalten Ocellen die Lampe im Bienenstock als Orientierungshilfe komplett ignorierten, obwohl die beiden großen Komplexaugen intakt waren und die Bienen damit die Lampe sehen konnten. Diese Bienen flogen aus, ignorierten aber die künstliche Lichtquelle im Bienenstock, was Gould aus der Ausrichtung der Tänze schloss.

Die im dunklen Stock nach unten weisende Richtung der Schwerkraft, die Bezugsgröße für die Ausrichtung der Tänze, entspricht draußen im Feld der Sonnenazimut-Richtung (siehe Abb. 12; der Azimut ist die Richtung zu dem gedachten Punkt auf der Erdoberfläche, über dem die Sonne senkrecht steht). Die Tänzerinnen in Goulds Versuchen richteten ihre Tänze, wie üblich, nur nach der Schwerkraft aus, sie reagierten nicht auf die Lampe. Hingegen beeinflusste die Lichtquelle die nicht manipulierten Nachtänzerinnen, die sie neben der Schwerkraft als zusätzliche Bezugsgröße nutzten. Diese Bienen sollten den vorgetanzten Winkel anders deuten als von der Tänzerin angezeigt. Das war die zentrale Idee dieses Experimentes

Wie schwierig die richtige Dosierung dieser Manipulation der Tänzerinnen gewesen sein muss, geht aus einer späteren Untersuchung von Maximilian Renner und Thomas Heinzeller hervor (205). Diese Autoren stellten fest, dass Sammelbienen, deren Ocellen komplett lichtdicht verschlossen waren, nur zu einem geringen Prozentsatz nach einem Ausfliegen zum Stock zurückkehrten (in einem Fall nur drei von sechzehn behandelten Bienen) und diese nach spätestens drei Tagen starben. Über die Versuche von Gould (95) zogen sie aufgrund ihrer eigenen Versuche den Schluss:

> »In the case of the ocelli-painted foragers which Gould (1975) used elegantly for his distance and direction experiments, we suggest that the covering was incomplete enough to allow further flight, but sufficient to reduce sensitivity to the simulated sunlight from the lamp in the hive.« (205, S. 227)

[»Die Sammlerinnen mit übermalten Ocellen, die Gould (1975) so elegant für seine Entfernungs- und Richtungsexperimente verwendete, verstehen wir so, dass die Abdeckung einerseits unvollständig genug war, um Flugverhalten zu ermöglichen, aber andererseits auch ausreichend, um die Empfindlichkeit gegenüber dem simulierten Sonnenlicht im Bienenstock zu verringern.« Übersetzung J. T.]

Und an derselben Stelle vorangehend:

»But a more important – indeed, critical – factor is likely to be the need for checking the ocellar covering after the experiment. Even though the paint over the eye appears to be continuous at first sight closer examination may reveal flaws. For example, when the paint dries it may rise away from the cuticle of the head, or curl up at the edges; small flakes may break away or be brushed off by the bee's cleaning movements. Hairs can make small holes in the covering, and some ocellar shields have proved to be translucent when held against the light, even though they appear quite opaque by reflected light. Only when animals caught at the feeding site can be shown by followup tests to have effectively blinded ocelli, can one be certain that their ocelli were blinded when they flew to the site.« (205, S. 225) [Ein wahrscheinlich wichtigerer, in der Tat kritischer Faktor ist jedoch die Notwendigkeit, die Ocellenabdeckung nach dem Experiment zu überprüfen. Auch wenn die Farbe über dem Auge auf den ersten Blick durchgehend zu sein scheint, kann eine genauere Betrachtung Mängel aufdecken. Wenn die Farbe beispielsweise trocknet, kann sie sich von der Cuticula des Kopfes lösen oder sich an den Rändern zusammenrollen. Kleine Teile können durch die Reinigungsbewegungen der Biene abbrechen oder abgebürstet werden. Haare können kleine Löcher in die Abdeckung bohren, und einige Ocellenabdeckungen haben sich als durchscheinend erwiesen, wenn sie gegen das Licht gehalten werden, obwohl sie durch reflektiertes Licht ziemlich undurchsichtig erschienen. Nur wenn an den Tieren, die an der Fütterungsstelle gefangen wurden, durch Folgetests nachgewiesen werden kann, dass die Ocellen effektiv verschlossen wurden, kann man sicher sein, dass ihre Ocellen geblendet waren, als sie zum Zielort flogen.«, Übersetzung J. T.]

Diese Überlegungen gelten für das Gould'sche Experiment umso mehr, da es dabei nicht um eine vergleichsweise einfach zu bewerkstelligende komplette Abdeckung der Ocellen wie bei Renner und Heinzeller ging, sondern um das Auftragen einer in ihrer Dicke hochpräzise aufgetragenen Lackschicht, die nur eine ganz definierte Menge an Licht durchlässt.

Gould gelang mit dieser extrem schwierigen Vorbereitung der Tänzerinnen eine technische Meisterleistung, die nach ihm niemand mehr geschafft hat.

Für seine Experimente setzte Gould in jeder Versuchsserie zehn bis fünfzehn Sammelbienen ein, denen alle drei Ocellen, wie geschildert, übermalt worden waren. Diese so manipulierten Bienen wurden auf den Besuch eines beduften Futterplatzes hin trainiert, für den sie dann im Stock mit Schwänzeltänzen warben. Alle anderen Sammelbienen, von denen dann einige als Nachtänzerinnen auftraten, waren nicht manipuliert.

GOULD wiederholte VON FRISCHS Versuche – in komplexerer Form

Vorgestellt werden sollen hier zwei Experimente, mit denen Gould den Fächerversuchen von Karl von Frisch möglichst nahe kommen wollte.

Sechs Kontrollstationen (entsprechend den Duftplatten bei von Frisch) wurden in 400 Metern Abstand zum Bienenstock fächerförmig in je Drei-Grad-Winkel-Abständen vom Stock aus gesehen im Feld aufgebaut. Die Kontrollstationen bestanden aus mit Lockduft versehenen Fallen, aus denen die Bienen nicht mehr entkommen konnten (Details zum Aufbau aller Stationen in 95). Die Futterstation wurde entweder wenige Meter hinter eine der mittigen Kontrollstationen (Abb. 19) oder hinter der äußeren östlich (rechts in Abb. 20) gelegenen Kontrollstation aufgebaut.

In beiden Experimenten flogen während der 50-minütigen Versuchsphase fünfzehn markierte Sammelbienen mit übermalten Ocellen ständig zwischen Stock und Futterplatz hin und her und tanzten im

Stock. An den Kontrollstationen wurde gezählt, wie viele Rekruten im Beobachtungszeitraum eintrafen und dort in die Fallen gingen.

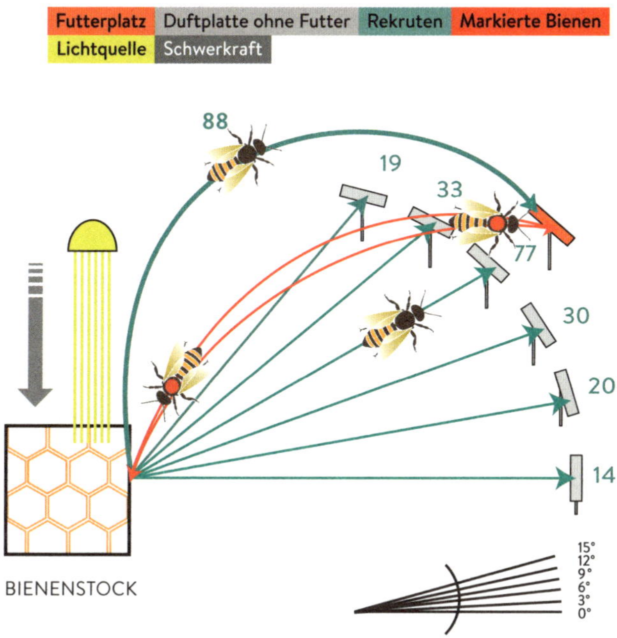

Abb. 19

Die Abbildung gibt Versuch Nr. 9 von Gould wieder (95). Gould trainierte fünfzehn Bienen auf eine Futterstelle (rote Flugbahn), die daraufhin im Stock tanzten, um weitere Bienen zu rekrutieren. Im Bienenstock wurde eine künstliche Lichtquelle installiert, deren Lichteinfallsrichtung (Lampe) der Schwerkraftrichtung (grauer Pfeil) als Bezugsgröße entsprach. Die Richtungsangabe war für Tänzerinnen und Nachtänzerinnen gleich. Die Mehrzahl der Bienen kam direkt am Futterplatz sowie an der Station direkt davor an (Anzahl und Flugbahn der Rekruten in Türkis). Zur Visualisierung wurden die Winkelabstände überhöht dargestellt, der Abstand zwischen den beiden äußeren Kontrollstationen betrug in Goulds Experiment tatsächlich fünfzehn Grad (siehe Einschaltskizze).

Abb. 19 zeigt die Ankunft der großen Masse der Rekruten an der Kontrollstation direkt vor dem von erfahrenen Bienen ständig beflogenen Futterplatz. Es ergab sich in einer Beobachtungszeit von fünfzig

Minuten eine prinzipielle Verteilung der Rekruten im Feld, wie sie dem klassischen Fächerversuch Karl von Frischs (Abb. 11) entspricht. Mit diesem Versuch ließ sich, genau wie zuvor im Fächerversuch bei von Frisch, nicht entscheiden, welches Gewicht der Tanz für die Rekrutierung tatsächlich hat. 88 Rekruten kamen mit den erfahrenen Bienen direkt am Futterplatz an und immerhin noch 77 Rekruten erreichten die davor liegende Kontrollstation.

Dieses Resultat zur Verteilung der Rekruten lässt sich auch deuten, ohne eine Rolle der Tänze anzunehmen: Die Rekruten könnten sich laut Wenner nach einem »Schwerpunkt der Duftverteilung« gerichtet haben.

Diese kritische Überlegung gilt nicht für das im Folgenden beschriebene Experiment Nr. 10 von Gould.

Auch in Experiment Nr. 10 (Abb. 20) kamen innerhalb der fünfzigminütigen Beobachtungszeit mit 82 Bienen die meisten Rekruten direkt am Futterplatz an, den auch die Tänzerinnen anflogen. An der davor liegenden Kontrollstation, die von den dressierten Sammelbienen auf dem Weg zur Futterstelle überflogen wurde, waren es noch 68 Rekruten. Es kamen aber auch mit dreißig Bienen viele Rekruten an der Station an, die durch das Licht im Stock angezeigt wurde. Sie hatten somit die Tänze umgedeutet und waren der falsch verstandenen Richtungsangabe gefolgt.

Experiment Nr. 10 und weitere in Goulds Dissertation vorgestellten Experimente sind die ersten Versuche in der Bienenforschung, in denen klar gezeigt werden konnte, dass der Bienentanz auch ohne weitere Signale einen Einfluss darauf hat, in welchem Bereich der Umgebung die Rekruten nach den duftmarkierten Zielstationen suchen. In mehr als der Hälfte seiner Versuche taucht in der Summe die Mehrzahl der Rekruten an einer der Kontrollstationen und nicht an der Futterstation auf.

Der Einfluss der Tänze auf die Verteilung der Rekruten im Feld wird noch deutlicher in den Fächerversuchen, in denen Gould die Futterstation und sechs Kontrollstationen über einen breiten Fächer von neunzig Grad verteilte und in denen er die Experimente ebenfalls so durchführte, wie für die beiden zuvor beschriebenen Versuche (Abb. 19, 20).

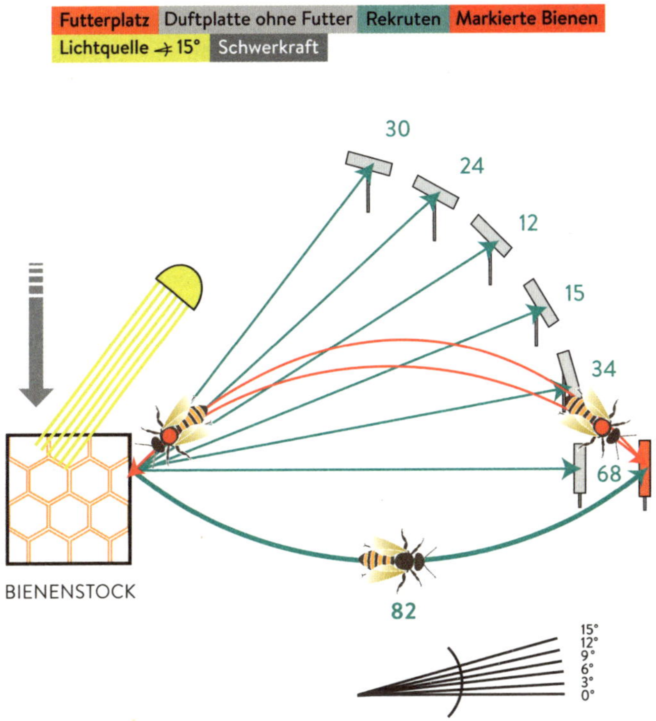

Abb. 20

Hier ist Versuch Nr. 10 von Gould illustriert (95). Wiederum dressierte Gould Bienen auf eine Futterstelle (rote Flugbahn) und installierte eine künstliche Lichtquelle im Stock, die nun aber von der Seite auf die Wabe fiel, auf der die Tänze stattfanden. Die Lichteinfallsrichtung wich um fünfzehn Grad von der Schwerkraftrichtung ab. Die Abbildung zeigt schematisch die Richtung, in die das künstliche Licht als Bezugsgröße (Lampe) die Bienen schickte, nämlich zur äußersten linken Kontrollstation. Hingegen wiesen die Tänzerinnen mit der Schwerkraft als Bezugsrichtung (grauer Pfeil) auf die Futterstelle, auf die sie dressiert waren und die sie auch anflogen (orange markiert; bei diesem Versuch hinter der äußersten rechten Kontrollstation). Auch hier kamen die meisten Bienen am Futterplatz an, aber mit dreißig Bienen auch sehr viele an der durch die Lichteinfallsrichtung angegebenen Station (Flugbahnen und Anzahl der Bienen in Türkis). Zur Visualisierung wurden die Winkelabstände überhöht dargestellt, der Abstand zwischen den beiden äußeren Kontrollstationen betrug in Goulds Experiment fünfzehn Grad.

Gould hatte zusätzlich ebenfalls Stufenexperimente durchgeführt, in denen er zeigen konnte, dass Neulinge nicht nur hinsichtlich der Richtungen, in denen sie im Feld verteilt an den Kontrollstationen gefangen werden konnten, durch Tänze beeinflusst waren. Rekruten tauchten auch in den Stufenversuchen gehäuft an oder nahe den Kontrollstationen auf, deren Entfernungen zum Bienenstock in den fehlgedeuteten Tänzen angezeigt waren und die nicht von den erfahrenen Bienen beflogen wurden.

In den Stufen- und Fächerversuchen Karl von Frischs hätten die Rekruten, die an den Kontrollstationen rund um die Futterstation aufgetaucht sind, auch diejenigen sein können, die im Feld den Kontakt zu den erfahrenen Sammelbienen verloren oder nie gefunden hatten und dann den Düften an den Kontrollstationen folgten. Es wäre keine Ortsinformation aus dem Tanz zur Erklärung zwingend nötig gewesen. Anders bei Gould, dessen Experimente zeigten, dass Rekruten schwerpunktmäßig auch an Stationen auftauchten, die in Richtung und Entfernung des fehlangezeigten Zieles lagen und die nicht von erfahrenen Bienen beflogen wurden.

Da Gould in seinen Experimenten, ebenso wie Karl von Frisch, an allen Kontrollstationen Locksignale in Form von Düften einsetzte, lassen sich aus den Resultaten seiner Experimente nicht die drei Stufen der Fernorientierung (SCHICKEN, SUCHEN und LOCKEN) herausdifferenzieren und gegeneinander gewichten. Es ließ sich aber durch diese Versuche erstmals in der Bienenforschung die Eigenständigkeit der ersten Stufe der Fernorientierung zeigen. Alleine die Tänze schicken Nachtänzerinnen auf Flugrouten innerhalb eines bestimmten Bereiches, unabhängig vom Flugbetrieb erfahrener Bienen.

Die Daten aus Goulds Experimenten zeigen aber auch, wie massiv im Feld der Einfluss der dort fliegenden erfahrenen Sammelbienen auf die Rekruten ist. Die meisten Rekruten wurden direkt an den Futterstationen abgefangen, den Orten, die auch von den erfahrenen Bienen beflogen wurden, ein Ergebnis, zu dem auch Karl von Frisch gekommen war (siehe Abb. 10). Und auch an den Kontrollstationen, hinter

Abb. 21

In seinen Experimenten konnte Gould zeigen, dass Tänze beeinflussen, in welcher Richtung und Entfernung Bienenneulinge nach einem Futterplatz (orange markiert) suchen, nicht aber, dass die Rekruten alleine durch Tänze ein Ziel finden. Damit war bewiesen, dass die Tänze die Phase 1 der Fernorientierung bestimmen (gelber Sektor: SCHICKEN), wo dann die Phase 2 (grünes Feld: SUCHEN) beginnt (siehe Abb. 1).

denen die Futterstelle lag, kamen in jedem Fall noch viele Rekruten an (siehe Abb. 19, 20).

Gould selbst fasste seine Arbeit in dieser sehr vorsichtigen Schlussfolgerung zusammen:

> »Depending upon conditions, honey bee recruits use either the dance language AND odor information, or odors alone. Wenner's conclusion that ›one cannot have it both ways‹ –that bees can have only one strategy for recruitment which they must use under all circum-

stances –is clearly incorrect. On the other hand, recruitment to odors alone might be the usual system in honey bee colonies not under stress.« (96, S. 691, Hervorhebungen im Original)
[»Abhängig von den Umständen nutzen Honigbienen entweder die Tanzsprache UND Duftinformation oder nur den Duft. Wenners Schlussfolgerung, dass ›man nicht beides haben kann‹ – dass Bienen nur eine Strategie der Rekrutierung haben, die sie unter allen Umständen nutzen müssen –, ist offensichtlich falsch. Andererseits könnte eine Rekrutierung ausschließlich nach Düften der Normalfall für Bienenkolonien sein, die nicht unter Stress stehen«, Übersetzung J. T.]

Eine Kommunikation zwischen Bienen im Feld wurde von Gould nicht ins Kalkül einbezogen. In seiner extrem vorsichtigen Schlussfolgerung schlägt er die Orientierung nach Düften als Normalfall vor und schließt eine Zielfindung alleine mittels Tanzinformation ohne zusätzliche Zielfindungshilfe aus.

WILLIAM TOWNE bestätigte erneut die Thesen von Karl von Frisch

Es mag angesichts dieser Schlussfolgerung, die Gould aus seinen Daten zog, erstaunen, dass seine Arbeit das Rekrutierungsmodell von Karl von Frisch in der Fachwelt endgültig verfestigte (117, 178).

Stufen- und Fächerversuche waren der Gegenstand einer weiteren Doktorarbeit, die zehn Jahre nach Gould der Amerikaner William Towne anfertigte (265). Dessen Versuche waren so angelegt, wie es von Frisch viele Jahre zuvor angegangen war, aber mit einer größeren Anzahl an Kontrollstationen, um eine bessere räumliche Auflösung der Verteilung der Rekruten im Feld zu erreichen.

Dafür wurden individuell markierte Bienen zu einem Futterplatz dressiert, der im Zentrum einer weiträumigen Anordnung der Kontrollstationen lag. Während der Experimente flogen zwanzig erfahrene Bienen zwischen Bienenstock und dem zentral gelegenen Futterplatz hin und her, tanzten im Stock und brachten Nachtänzerinnen zum Ausfliegen. Towne erfasste die Rekruten, die an den 25 Kontrollstationen abgefangen werden konnten.

Seine Resultate decken sich mit den Ergebnissen, die Karl von Frisch aus dessen Stufen- und Fächerversuchen gewonnen hatte: Je näher die Kontrollstationen zum zentral angeordneten Futterplatz lagen, desto mehr Neulinge konnten dort abgefangen werden. Towne wies, ebenso wie von Frisch, darauf hin, dass er das Verhalten der dressierten Tänzerinnen am Futterplatz nicht beachtete und die dort eintreffenden Rekruten nicht in seine Analysen einbezog.

Fazit aus den neuen Versuchen: Der Tanz schickt die Bienen in einen Bereich – mehr nicht (aber auch nicht weniger)

Setzt man sich eine andere ›Brille‹ auf und gibt beim Betrachten der hier vorgestellten Stufen- und Fächerversuche einer Kommunikation zwischen den Bienen im Feld das Gewicht zurück, das Karl von Frisch ihr ursprünglich (72) zugewiesen hatte, ist der Eindruck ein deutlich anderer, als von den Autoren der Stufen- und Fächerstudien hervorgehoben wurde. Die Verteilungen der Bienen auf die Kontrollstationen erscheinen dann eher wie Ausreißer von der richtigen Zielführung hin zu dem Ort, für den die erfahrenen Bienen warben und den sie anflogen.

Gould deutete seine Versuchsergebnisse im Licht der Auseinandersetzung, ob die Rekruten Ortsinformationen aus dem Tanz nutzten oder nicht. Diese Frage konnte er beantworten wie folgt: Die Tanzinformation beeinflusst das Verhalten der ausfliegenden Rekruten. So darf es nicht überraschen, dass auch Gould seine Überlegungen nicht weiter fasste und die Möglichkeit einer Kommunikation zwischen Bienen im Feld nicht in Betracht zog. Interessanterweise auch nicht trotz seiner Beobachtung, dass sehr viele (in Abb. 19 und 20; siehe auch Tabellen 1 und 2 in 96, dort sogar die meisten) Rekruten dorthin flogen, wohin auch die Tänzerinnen vom Bienenstock unterwegs waren.

Auch Gould machte keine Angaben zum Verhalten der erfahrenen Bienen beim Flug zur Futterstation. Die Tatsache, dass »eine erhebliche Anzahl« (»a substantial number«; 96, S. 691) von Rekruten an der Futterstation ankam (was ist mit »erheblicher Anzahl« gemeint?), brachte Gould nicht auf den Gedanken, dass die erfahrenen Bienen die Rekruten im Feld bei der Zielfindung unterstützt haben könnten.

Was bleibt nach den sehr vorsichtigen Deutungen von Gould zu dessen eigenen Daten? Als minimale Schlussfolgerung lässt sich aus den Arbeiten von Gould festhalten: Adrian Wenner hat nicht recht mit seiner Ansicht, der Tanz habe keinen Einfluss auf die Ausrichtung der Ausflüge von Rekruten.

Das zeigt sich in allen der fünfzehn Experimente, die Gould sowohl zur Funktion der Tänze bei der Angabe der Richtung als auch der Entfernung durchführte. Die Verteilung der Rekruten auf die Kontrollstationen zeigte eindeutig, dass die Manipulationen des Experimentators bei den Ortsangaben und somit die Informationen, die die Rekruten aus dem Tanz ablasen, einen Einfluss auf die Verteilung der Rekruten auf die Kontrollstationen hatten.

Es lässt sich aber aus diesen Versuchen keine präzise Zielfindung alleine aufgrund der Tanzinformation ableiten, wie man sie als klassische Vorstellung entsprechend formuliert finden kann:

> »Nachdem sie mehrere Tänze beobachtet haben und der tanzenden Biene gefolgt sind, sind die Nachläuferinnen in der Lage, die Futterquelle eigenständig zu finden.« (168, S. 58)

Auf die drei Phasen der Fernorientierung (Abb. 1) übertragen betreffen die Resultate der Arbeiten von Gould Aussagen über die erste Phase. Der Tanz schickt die Nachtänzerinnen nicht beliebig ins Feld, sondern in einen Sektor- und Entfernungsbereich, in dem dann die Unterstützung durch die Tanzinformation endet.

DIE FORSCHUNG KONZENTRIERT SICH AUF DAS INNERE DES BIENENSTOCKS

Die Idee einer Tanzsprache lenkte die nahezu ausschließliche Aufmerksamkeit der Forschung auf das Studium des Zusammentreffens von Sender- und Empfängerbienen im Bienentanz, in dem konsequenterweise das Geheimnis einer präzisen Rekrutierung stecken musste.

Die Vorgänge rund um die Rekrutierung von Sammelbienen zu einem Ziel draußen im Feld lassen sich in drei aufeinanderfolgende Abschnitte aufteilen: Die Vorgänge im Bienennest, die Vorgänge am Zielort und was auf der Strecke zwischen beiden Orten geschieht. Die Vorgänge auf der Strecke zwischen Start und Ziel sind für das Zustandekommen einer Fernorientierung in drei aufeinanderfolgende Phasen gegliedert (siehe Abb. 1).

Studien zum Rekrutierungsverhalten im Feld beschränken sich bis in jüngste Zeit in der Regel auf das Zählen von Bienen an künstlich angelegten und von erfahrenen Bienen besuchten Zielorten und an diese umgebenden Kontrollstationen sowie auf das Stoppen der Flugzeiten vom Bienenstock zum Futterplatz. Nur einige Arbeiten greifen die Rolle erfahrener Bienen und deren Einsatz der Nasanov-Drüse im Feld auf.

Erst seit wenigen Jahren erlaubt die Radartechnik durch die Aufzeichnung von Flugspuren fliegender Insekten in das im wahrsten Sinne des Wortes weite Feld zwischen Bienenstock und Ziel der Sammelbienen einzudringen (Abb. 7; 33, 34; siehe auch 208, 209, 210).

Goulds Experimente hatten die Arbeiten von Frischs bestätigt: Die Tänze erreichen, dass die Rekruten den Bienenstock mit einem Vorab-Ortshinweis verlassen und sich nicht beliebig im Feld verteilen. Folglich lag in den auf von Frischs Erkenntnisse folgenden Jahrzehnten das Hauptaugenmerk der Bienenforschung auf einer immer tiefer gehenden Analyse der Tänze. Das Forschungsprogramm lautete, jeden denkbaren und messbaren Aspekt zur Interaktion zwischen Tänzerin und Nachtänzerin im Bienenstock zu erfassen, zu analysieren und auf seine Eignung für die möglichst präzise Ortsangabe zu untersuchen.

Die Hypothese lautete: Eine Tänzerin vermittelt als Sender ihren Nachtänzerinnen als Empfänger die Ortsinformation über die Lage eines Zielortes. In den Vorgängen zwischen Tänzerin und Nachtänzerinnen musste demnach die Information stecken, die eine Nachtänzerin zum Ziel oder – wie man es auch vorsichtiger formuliert findet – in die Nähe des Zieles bringt.

Methodischer Fortschritt öffnete dabei immer neue Fenster und brachte immer neue Details ans Licht. Der Einsatz von Zeitlupenvideos machte die Tanzbewegungen genau nachvollziehbar, eine automatisierte Registrierung der Körperbewegungen einer Tänzerin führte zu räumlich-zeitlich hochgenauen Tanzerfassungen (siehe Abb. 25), physikalische und chemische Messmethoden erlaubten Luftschall-, Luftbewegungen, Wabenvibrationen, chemische Signale und elektrische Felder zu erfassen, die mit den Tanzbewegungen einhergehen (siehe Kapitel *Die Vermessung der Tanzfigur in Raum und Zeit*).

Rund- und Schwänzeltänze sagen etwas über Distanz und Attraktivität einer Futterstelle aus

Unhoch hatte die Bienentänze vor zweihundert Jahren schon recht genau geschildert:

> »Eine einzelne Biene […] zittert mit ihrem aufgerichtete Hinterleibe eine kleine Weile, die nächststehenden Bienen thun auch ein Gleiches, stecken ihren Kopf auf den Boden, endlich drehen sie sich miteinander in

> etwas mehr als einem Halbzirkel bald rechts bald links fünf bis sechs Mal hin und her und machen einen förmlichen Rundtanz.« (270, siehe S. 115)

Das Verhalten der Tänzerinnen und der Nachtänzerinnen wurde im Laufe der Zeit zunehmend detaillierter seziert. Wie bewegt sich die Tänzerin und wie äußert sich das Nachfolgeverhalten der am Tanz interessierten Bienen?

Die erste ausführliche Beschreibung des Schwänzeltanzverhaltens wurde von Karl von Frisch publiziert. Er schrieb dazu:

> »Eine Biene [...] kriecht auf den Waben aufwärts und beginnt dann inmitten der anderen Bienen sich zu drehen; aber sie beschreibt keine vollen Kreise, wie es beim Rundtanz geschieht, sondern zunächst einen Halbkreis, läuft dann geradlinig über 2–3 Zellen zum Ausgangspunkt zurück, wendet sich nun nach der anderen Seite und läuft einen zweiten Halbkreis, der den früheren zu einem vollen Kreis schließt, läuft abermals geradlinig längs dem Durchmesser dieses Kreises zum Ausgangspunkt zurück, wiederholt nun den ersten Halbkreis, läuft wieder zum Ausgangspunkt, wiederholt den zweiten Halbkreis und so fort, so daß das Laufen im Halbkreis, abwechselnd rechts herum und links herum, regelmäßig wechselt mit dem geradlinigen Zurücklaufen zum Ausgangspunkt. Das Laufen im Halbkreis geht ruhig vor sich, ohne auffällige Bewegung, während des geradlinigen Laufens aber erfolgt jedesmal das Schwänzeln. Dieses besteht in einer sehr raschen, rhythmischen Seitwärtsbewegung des ganzen Körpers [...].« (72, S. 73)

Den Schwänzeltanz unterschied von Frisch von einer anderen Tanzform, dem Rundtanz, da ihm aufgefallen war, dass Tanzfiguren unterschiedlich ausfallen können. Zunächst wies er die Rundtänze den Nektarsammlerinnen und die Schwänzeltänze den Pollensammlerinnen zu (74). Während der Erforschung von Tanzverhalten in seinen Stufenexperimenten erkannte er den Zusammenhang der Tanzfigur mit der Entfernung vom Bienenstock. Die von ihm bereits vorher beschriebenen Rund- und Schwänzeltänze ordnete er nun korrekt zu wie folgt: Rundtänze werben für nahe gelegene Futterstellen, sie enthalten keine Elemente, die sich auf die Entfernung beziehen. Schwänzeltänze werben für entfernte Ziele und enthalten entfernungskorrelierte Elemente. Aber er legte dann doch keine scharfe Grenze fest.

Abb. 22

Drei Bewegungsphasen im Schwänzeltanz nach einer ersten zeichnerischen Darstellung durch Karl von Frisch: Rücklauf linksherum, Schwänzelphase, Rücklauf rechtsherum. Ein kompletter Tanzzyklus dauert nur wenige Sekunden und spielt sich auf einer Fläche von etwa zwei bis vier Zentimetern Durchmesser ab. Die Darstellung folgt der Originalabbildung aus 75, S. 11, Abb. 6.

Als Zwischenstufen beschrieb von Frisch die von ihm so genannten Sicheltänze (siehe auch Abb. 28) und nahm damit durch einfache Direktbeobachtung vorweg, was die Forschung später mit technischem Aufwand bestätigte: Eine klare Grenze zwischen Rund- und Schwänzeltanz gibt es nicht. Der Tanz wandelt sein Erscheinungsbild ganz allmählich mit zunehmendem Abstand zwischen Bienenstock und Futterplatz, die erdachten Kategorien (Rund- und Schwänzeltanz) haben keine scharf abgrenzbaren Entsprechungen in der Realität (90). Alle Tänze enthalten Elemente der Schwänzeltänze. Bereits in den Tänzen, die Bienen für die kürzesten Abstände vom Bienenstock zum Futterplatz nutzen, stecken richtungsweisende Elemente (90, 127, 138).

Die irrige Vorstellung, dass es die beiden klar getrennten Kategorien ›Rundtanz‹ und ›Schwänzeltanz‹ gibt, hält sich dennoch hartnäckig. In der Literatur wird dafür sogar immer wieder eine scharfe

Grenze angegeben (etwa hundert Meter, je nach Bienenrasse und -art leicht unterschiedlich; siehe auch S. 135).

Aber nicht nur eine Ortsinformation steckt im Tanzverhalten. Schon Karl von Frisch war aufgefallen, dass Tänze, die für ähnlich gelegene Futterstellen werben, sich je nach Wertigkeit des Zieles für die Sammelbiene unterscheiden (78). Ihm erschienen die Tänze umso »lebhafter«, je attraktiver das Futter für die Sammelbiene war. Die »Wertigkeit« eines Zieles hängt ab von Nutzen und Kosten einer Sammeltätigkeit an diesem Zielort, die bestimmt werden von Faktoren wie der Zuckerkonzentration im Futter, der Häufigkeit von Futterstellen und der Flugdistanz zum Futter (39, 54, 186, 187, 272, 286).

Eine moderne Analyse der Tanzbewegungen hat aufgeklärt, woher der Eindruck unterschiedlicher »Lebhaftigkeit« kommt: Die Geschwindigkeit der Rücklaufphase, in der nach derzeitigem Wissen keine Ortsinformation steckt, kann unterschiedlich ausfallen, sie korreliert mit der Attraktivität der Futterstelle (121, 235). Je attraktiver eine Futterstelle für eine Sammelbiene ist, desto schneller läuft sie im Tanz zum Ausgangspunkt zurück und umso lebhafter wirkt der Tanz auf die Beobachter. Zudem treten auch in den Rückläufen unregelmäßig verteilt Vibrationspulse erzeugt durch die Flugmuskulatur auf (157; Abb. 24, Näheres siehe S. 98 ff.), deren Grundfrequenz für attraktivere Futterstellen höher liegt. Die aufgeführten Schwänzeltänze bestehen aus umso mehr Tanzrunden, maximal bis zu etwa hundert Runden (234) oder sogar mehr, je attraktiver eine Futterstelle ist (18, 53, 78, 228, 229, 234, 235). Für Rundtänze gilt Vergleichbares. Deren Gesamtdauer und die Häufigkeit der Wendungen nehmen mit einer steigenden Zuckerkonzentration im Futter zu (272, 273, 274).

Für alle Formen der Rekrutiertänze gilt, dass es umso wahrscheinlicher ist, dass sie ausgeführt werden, je höher die Qualität / Attraktivität der Futterstelle ist (61, 121, 228, 234, 273). Das Verhalten der Bienen am anderen Ende ihrer Sammelflüge, somit auch ihr Kommunikationsverhalten am Zielort, wird durch die Attraktivität einer Futterstelle beeinflusst. Diese wiederum hängt vor allem von der Beschaffenheit des Futters und den Schwierigkeiten ab, denen die Sammelbienen auf dem Flug zum Futter und an der Futterstelle begegnen. Ein Pionier in der Erforschung dieser sehr spannenden Zusammenhänge war der argentinische Bienenforscher Josué A. Núñez (1924–2014).

Zeitlupenaufnahmen zeigen die Bewegungen im Schwänzellauf

Eine Tanzrunde dauert nur wenige Sekunden und ist für das menschliche Auge in ihren Details nicht zu erfassen. Erst die spezielle Technik von Zeitlupenvideoaufnahmen hat einen genauen Blick auf die Einzelheiten der komplexen Bewegungsabläufe ermöglicht.

Dabei hat sich gezeigt: Die Biene geht während des Schwänzelns mit ihren sechs Beinen nicht im üblichen Laufmuster sechsbeiniger Insekten voran. Sie geht (läuft) eigentlich überhaupt nicht. Das Verhalten ist treffender als Schwänzelstand beschrieben, da jedes einzelne Bein so lange wie möglich am Untergrund festhält, während der schwänzelnde Körper über den ruhenden Füßen nach vorne geschoben wird. Erst wenn dieses Vorwärtsschieben weiter fortgesetzt werden soll, aber die Beine dafür nicht weiter gestreckt werden können, macht jedes Bein für sich einen winzigen Schritt, ungewöhnlicherweise nicht mit den übrigen Beinen koordiniert. Es ist kein Laufverhalten, wie man es von Insekten sonst kennt. Einem Vorschlag folgend (261) wird der Begriff ›Schwänzellauf‹ deshalb in der neueren Literatur passenderweise häufig durch ›Schwänzelphase‹ ersetzt.

Diese Neubetrachtung und -benennung hat den zusätzlichen Vorteil, dass dieser Bewegungsteil auch in den Tänzen identifiziert werden kann, die nach dem alten System als Rundtänze abgegrenzt wurden (in denen es nach der alten Vorstellung und Definition keinen Schwänzellauf geben sollte; zu den funktionellen Folgen dieser ungewöhnlichen Vorwärtsbewegung (siehe S. 100ff.).

Zum Ballett der Nachtänzerinnen gibt es bislang wenig Erkenntnisse

Die Nachtänzerinnen fallen als Einzelbiene oder als kleine Bienengruppe einem Beobachter deshalb auf, weil sie sich mit den Wendungen der Tänzerin mitbewegen. Nachtänzerinnen verteilen sich vor allem seitlich und hinter einer Tänzerin. Dabei versuchen sie, während der Tanzrunden so lange wie möglich den Kontakt zur Tänzerin zu halten. Das gelingt ihnen am besten, wenn sie am Ende der Schwänzelphase vor dem Kopf der Tänzerin, sobald diese zurückzulaufen beginnt, auf die andere Seite der Tänzerin wechseln. In der Regel folgen Nachtänzerinnen fünf bis acht Tanzrunden, bevor sie zu einem Sammelflug aufbrechen (56, 131, 166, 226).

Die Bewegungsdetails der Nachtänzerinnen sind ebenso stereotyp wie die Bewegungen der Tänzerinnen, haben aber nicht die gleiche Aufmerksamkeit durch die Wissenschaft erfahren, von ganz wenigen Ausnahmen abgesehen. Man weiß zumindest, dass die Fühler der Nachtänzerinnen gestreckt und in einem bestimmten Winkel gehalten werden, um möglichst guten Kontakt zur Tänzerin zu bekommen. Der Hinterleib der Nachtänzerinnen führt während des Mitdrehens im Ballett mit der Tänzerin auf der senkrechten Wabe, anders als beim normalen Kurvenlaufen, ruckartige Sakkadenbewegungen in Form schneller Bewegungsphasen und anschließender Bewegungspausen auf. Dadurch bringt sie ihren Hinterleib mit dem Brustabschnitt immer dann auf eine gerade Linie, wenn der Hinterleib durch die Schwerkraft gegenüber dem Brustabschnitt abgelenkt und nach unten gezogen wird (218).

Man kann spekulieren, dass diese Rückstellbewegung des Hinterleibs während der Tanzdrehungen für die Wahrnehmung der Schwerkraftrichtung relevant ist, da die Sinneshaarpolster zwischen Brustabschnitt und Hinterleib (siehe Abb. 17) nur bei gerade ausgerichtetem Körper immer in gleicher Ausgangslage sind (218).

Wabenschwingungen locken die Nachtänzerinnen an

Die hochkomplexe Verhaltenskette in der Rekrutierung von Sammelbienen durch Tänzerinnen beginnt im dunklen Stock mit dem Zusammenfinden von Tänzerin und Nachtänzerinnen. Durch welche Signale macht eine Tänzerin dabei auf sich aufmerksam?

Jede aktive Bewegung eines Tieres ist mit der Erzeugung physikalischer Kräfte und Felder verbunden, die im Umfeld messbar sind. Bei einer tanzenden Honigbiene gehören dazu Luftströmungen und Luftschwingungen, ausgelöst vor allem durch das Flügelschwirren in bestimmten Phasen der Schwänzelbewegung. Das Schwänzeln und das Flügelschwirren übertragen sich als Vibrationen auf die Wabe. Zudem haben Tänzerinnen meist eine höhere Körpertemperatur als andere Bienen in ihrer Umgebung. Und wie bei allen auf Muskeln beruhenden Bewegungen überall im Tierreich treten elektrische Felder auf. Zusätzlich konnte gezeigt werden, dass von Tänzerinnen ein spezifischer Duftstoff ausgeht.

Dass sich physikalisch-chemische Phänomene messen lassen, heißt noch nicht, dass sie für das Verhalten von Tieren bedeutungsvoll sind. Über eine Bedeutung kann nur die Beobachtung des Verhaltens der Tiere Auskunft geben.

Moderne Aufzeichnungsmethoden helfen entscheidend, bessere Einblicke in Details des Verhaltens zu erhalten. Ein wichtiges Instrument sind dabei Zeitlupenvideos. Zeichnet man von Tänzerinnen und Nachtänzerinnen Schwänzeltanzszenen auf, lässt sich das Mikroverhalten der Beteiligten in allen Details analysieren. Und man kann in der Betrachtung der Videoaufzeichnung den Film und damit die Zeit rückwärts ablaufen lassen. So lässt sich erkennen, aus welchen Richtungen und Entfernungen Nachtänzerinnen angelockt werden und welches Verhalten sie nach dem Wahrnehmen einer Tänzerin als allererste Reaktion zeigen.

Sitzen Tänzerin und spätere Nachtänzerin auf derselben Wabe, was dem Normalzustand entspricht, kommen alle oben aufgeführten Signale als Locksignale in Betracht. Sitzen sie aber auf voneinander getrennten Wabenflächen, können Vibrationssignale der Tänzerin die Nachtänzerin nicht erreichen. Nur die Signale, die nicht über die Wabe vermittelt werden, dringen dann zur zweiten Biene durch, lösen aber nicht aus, dass sie zur Tänzerin läuft. Ohne Wabenschwingungen werden keine Nachtänzerinnen aus der Distanz angelockt (258).

‹ **Abb. 23**

Die Aufnahme zeigt einen Bienenfuß. Über ihre sechs Füße kann die Vortänzerin Vibrationssignale in die Waben schicken, die die Nachtänzerinnen wahrnehmen – und zwar ebenfalls mit ihren Füßen!

Es kann in seltenen Fällen beobachtet werden, dass Sammelbienen auch dann perfektes Nachtanzverhalten zeigen, wenn sie auf den gegenüberliegenden Wabenflächen einer Wabengasse (die Wabengasse ist der Zwischenraum zwischen zwei benachbarten parallel ausgerichteten Waben) sitzen und Tänzerin und Nachtänzerin sich somit ihre Rücken zukehren. Solche Nachtänzerinnen werden aber nicht aus der Distanz angelockt, anders als die Bienen, die auf derselben Wabe wie die Tänzerin sitzen. Denn die Bienen auf anderen Waben zeigen aus der Ferne keine Kopfhinwendung und kein Hingehen zur Tänzerin. Die Rücken-an-Rücken-Bienen tanzen erst dann vollkommen regulär mit, wenn sie mit einer Antenne zufällig an die Tänzerin angestoßen sind und sie so im direkten Kontakt erkannt haben (258).

Nach den hier geschilderten Beobachtungen sind es die Wabenschwingungen, die im Zusammenführen von Tänzerin und Nachtänzerin als Locksignal dominieren.

Eine Art ›Telefonfestnetz‹ bringt die Partner zusammen

Die oberen Ränder der Wabenzellen schließen mit einer wulstigen Auflage ab. Diese Wülste spielen eine entscheidende Rolle für die Kommunikation zwischen den Bienen im Dunkel des Nestes und dabei insbesondere für die Zusammenführung von Tänzerinnen und Nachtänzerinnen (siehe dazu ausführlich 256).

Karl von Frisch hatte bereits spekuliert, dass es feine Schwingungen sein könnten, die für die Bienen in der Tanzsprache eine wichtige Kommunikationsrolle spielen. In einem einfachen Verhaltensversuch konnte gezeigt werden, dass er mit seinem Verdacht richtig lag. Lässt man Bienen auf leeren Zellen tanzen, wird die im Tanz angezeigte Futterstelle von drei- bis viermal so vielen Rekruten besucht, wie wenn der Tanz auf verdeckelten Zellen und damit einer versiegelten Oberfläche stattfindet. Tänze auf leeren Zellen bekommen mehr Aufmerksamkeit im Stock, ihnen folgen mehr Nachtänzerinnen und sie rekrutieren mehr Bienen zu einer Futterstelle (255).

Die physikalische Ursache für diesen Unterschied in der Wirksamkeit identischer Tänze, die aber auf unterschiedlichen Böden stattfinden, klärte sich durch den Einsatz einer hochempfindlichen Schwingungsmesstechnik, der Laser-Doppler-Vibrometrie. Sie gestattet ein berührungsloses Erfassen der unvorstellbar schwachen Vibrationen, die eine Tänzerin auf der Wabe erzeugt.

Alle Zellränder zusammengenommen bilden ein Netz aus sechseckigen Maschen. Dieses Netz ruht auf den dünnen Zellwänden und lässt sich sehr leicht innerhalb der Netzebene um geringe Strecken verschieben, vergleichbar dem Netz eines Fußballtores, an dessen Maschen man zieht.

Es ließ sich zeigen, dass solche Schwingungen als Verschiebungen der verdickten Zellränder über eine gesamte Wabe laufen können. Physikalisch gesehen handelt es sich dabei weder um Längswellen noch um Querwellen, sondern es sind eher sehr rasch ablaufende Deformationen. Dieses Netz leitet dabei als *comb-wide web* (das ist ein Netz aus sechseckigen Maschen, das alle oberen Zellränder einer Wabe zusammen bilden) einen engen Bereich an Schwingungsfrequenzen zwischen 230 Hertz (Anzahl der Schwingungen pro Sekunde) und 270 Hertz am besten weiter. In diesem Frequenzfenster werden die Schwingungsamplituden sogar verstärkt, das heißt, die Zellränder bewegen sich hier am weitesten. Dabei ist es sehr interessant, dass es keine Rolle spielt, ob die Zellen leer oder mit Honig gefüllt sind. Nur das Verschließen der Zellen mit einem Deckel stoppt die Ausbreitung der Schwingungen. Steht die Tänzerin auf gedeckelten Zellen, lassen sich auch an leeren Zellen in der Nachbarschaft einer solchen versiegelten Region keine Schwingungen messen. Liegt aber eine solche versiegelte Region als Insel in einem ansonsten unverdeckelten Wabenteil, laufen die Schwingungen um diese Insel herum (217).

Der enge Frequenzbereich von 230 bis 270 Hertz, in dem die Waben mechanische Schwingungen am besten weiterleiten können, deckt sich mit den Schwingungsfrequenzen, die von den Tänzerinnen in Form von kurzen Pulsgruppen während der Schwänzelphase in ihrem Schwänzeltanz erzeugt werden (siehe Abb. 24). Die Honigbienen, die ihren Wabenbau bis in das letzte Detail kontrollieren können, legen ihr ›Telefonfestnetz‹ so an, dass sich ihre eigenen Kommunikationsfrequenzen am besten ausbreiten können. Materialeigenschaften, Architektureigenschaften und Bienenverhalten sind bestens aufeinander abgestimmt.

Untersucht man leere und von Bienen nicht besetzte Waben, laufen feinste Schwingungen über das Zellrandnetz über die kompletten Waben hinweg. Sind die Waben von Bienen besetzt und ist die Bienendichte und damit die gewichtsmäßige Belastung der Wabe hoch, wirkt das wie ein Versiegeln der oberen Zellöffnungen. Dadurch werden die Schwingungen gedämpft, reichen dann nur wenige Zentimeter weit und kommen somit nur bei Bienen in wenigen Zentimetern Entfernung an. So sind der Einzugsbereich der Tanzsignale und damit die Reichweite der schwingenden Botschaften immer nur so groß, wie es kommunikationsbiologisch sinnvoll ist.

Wie Bienen auch schwache Signale in massivem Rauschen wahrnehmen

Kommunikationssignale ragen normalerweise aus den Störungen in der Umgebung heraus. In der Welt des Schalls und der Schwingungen heißt das, die Signale sind lauter und kräftiger als das Rauschen, das als Störung im Hintergrund auftritt. Das trifft nicht für die Vibrationssignale im Schwänzeltanz der Honigbienen zu. Mehrere tausend Bienen, die auf derselben Wabe aktiv sind, während sie den unterschiedlichsten Tätigkeiten nachgehen, erzeugen ein ständig rauschendes Schwingungsniveau, aus dem sich die Kommunikationssignale nicht als stärkere Schwingungen hervorheben. Wie lassen sich solche schwachen Signale erkennen?

Das Problem der Detektion schwacher Signale in starkem Rauschen löst man in der Astronomie durch das Zusammenschalten weit auseinanderliegender Antennen. Deren Signale werden zusammengeführt. Dadurch wird ein Vergleich möglich, und so lassen sich schwache regelmäßige Ereignisse erkennen, die von sehr weit entfernten Radiosternen ausgehen.

Im Prinzip ähnlich ausgestattet sind die Honigbienen. Jede Biene besitzt mit ihren Füßen sechs auseinanderliegende Kontaktstellen zum Zellrandnetz. So können sie die Schwingungen an allen sechs Füßen miteinander vergleichen, ähnlich dem Prinzip der radioastronomischen Sternbeobachtung.

Durch den Vergleich der an unterschiedlichen Punkten des Zellrandnetzes einer Bienenwabe gemessenen Vibrationen lässt sich ein Muster erkennen, das an einem einzigen Messpunkt nicht beobachtbar ist und das trotz starkem Hintergrundrauschen auffällt. Die Schwingungen, die sich als Verschiebungen der oberen Zellränder über die Wabe ausbreiten, bilden ein auffallend regelmäßiges, flächiges Bild der Zellrandbewegung.

Der einfachste Fall, die Anregung durch Schwingungen am Rand einer einzigen Zelle, führt zu folgendem Bild: Die gegenüberliegenden Zellränder jeweils einer Reihe von Zellen bewegen sich gleichsinnig zueinander. Nur bei einer einzigen Zelle dieser gesamten Zellreihe schwingen die Wülste gegeneinander. Die Materialeigenschaften des Wachses und die Geometrie der Zellen und der gesamten Wabe bestimmen dieses komplizierte Bewegungsmuster (260). Da eine Tänzerin mit sechs Beinen an den Zellrändern zieht, sind um eine Tänzerin als Sender von Schwingungen mehrere solcher ›pulsierender‹ Zellen zu erwarten. Eine Nachfolgebiene als Empfängerin der Wabenvibrationen steht wie die Tänzerin auf den Rändern der Zellen und überspannt mit ihren Beinen bis zu drei Zelldurchmesser. Sie könnte so mit den schwingungsempfindlichen Sinneszellen, die in ihren Beinen liegen, dieses zweidimensionale Schwingungsmuster im Dunkel ohne Weiteres erfassen.

Die Resultate von Verhaltensanalysen aus Videoaufzeichnungen unterstützen diese Vorstellung: Verfolgt man Nachtänzerinnen, die bei mehreren Tanzrunden dabei waren, in einer rückwärts ablaufenden Videoaufzeichnung bis zum Beginn des Tanzballetts und darüber hinaus, lässt sich die Stelle auf der Wabe festlegen, an der die spätere Tanzfolgerin die Position der Tänzerin erkannt hat. Hat sie die Anwesenheit und die Aufenthaltsrichtung einer aktiven Tänzerin wahrgenommen, wendet sie ihren Kopf zur Tänzerin hin. Danach dreht sie sich in Richtung der Tänzerin und läuft in der entsprechenden Richtung los, bis sie an die Tänzerin anstößt, um sofort am Schwänzeltanzballett teilzunehmen.

Überlagert man die Position der ›pulsierenden‹ Zellen aus den physikalischen Messungen mit den Resultaten der Verhaltensanalysen, in denen bestimmt worden ist, ab wann eine Biene eine Tänzerin wahrgenommen hat, erhält man deckungsgleiche Bilder. Die ›pulsierenden‹ Zellen der physikalischen Messungen und die Ich-habe-eine-Tänzerin-bemerkt-Stellen der Verhaltensbeobachtungen stimmen überein.

Diese Beobachtungen machen es sehr wahrscheinlich, dass es das zweidimensionale Schwingungsmuster auf der Wabe ist, durch das

Bienen auch auf einer verrauschten Wabe zu einer Tänzerin geleitet werden können. Finden Tänze auf starren Flächen oder den Körpern anderer Bienen statt, wie auf einer Schwarmtraube, werden keine Bienen aus der Distanz zur Tänzerin gelockt.

Ein Schwerpunkt der Kommunikationsforschung bei Honigbienen ist auf Basis der hohen Bedeutung, die dem Tanz zugesprochen wird, konsequenterweise die Suche nach den Signalen, die eine Tänzerin aussendet. Denn diese Signale, die im direkten Kontakt zwischen Tänzerin und Nachtänzerin relevant sind, könnten die Informationen enthalten, die den Rekruten den Weg zum beworbenen Ziel weisen.

Wie sich Signale und Hinweise unterscheiden

In der Verhaltensforschung wird unterschieden zwischen Signalen und Hinweisen. Einfache Definitionen dafür könnten lauten wie folgt: Ein Signal ist alles, was das Verhalten eines Empfängers aus Sendersicht ›absichtlich‹ verändert, ein Hinweis ist alles, was das Verhalten eines Empfängers ›unabsichtlich‹ verändert (167).

Ein Signal übermittelt an einen Empfänger Information über den Sender oder seine Umgebung und ist in den meisten Fällen sowohl für den Sender als auch den Empfänger vorteilhaft. Ein Hinweis ist nur für den Empfänger vorteilhaft, so wie der Stand der Sonne am Himmel, der Hinweise auf Richtungen gibt. Der Sonne ist das egal, nicht aber der Biene, die sich danach richten kann.

So einfach diese Erklärung klingen mag, so kompliziert, aber auch hochspannend können die Einzelfälle sein. Wie ist kommunikationsbiologisch betrachtet Blütenduft einzuordnen, der einer heimgekehrten Sammelbiene anhängt, von Stockgenossinnen wahrgenommen wird und bei diesen Sammelflüge zu derselben Art von Blüten auslöst? Der Überträger des Duftes ist die heimgekehrte Sammelbiene, an der die Blütendüfte hängen bleiben (84). Sind die Düfte Signale oder Zeichen? Wer profitiert von dem Verhalten, das die Düfte bei den Bienen auslösen? Auf jeden Fall die Blütenpflanzen, die bei den Besuchen durch die Bienen bestäubt werden. Die Düfte wären also Signale der Blumen. Aber wie verhält es sich mit der Biene im Stock, an der deren Nestgenossinnen den Duft wahrnehmen? Sie hat ebenfalls Vorteile, da es durch eine erfolgreiche Sammelaktivität aller Bienen dem Bienenvolk gut geht. Dann wären die Blütendüfte Signale sowohl der Blüten als auch der Bienen.

Signale werden durch die Selektion gestaltet und an ihren Zweck angepasst. Oft gehen sie aus ursprünglich vorhandenen Hinweisen hervor, die für den Sender zunächst bedeutungslos waren (164).

Der Bienentanz hat eine eindeutige Kommunikationsfunktion und gibt im Rekrutierungsverhalten zwischen den Bienen Signale über die Art des Zieles (Blütendüfte), die Attraktivität des Zieles (Lebhaftigkeit der Tänze) und hilft ein Areal aufzusuchen, von dem aus das Ziel gefunden werden kann (Schwänzeltanz).

Für die Übertragung von Signalen sind die Leitungswege entscheidend. Sie geben vor, ob und wie gut Signale wirken können.

Für die Bienentänze auf Waben (und auf den Körpern anderer Bienen in der Schwarmtraube, siehe Abb. 39) kommen der Untergrund, auf dem Sender und Empfänger stehen, und die Luft zwischen beiden, als Leitungswege für Signale infrage.

Mit experimentellen Methoden, die zu der Zeit der jeweiligen Forschungsarbeiten immer an der vordersten Front der technischen Möglichkeiten standen, wurde gemessen und analysiert, welche Effekte Tänzerinnen während des Tanzverhaltens in ihre Umgebung aussandten und inwiefern diese als Kommunikationssignale infrage kamen (173).

Die ›tauben‹ Bienen sind hochempfindlich für Vibrationen

Historisch wurde als Erstes die Schallerzeugung entdeckt, die während der Schwänzelphase auftritt und die das sauberste Kriterium zur Bestimmung der Schwänzelzeit bietet (53, 58, 113, 176, 177, 269, 282). Der Schallerzeugung zugrunde liegen gepulste Vibrationen der Flugmuskulatur der Bienen (119, 120, 156, 241, 255). Dieser Generator ist der kräftigste Leistungsträger, den eine Honigbiene besitzt. Sie kann, anders als im Flug, die Flügel dabei nur ganz schwach mitschwingen lassen, sie werden quasi ausgekuppelt. Der so durch die Flügelbewegung erzeugte sogenannte Nahfeldschall besitzt in direkter Umgebung der Tänzerin eine typische dreidimensionale Struktur, die anderen Bienen als Informationsquelle dienen kann (136, 173, 176).

Honigbienen sind taub, sie besitzen keine Sinnesorgane zur Wahrnehmung von Schalldruckwellen. Ist die Luftbewegung in einer Schallwelle, wie beim Nahfeldschall, stark genug, können die Bienen über Sinneshaare auf dem Kopf (Abb. 15) oder über ihre sogenannten Johnston-Organe in den Antennen den Reiz wahrnehmen (46, 119, 134, 137, 268, 269).

Zusätzlich zum Nahfeldschall entstehen durch die Flügelbewegungen auch gerichtete Luftströmungen, die geeignet sind, dieselben Sinnesorgane der Nachtänzerinnen zu reizen, die auch auf Nahfeldschall ansprechen (173).

Die Schallerzeugung erfolgt in Form zeitlich kurzer Pulse, die über die Schwänzelphase regelmäßig verteilt auftreten. Während der Schwänzelbewegung produziert die Tänzerin an jedem Umkehrpunkt der Hin-und-her-Bewegung einen Vibrationspuls (Abb. 24) mit einer Grundfrequenz entsprechend der Flügelschlagfrequenz von 230 bis 270 Schwingungen pro Sekunde und einer Dauer von etwa dreißig bis fünfzig Millisekunden. Auch in der Rücklaufphase können, aber unregelmäßig auftretend, solche Pulse beobachtet werden (157).

Die Empfindlichkeit der ›tauben‹ Bienen für diese luftgetragenen Reize ist sehr viel geringer als ihre Empfindlichkeit für feinste Vibrationen, die sie über ihre Beine als Untergrundschwingungen wahrnehmen können (123,133, 217). Diesen Kommunikationskanal nutzen die Bienen, indem sie mit einem mechanischen Trick die Vibrationen der Flugmuskulatur über ihre Beine in die Wabe leiten. Dazu helfen die für uns auffallend ausgreifenden Schwänzelbewegungen im Tanz. Eine le-

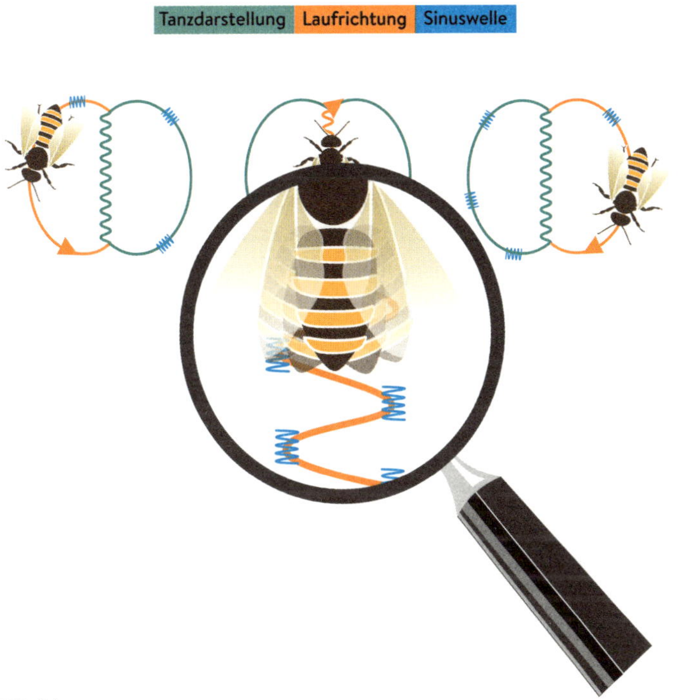

˄ Abb. 24

Stark idealisierte Schwänzelbewegung, die die Einbettung von Vibrationspulsen in die Bewegung verdeutlicht. Die als kurze Wellen in Blau dargestellten Vibrationspulse, die unter der Lupe zu sehen sind, stehen für hochfrequente Pulsgruppen, mit denen Vibrations-, Schall- und elektrische Feldereignisse einhergehen. Diese Pulsgruppen treten während der Schwänzelphase an jedem Umkehrpunkt (52, 260) und in der Rücklaufphase unregelmäßig auf (157).

diglich stehende oder gar eine über die Zellränder rennende leichtgewichtige Tänzerin würde über ihre dünnen Beine kaum nennenswerte Energie in die Wabe leiten. Da sie aber während des Schwänzelns die Füße, solange es geht, fest an den Zellrändern verankert, setzt sie die Zellränder abwechselnd links und rechts durch einen Zug mit ihren Füßen unter Spannung. Dieser Zug ist kräftig an den Umkehrpunkten der Schwänzelbewegung, da die Biene genau dann am stärksten an den Zellrändern zieht. Und diese Momente höchster Zellwulstspannung werden von den Bienen zur Vibrationseinleitung in das Zellrandnetz genutzt.

Die Bienen betonen also jede Richtungsumkehr mit einem Vibrationspuls, der sich dann über die Ränder der Zellen ausbreiten kann (157, 181, 217, 255, 257). Dass diese Vibrationspulse, als Nahfeldschall und als Wabenvibrationen, wichtige Signale im Schwänzeltanz sind, zeigen ›stumme‹ Tänze, die hin und wieder auftreten. In ihrem Erscheinungsbild sehen sie für einen menschlichen Betrachter wie die ›betonten‹ Schwänzeltänze aus, denen jedoch die Vibrationspulse fehlen. Solche stummen Tänze locken keine Nachtänzerinnen an, obwohl sich die Tänzerin im dichten Gedränge redlich um Aufmerksamkeit bemüht (55).

Elektrische Felder unterstützen die Kommunikation

Ein weiterer Signalweg im Bienentanz, der schon länger bekannt ist (289) und der in jüngster Zeit detaillierter untersucht wurde (107), sind modulierte elektrische Felder, die beim Auftreten der Vibrationspulse gemessen werden können. Die Zeitstruktur der elektrischen Ereignisse ist deckungsgleich mit dem Auftreten der Nahfeldschall- und Vibrationspulse, sie tragen keine zusätzliche Information bei, alle Signalformen sind austauschbar.

Die Nachtänzerin empfängt dieselbe Information mehrfach

Untergrundvibrationen, Nahfeldschall, Luftströmungen und dynamische elektrische Felder treten im Schwänzeltanz gleichzeitig als Folge der Aktivierungsmuster der Flugmuskulatur der Tänzerinnen auf. Alle diese Größen vermitteln dieselbe Information. Man spricht von redundanten Signalen. Redundant sind Informationen, die, wie die aufgeführten Signale im Schwänzeltanz, zum selben Sachverhalt parallel vorhanden sind. Redundante Anteile einer Nachricht tragen im statistischen Sinne keine Information. Es ist kommunikationsbiologisch vollkommen gleich, welche Signalform die Nachtänzerinnen aufnehmen. Achten die Nachtänzerinnen auf mehr als nur eine Signalform, verbessert das nicht die Genauigkeit der Ortsangabe im Tanz. Diese Tatsache wird immer wieder übersehen. In Betrachtungen zu den erkennbar unpräzisen Tänzen der Bienen findet man deshalb wiederholt die Vorstellung, dass durch unterschiedliche parallele Signale die Präzision und damit die Genauigkeit der Nachricht steigen würden. Das ist nicht der Fall.

Redundanz verbessert aber die Störanfälligkeit von Botschaften, ein Vorteil, der im dichten Gedränge und der ständigen Aktivität eines Bienenvolkes erheblich ist. Die Gleichzeitigkeit aller bisher entdeckten Signalwege im Bienentanz erhöht die Sicherheit, dass die Botschaft auch bei Störungen oder Ausfällen einzelner Signalwege tatsächlich ankommt.

Chemische Signale, die von Tänzerinnen ausgehen, können keine komplexe zeitlich-räumliche Struktur besitzen, wie die von den gepulsten Brustmuskeln ausgehenden Signale, aber sie helfen im dichten Gedränge auf den Waben, Tänzerinnen zu erkennen (22, 93, 263).

Die Position der Nachtänzerin ist nicht entscheidend

Im Bienentanz sind sich Tänzerin und Nachtänzerinnen so nah, dass der in der Schwänzelphase nach rechts und links ausschlagende Hinterleib der Tänzerin die gestreckten Fühler der Nachtänzerinnen berührt. Die regelmäßige Schwänzelbewegung führt dabei zu einem regelmäßigen Berührungsmuster der beiden Fühler, aus dem sich im Prinzip durch die Mechanorezeptoren der Fühler, die auf mechanische Reize ansprechen, ablesen ließe, wie die Tänzerin auf der Wabe ausgerichtet ist und wie lange die Schwänzelbewegung andauert. Da die Nachtänzerin durch ihre eigenen Schwerkraftsinnesorgane (Abb. 17) weiß, wie sie selbst auf der Wabe ausgerichtet ist, könnte sie damit im Prinzip den Winkelbereich bestimmen, unter dem die Tänzerin relativ zur Senkrechten auf der Wabe schwänzelt (91, 213).

Nachtänzerinnen verteilen sich nicht gleichmäßig um eine Tänzerin herum, sondern halten sich vor allem seitlich und hinter der Tänzerin auf (21, 131). Die Genauigkeit der Sammelflüge ist unabhängig von der Position der Nachtänzerinnen relativ zur Tänzerin während des Tanzfolgeverhaltens (253). Das ergab sich aus einem Experiment, in dem drei erfahrene Sammelbienen zwischen Stock und Futterplatz hin- und herflogen und im Stock für diesen Ort tanzten. Es konnte auch gezeigt werden, dass Rekruten an der Futterstelle eintrafen, egal in welcher Position relativ zur Tänzerin sie sich in der Tanzverfolgung aufgehalten hatten (132). Auch diese Beobachtung spricht für einen sehr zuverlässigen und robusten Rekrutierungsmechanismus, in dem es nicht auf jedes Detail der Tanzkommunikation im Bienenstock ankommt.

Alle Studien zu den Signalen von Tänzerinnen während der Schwänzelphase zielen auf eine Erklärung für die Genauigkeit, mit der Rekruten am beworbenen Ziel ankommen. Auch Neurobiologen suchen im Gehirn der Bienen nach entsprechenden Bausteinen für die Rekrutierungskommunikation (1, 2, 3, 23, 125).

DIE VERMESSUNG DER TANZFIGUR IN RAUM UND ZEIT

Die Grenzen der Messgeräte bestimmen die Genauigkeit, mit der gemessen werden kann. Der Zusammenhang und die Fragestellung, für die gemessen wird, bestimmt wie sinnvoll eine gewählte Messgenauigkeit ist.

Zwei Entdeckungen Karl von Frischs führten zu einer genauen Vermessung der Tänze und aller erfassbaren damit verbundenen Parameter. Zum einen die systematische Veränderung der Tanzfigur mit der Lage eines Zielortes vom Bienenstock aus betrachtet (Tanzsprache) und zum anderen das genaue Eintreffen von Rekruten an diesem Ziel (Erfolg der Tanzsprache). Beides fokussierte die Forschung auf das Tanzgeschehen, mit der Suche nach einer Informationsübertragung zwischen Tänzerin und Nachtänzerin im Bienentanz. Es sollte also nicht verwundern, dass bis heute der Löwenanteil der Forschungsarbeiten zum Bienentanz sich mit dem Vermessen aller nur denkbaren Details der Bienentänze befasst, zumal ein gläserner Bienenbeobachtungsstock einen einfachen Zugang zur ersten Strecke des Rekrutierungsverhaltens, dem Verhalten der Honigbienen im Bienenstock, ermöglicht.

Der Tanz gibt Richtung und Entfernung zu einem Ziel an – davon ausgehend muss man die Tänze daraufhin abklopfen, welche Bestandteile des Bewegungsablaufes im Tanzverhalten am besten für eine Richtungs- und Entfernungsangabe geeignet sind.

Den Anfang machte dabei Karl von Frisch, der die Ortsangabe in der Tanzfigur mittels einem auf die Glasscheibe des Beobachtungsstockes aufgelegten Winkelmesser und einer Stoppuhr erforschte.

Die Tanzbewegungen der Bienen sind heute sehr exakt messbar

In den letzten Jahren haben zwei methodische Fortschritte die Tanzbewegungen bis ins letzte Detail aufklären lassen, Zeitlupen-Videoaufzeichnungen und das automatische Verfolgen und Aufzeichnen von Bewegungsspuren des exakten Tanzbewegungsverlaufes in Raum und Zeit über auf den Bienen angebrachte und optisch oder elektronisch erfasste Kennzeichen.

Bevor man sich an die Analyse macht, auf welchen Informationskanälen die Nachtänzerinnen die Botschaft aufnehmen können, muss geklärt werden, ob der Tanz als Basis für eine solche Botschaft ausreichend präzise und zuverlässig ist, um Rekruten zum Ziel zu bringen.

Die Bewegungsspur einer Tänzerin im Schwänzeltanz wird im klassischen Modell als saubere Sinuswelle mit eindeutiger Ausrichtung dargestellt, aus der die Parameter Richtung und Entfernung ablesbar sind (siehe Abb. 12).

Moderne Methoden erlauben die automatische räumlich-zeitliche Aufzeichnung der Bewegungsspur einer Tänzerin auf der Wabenoberfläche. Betrachtet man solche Aufzeichnungen (siehe Abb. 25), fällt als Erstes die Unregelmäßigkeit der einzelnen Bewegungsspuren auf, und es drängt sich die Frage auf: Wo genau beginnt und wo genau endet eine Schwänzelphase?

Diese Unsicherheit betrifft auch eine Angabe über die Ausrichtung der Schwänzelphase. Beides sollte man aber exakt erfassen können, wenn nach Korrelationen zur Lage des Futterplatzes im Feld gesucht wird. Im Grunde genommen ist man angesichts der ›verrauschten‹ Bewegungen auch mit den modernen Aufzeichnungstechniken in keiner sehr viel besseren Lage als die vorhergehende Generation, die entsprechende Werte mit Winkelmessern per Auge und per Stoppuhr direkt von den Tänzen abgelesen hat.

Tatsächlich ist jede einzelne Schwänzelspur derart stark verzerrt und verbogen (Abb. 25), dass die Festlegung der Ausrichtung und der zeitlichen Länge der Schwänzelphase auf dieser Basis durch einen Beobachter keinen strengen Kriterien folgen kann. Beide Größen lassen sich nur schätzen.

Lassen sich Werte als Näherungswert an einen wahren Wert nur schätzen, sollte korrekterweise immer der Umfang der Messunsicher-

Abb. 25

Auf Basis optischer Daten automatisch aufgezeichnete Bewegungen des Hinterleibes einer Tänzerin mit mehreren aufeinanderfolgenden Schwänzelphasen und Rückläufen (nach 190).

heit angegeben werden. So wird bei quantitativen Messungen über eine in der Regel normalverteilte Messunsicherheit der Wertebereich eingegrenzt, innerhalb dessen sich der wahre Wert befindet.

Für die Bienen scheinen Messfehler keine Rolle zu spielen

Die Messunsicherheit, der jeder einzelne Wert beim Ablesen der Tanzbewegungen unterliegt, ist für die getroffenen Aussagen wenig bedeutungsvoll, denn sie geht komplett im ›Rauschen‹ der variablen Tänze unter. Schon aufeinanderfolgende Tanzrunden ein und derselben Tänzerin sind unterschiedlich. Das gilt umso mehr für jeweils einen neuen Tanz derselben Tänzerin und erst recht für die Tänze unterschiedlicher Tänzerinnen. Die erhaltenen Daten streuen über einen Bereich, der größer als ein geschätzter Ablesefehler sein dürfte. Das mag der Grund dafür sein, dass Angaben zur Messgenauigkeit beim Ablesen der Tanzbewegungen in der Bienenforschung so gut wie keine Erwähnung finden. In lediglich zwei Arbeiten und da lediglich für automatisierte Datenerhebungen (145, 200) findet man eine Abschätzung über den Ablesefehler (die Messungenauigkeit) seitens der Wissenschaft bei der Erhebung der Daten aus den Tänzen.

Kennt ein Bienenforscher die genaue Lage eines Zielpunktes als Referenzwert, denn er hat ihn ja eingerichtet, wird jeder davon abweichende Wert, der aus der Tanzfigur entnommen werden kann, als ›Fehler‹ eingeordnet. Fehler seitens der Bienen in der Tanzinformation zur Bewerbung eines Zieles hätten aber nur dann Konsequenzen, wenn sie verhindern würden, dass die Nachtänzerinnen im Feld auf die Zielführungen treffen, die sie ins Ziel bringen. Ein derartiges Versagen der Tanzsprache geschieht aber nicht einmal bei Abweichungen von vierzig Winkelgrad – auch dann kommen die Rekruten ins Ziel (siehe zur Missweisung S. 118 ff.). Die Rekrutierung ist gegen die ungenauen Tanzangaben sehr robust geschützt.

Schon VON FRISCH vermaß die Tanzfiguren detailliert

Karl von Frisch gelang die entscheidende Beobachtung, dass die Schwänzelphase den Rekruten für weiter entfernte Futterstellen eine Richtung angibt und dass diese sich je nach Sonnenstand beziehungsweise Verlagerung des Zielortes systematisch verschiebt. In der Folge wollte von Frisch es genau wissen und maß die Ausrichtung der Tänze mittels einfachem Winkelmesser, den er auf die Glasscheibe seines Beobachtungsstockes legte. Dabei bestimmten er und seine Mitarbeiter:innen die Ausrichtung der Schwänzelstrecke des Tanzes gegenüber der Lotrechten (also der Schwerkraftrichtung), wobei die abgelesenen Tanzwinkel auf 0,5 Winkelgrad genau angegeben wurden (Abb. 26).

Eine derart hohe Genauigkeit der Einzelmessungen erschien der Fachwelt sicherlich auch deshalb nicht verblüffend, da ja die rekrutierten Bienen exakt sogar an einem kilometerweit entfernten Zielort

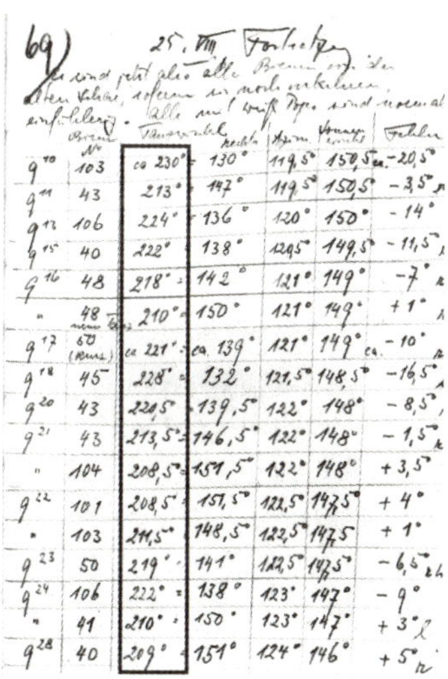

69) 25. VIII

	Nr					Fehler
9^{10}	103	ca 230°	130°	119,5°	150,5°	ca. −20,5°
9^{11}	43	213°	147°	119,5°	150,5°	−3,5°
9^{12}	106	224°	136°	120°	150°	−14°
9^{15}	40	222°	138°	120,5°	149,5°	−11,5°
9^{16}	48	218°	142°	121°	149°	−7°
"	48	210°	150°	121°	149°	+1°
9^{17}	60	ca 221°	ca. 139°	121°	149°	ca. −10°
9^{18}	45	228°	132°	121,5°	148,5°	−16,5°
9^{20}	43	220,5°	139,5°	122°	148°	−8,5°
9^{21}	43	213,5°	146,5°	122°	148°	−1,5°
"	104	208,5°	151,5°	122°	148°	+3,5°
9^{22}	101	208,5°	151,5°	122,5°	147,5°	+4°
"	103	211,5°	148,5°	122,5°	147,5°	+1°
9^{23}	50	219°	141°	122,5°	147,5°	−6,5°
9^{24}	106	222°	138°	123°	147°	−9°
"	41	210°	150°	123°	147°	+3°
9^{28}	40	209°	151°	124°	146°	+5°

‹ Abb. 26

Originalprotokoll aus den Arbeiten von Karl von Frisch, in denen von Frisch und seine Mitarbeiter:innen die Winkel der Ausrichtung bei der Schwänzelphase im Verhältnis zur Schwerkraftrichtung vermaßen. Sie gaben die Winkel bis auf 0,5 Winkelgrad genau an.

eintreffen. Eine Winkelabweichung von 0,5 Grad würde bereits dazu führen, dass ein tausend Meter entferntes Ziel um grob zehn Meter verfehlt würde.

Als Resultat von Karl von Frischs Messungen zur Richtungsangabe in den Tänzen entstand eine Abbildung, die als einer der bekanntesten Klassiker unter den Illustrationen des Verhaltens von Tieren gelten muss (Abb. 12). Sie wurde bis heute unzählbar häufig mehr oder weniger abgewandelt wiedergegeben.

Die Aussage dieser Darstellung lautet: Im Schwänzeltanz gibt eine Sammelbiene die Richtung zu einem Futterplatz an. Im Freiland bezieht sich diese Richtung auf die Sonne (genauer: auf die Richtung zum Sonnenazimut). Im dunklen Bienenstock bietet die nach unten weisende Richtung der Schwerkraft die stabile Bezugsgröße.

Der Zusammenhang zwischen beiden Bezugsgrößen ist in diesem System einfach und direkt, wie in der klassischen Darstellung (Abb. 12) wiedergegeben: Genau in Richtung zur Sonne entspricht auf der senkrechten Wabe genau nach oben. Ein Richtungswinkel von achtzig Grad links zur Sonnenrichtung wird übertragen auf die senkrechte Wabe in einen Winkel von achtzig Grad nach oben links.

Das ist ein wunderbares Modell, um eine der wichtigsten Entdeckungen durch Karl von Frisch in einem Schema zu erklären: Der Bienentanz verändert sein Erscheinungsbild mit der Lage des Futterplatzes und mit dem Tagesgang der Sonne.

Nach VON FRISCH arbeiteten viele mit sehr genauen Winkelangaben, wenige reflektierten die Fehlerquellen

Mit der Angabe einer hohen Winkelgenauigkeit bis auf die erste Stelle hinter dem Komma blieb von Frisch nicht allein, man findet solch genauen Werte in zahlreichen Folgearbeiten anderer Autoren. Die Winkelangabe bis zur ersten Stelle hinter dem Komma ist entweder wie bei von Frisch die Angabe eines direkt gemessenen Wertes oder das rechnerische Resultat von Mittelwertbildungen

Ganz grundsätzlich ergibt sich die nicht zu unterschätzende Gefahr, dass Zahlenwerte genauer angegeben werden, als sie tatsächlich abgelesen werden können oder als es im betrachteten Zusammenhang sinnvoll ist. Die Angabe einer Winkelgenauigkeit über das Messbare oder Sinnvolle hinaus suggeriert hier, dass eine Richtungsinformation entsprechend präzise angeboten und am Ende sogar von den Rekruten auch so genutzt werden kann. Der Erfolg der Kommunikation, das Eintreffen der Rekruten am Ziel, scheint eine solch genaue Ortsangabe zu bestätigen.

Auch James Gould gab in seinen Publikationen (95, 96) extrem hohe Winkelgenauigkeiten wieder. Dabei machte er keine Angaben zu den Fehlergrenzen und damit zur Verlässlichkeit und Genauigkeit seiner Winkelmessungen an den Videoaufzeichnungen, aber er benannte zwei Arten von systematischen Fehlern beim Ablesen von Winkelwerten. Der erste Fehler ist bedingt durch seine Versuchsmethodik. Die Lampe hatte als Orientierungsquelle einen bestimmten Abstand zur Wabe. Die Tänze der Bienen fanden in seinem Experiment über eine Wabenfläche von etwa zehn mal zehn Zentimeter verteilt statt. Von dieser Fläche aus sahen die Bienen die Lampe, die für die nicht manipulierten Bienen anstelle der Schwerkraft die Bezugsrichtung bildete (siehe Abb. 19, 20). Da die Lampe von jedem Ort des Tanzbodens unter einem etwas anderen Winkel gesehen wurde (Parallaxe), gab Gould dafür einen Fehler von 1,14 Grad (hier sogar auf ein Hundertstel Winkelgrad genau!) für das Auslesen des Winkels an, den eine Tänzerin mit der Schwänzelphase anzeigt.

Welchen Sinn hat eine derart genaue Winkelangabe angesichts aller zufälligen Fehler, die Einfluss auf die Messung haben? Sie suggeriert eine Präzision in der Messleistung, die nicht leistbar ist.

Als zweite Fehlerquelle für die abgelesenen Tanzwinkel nannte Gould als systematischen Fehler, verursacht durch die Bienen, die sogenannte Missweisung. Die Missweisung ist eine Abweichung des getanzten Winkels vom Referenzwert, dem perfekten Sollwinkel, der die

Richtung zum Ziel exakt angibt (83). Missweisungen sind durch äußere Einflüsse bedingt.

Beide Fehlerquellen zusammen ergeben bei Gould einen Fehlerwinkel von 1,4 Grad, um den der aus Videoaufzeichnungen entnommene Tanzwinkel in komplizierten Prozeduren korrigiert wurde (95, 96). Alternativ arbeitete Gould mit Zehntel-Winkelgraden.

Trotz Missweisungen finden Rekruten meist den Futterplatz

Bei der Untersuchung der Genauigkeit in der Richtungsanzeige der Tänze verglichen von Frisch und Mitarbeitende die abgelesenen Winkelwerte mit der tatsächlichen Richtung zum Futterplatz als dem Referenzwert. Es zeigten sich Missweisungen, wenn die Bienen von den Beobachtungsstöcken aus freien Blick auf den Himmel hatten. Wurde diese Fehlerquelle ausgeschlossen, verschwanden die Missweisungen aber nicht komplett. Martin Lindauer, wichtigster Mitarbeiter von Frischs, entdeckte systematische Abweichungen, die im Tagesverlauf mal größer, mal kleiner wurden. Diese Abweichungen wurden als »Rest-Missweisung« notiert. Es konnte gezeigt werden, dass regelmäßige Schwankungen des Erdmagnetfeldes dafür verantwortlich sind (99, 151, 152, 165, 266).

Diese Entdeckung der Magnetfeldwahrnehmung bei Bienen als unerwartetes Nebenprodukt der Kommunikationsforschung an Honigbienen war ein weiteres Verdienst in der langen Reihe wichtiger Erkenntnisse von Karl von Frisch und seinen Mitarbeiter:innen.

Durch Beobachtungen zum Flugverhalten der Honigbienen konnten Tom Ferrari und ich (64) zeigen, dass diese Insekten auch auf Sonnenwinde reagieren, auf Ströme elektrisch geladener Teilchen also, die zeitweise als heftige Ausbrüche von der Sonne in den Weltraum strömen. Starke Sonnenwinde stören die Orientierung der Bienen. Es bleibt zu erforschen, inwieweit durch diesen Störreiz auch das Tanzverhalten beeinflusst wird.

Für Situationen mit großer Missweisung (die aus den Schwänzelphasen abgelesenen Winkelausrichtungen wichen bis zu vierzig Winkelgrad von der Richtung ab, in der der Futterplatz lag) wurden Fächerexperimente durchgeführt, um zu überprüfen, ob sich Rekruten durch die Missweisungen fehlleiten ließen. In keinem einzigen Versuch folgten die Rekruten den falschen Winkelangaben, sondern sie flogen in übergroßer Zahl die Kontrollstation vor dem Futterplatz an, der von den Tänzerinnen beflogen wurde, die im Tanz eine falsche Richtung angegeben hatten (83). Man findet in diesen Arbeiten keine Angabe dazu, wie viele Rekruten im Beobachtungszeitraum den Futterplatz selbst anflogen, der von den erfahrenen Sammelbienen besucht wurde.

Von Frisch deutete das Nichtbefolgen der falschen Richtungsangaben konsequent im Sinne der angenommenen Bedeutung der Tanzkommunikation: Die Rekruten korrigieren nach seiner Auffassung die falsch angezeigte Richtung, da sie im Stock denselben Fehlereinflüssen wie die Tänzerinnen unterliegen (78).

Eine solche Fehlerkompensation müsste sehr genau sein, da ein bestimmter Fehlerwinkel mit wachsender Flugdistanz zu einem immer größeren seitlichen Abstand vom Ziel führt. Für ein Ziel in fünf Kilometern Distanz führt eine Missweisung von zehn Winkelgrad, wenn sie nicht kompensiert wird, zu einem seitlichen Verfehlen des Zieles um 800 Meter, bei vierzig Winkelgrad Missweisung wird eine seitliche Versetzung um 4,2 Kilometer angezeigt. Würden Nachtänzerinnen dem so folgen, dürften sie nicht am Futterplatz ankommen, was sie aber tun.

Dabei sind die fünf Kilometer Flugweite nicht die äußerste Grenze für Sammelbienen. Die Flugweiten eines Bienenvolkes hängen essenziell von der Verteilung des Blütenangebotes ab (12, 229) und bis zu zehn Prozent der Sammelbienen können sich weiter als 9,5 Kilometer vom Bienenstock entfernen (12).

Bezieht man die Rolle einer Kommunikation zwischen den Bienen im Feld (den hier immer wieder zu erwähnenden blinden Fleck) in

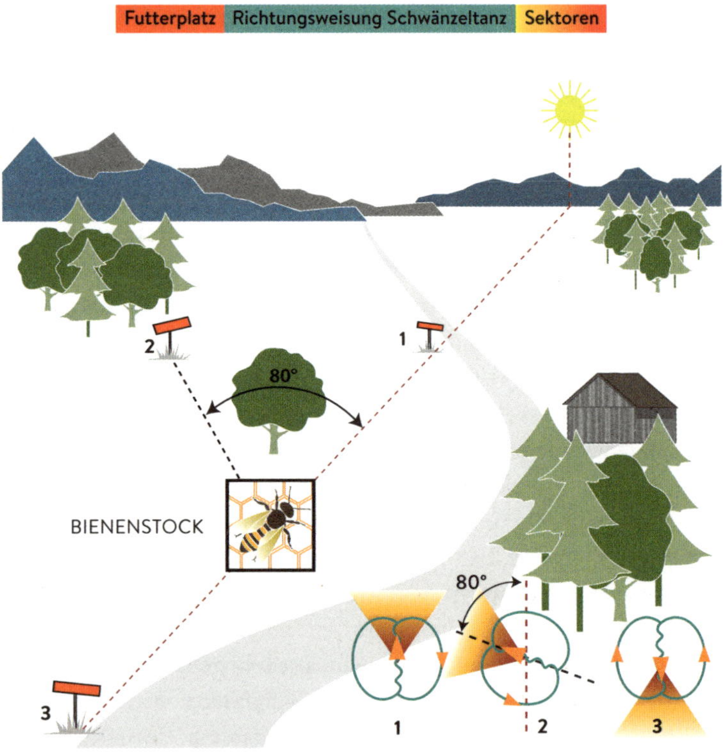

⌃ Abb. 27

Dieses Schema berücksichtigt die ‚halbwahre' Richtungsangabe aus den Schwänzeltänzen. Es wird keine Richtung zum Ziel angezeigt, sondern ein unscharf abgegrenzter Sektor, in dem sich das Ziel befindet (siehe auch Abb. 21).

Überlegungen darüber ein, wie die Rekruten es schaffen, trotz Missweisungen zum Ziel zu gelangen – dann ergibt sich mit den drei Stufen einer Fernorientierung eine zumindest gleichwertige Erklärung für den Zielfindungserfolg. Ein präziser Tanz und ein präzises Befolgen des Tanzes sind nicht notwendig.

Eine exakte Winkelangabe aus der Tanzfigur zu beziehen, wie in der klassischen Abbildung vorgeschlagen (Abb. 12), ist nicht möglich und nicht notwendig, wie der Rekrutierungserfolg trotz ›halbwahrer‹ Tanzinformation beweist. Eine Abwandlung der klassischen Abbildung (Abb. 27), in der nicht eine genaue Richtung, sondern ein Zielsektor angegeben wird, der die richtige Richtung einschließt, trifft die tatsächliche Situation und führt zu Fragen, die sich für die klassische Auffassung nicht stellen.

Dass ein Umbau der klassischen Abbildung in eine Darstellung der Realität keine Spitzfindigkeit ist, geht aus der Konsequenz einer solchen veränderten Darstellung hervor: Es wird sofort klar, dass es einen blinden Fleck gibt. Fliegt eine rekrutierte Biene in den angezeigten Sektor hinein, muss sie dort auf Hilfen treffen, die sie zum Ziel bringen, eine komplexe, mehrstufige Fernorientierung ersetzt die Vorstellung einer Tanzsprache, die Rekruten direkt zu einem Ziel bringen kann.

Der Tanz liefert keine zuverlässigen Richtungsangaben

Wie gesagt, können bereits die Tanzfiguren derselben Tänzerin unterschiedlich ausgerichtet sein, und die Tanzfiguren unterschiedlicher Tänzerinnen variieren, auch wenn sie sich auf denselben Futterplatz beziehen, ebenfalls – die Streuung der Richtungsanzeigen wird noch größer (224). Stehen einem menschlichen Beobachter zur Analyse viele Tänze zur Verfügung, die für ein und dasselbe Ziel werben, heben sich Fehler in den angezeigten Richtungen für die Berechnung der Richtung des Zieles auf. Je mehr Tänze und damit auch mehr Falschanzeigen aus einer zufallsverteilten Daten-Grundgesamtheit in die Rechnung eingehen, umso mehr gleichen sich die Fehler (»rechts daneben« und »links daneben«) aus und umso genauer wird mit dem Resultat der Berechnung das Ziel getroffen (siehe auch Abb. 30). Derartige Berechnungen sind nicht trivial und recht anspruchsvoll. Bei der statistischen Behandlung von Vektoren, beginnend mit der Berechnung von Mittelwerten, ist eine eigene Herangehensweise nötig.

Kreisverteilte Daten müssen nach besonderen mathematischen Regeln analysiert werden, die Kreisstatistik ist ein Spezialgebiet der Mathematik (9, 126).

Anders verhält es sich mit der sogenannten Missweisung, die sich mit dem Tagesgang ändert (83) und die von der Ausrichtung der Tanzgruppe auf der senkrechten Wabe abhängt (224). Diese Fehler sind einfacher zu beheben, denn es handelt sich nicht um ein statistisches Problem, sondern um eine systematische und direkt ablesbare Fehlanzeige durch die Tänzerin.

Schon von Frisch beobachtete, dass für nahe gelegene Futterstellen die aufeinanderfolgenden Tanzrunden einer Tänzerin in der Schwänzelphase zum Teil erheblich variieren. Die Schwänzelphasen, die auf die abwechselnden Rechts- und Linksdrehungen der Tänzerin folgen, sind entsprechend wechselweise stärker nach rechts beziehungsweise stärker nach links ausgerichtet (Abb. 28). Dies veranlasste ihn, den Begriff des ›Sicheltanzes‹ einzuführen.

Dieser Divergenzwinkel im Sicheltanz wird geringer, je weiter weg das Ziel liegt und je länger demnach die Schwänzelphase andauert. Aus der Verteilung der Winkelwerte wird die Richtung zum Ziel statistisch immer genauer ablesbar, je weiter entfernt der Futterplatz ist und je mehr Einzeldaten zusammengefasst werden (13, 42, 89, 135, 267).

Die zufallsverteilten, nicht systematischen Fehler in den Tänzen, deren hohe Variabilität und die systematischen Missweisungen ziehen erhebliche Einschränkung in der Brauchbarkeit einer Ortsangabe im Bienentanz nach sich. So zeigt auch eine Computermodellierung, basierend auf gemessenen Daten, die an Tänzen erhoben wurden, die Unmöglichkeit, alleine aufgrund der Tanzinformation ein Ziel zu finden (191, 192).

Die unzuverlässige Richtungsangabe zeigt: Zielführende Signale und die Kommunikation zwischen Bienen im Feld sind unabdingbar, um trotz der Halbwahrheiten in der Tanzkommunikation die Rekruten präzise zum Ziel zu bringen.

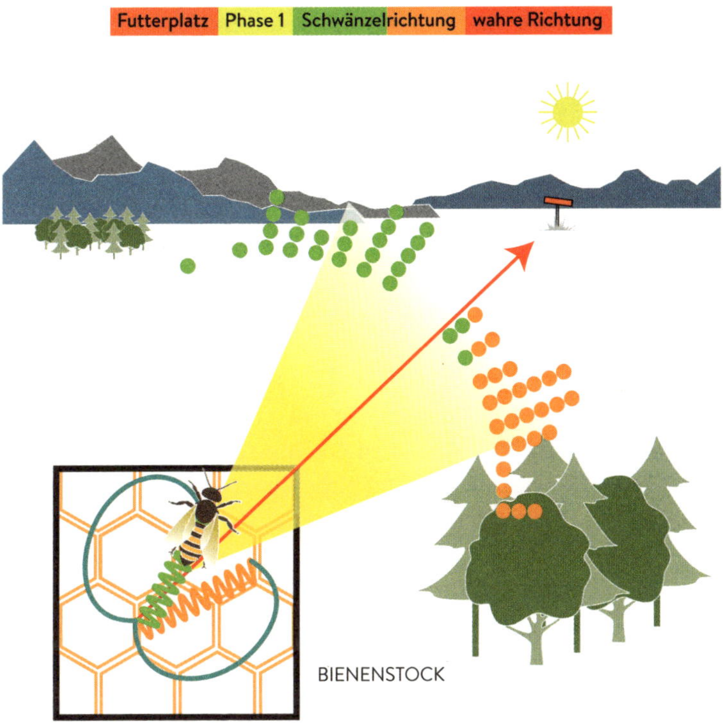

Abb. 28

Die Grafik illustriert die Bewegungen und entsprechenden Richtungsangaben einer Tänzerin, die einen Futterplatz in 150 Metern Entfernung bewirbt (nach 267). Auf eine Rechtsdrehung der Tänzerin folgt die grün eingezeichnete Schwänzelphase. Anschließend vollzieht die Tänzerin eine Linksdrehung und schwänzelt entlang der orangenfarbigen Linie. Daraufhin folgt wieder eine Rechtsdrehung usw. Die Punkte im Feld geben die Variationsbreite der Richtungsangaben an, die sich aus den Schwänzelphasen lesen lassen, wobei die orangefarbigen beziehungsweise grünen Punkte sich auf die jeweils farblich entsprechenden Schwänzelphasen beziehen. Der rote Pfeil gibt die exakte Richtung zum Futterplatz an, die sich auch als ungefährer Mittelwert aus den Abweichungen ergibt.

Wie ›lesen‹ die Bienen die Entfernung zum Ziel aus dem Tanz?

Die Ausrichtung der Schwänzelphasen ist direkt an den Tänzen abzulesen und offensichtlich, wenn man sie in Relation zur Himmelsrichtung betrachtet, in der ein Ziel vom Stock aus liegt. Es muss nicht nach indirekten, tanzgebundenen Phänomenen gesucht werden, die eine Richtungsangabe beinhalten könnten. Es bedurfte aber der Beobachtungsgabe eines Karl von Frisch, um das zu erkennen.

Anders liegen die Verhältnisse für einen Entfernungshinweis. Falls der Schwänzeltanz einen kodierten Entfernungshinweis enthält, muss dieser indirekt eingebaut sein und nicht unverschlüsselt wie die Richtungsangabe. Die Resultate der Stufenversuche von Frischs ließen auf eine von den Bienen genutzte Entfernungsinformation im Tanz schließen, was die intensive Suche nach einer entfernungsrelevanten Größe im Bienentanz zur Folge hatte.

Von Frisch und seine Mitarbeiter:innen machten sich als erste Bienenforschende auf die Suche nach wechselseitigen Beziehungen (Korrelationen) zwischen Elementen des Tanzes und der Entfernung zu einem Futterplatz. Einen solchen Zusammenhang fanden sie am besten wiedergegeben in der Anzahl der Tanzrunden innerhalb von fünfzehn Sekunden. Die Stoppuhr lief, und man zählte, wie häufig sich eine Tänzerin rechtsherum (eine Tanzrunde) und linksherum (eine weitere Tanzrunde) drehte. Eine fünfzehnsekündige Beobachtungsdauer erwies sich nach etlichen Praxistests als sinnvoll. Denn man hatte Unterschiede bei der Dauer der einzelnen Tanzumläufe festgestellt, je nachdem, wie weit das Ziel entfernt war: Die Bienen tanzten für nahegelegene Ziele schnellere Umläufe. Grafisch dargestellt ergab sich daraus eine Kurve, die bis zu einer Entfernung von zehn Kilometern einen asymptotischen Verlauf nimmt, das heißt immer flacher wird. Das bedeutet für diese Art der Daten: Gleich lange Teilstrecken der Flugroute führen zu immer weniger zusätzlichem Zeitaufwand für jeden einzelnen Tanz, je weiter weg die Biene vom Bienenstock fliegt. Somit ist es nicht möglich, einen entfernungsunabhängigen Kalibrierfaktor anzugeben, aus dem jede beliebige Flugdistanz einfach berechnet werden kann. Jede zusätzliche Tanzrunde bedeutet eine immer längere zusätzliche Flugstrecke.

Von einer Korrelation spricht man, wenn zwei oder mehrere Größen in einer Beziehung zueinander stehen. Ändert sich in einer Korrelation die eine Größe, ändern sich die anderen Größen mit. Dabei können die Änderungen gleichsinnig sein (positive Korrelation) oder die eine Veränderliche wächst, während die anderen Veränderlichen schrumpfen (negative Korrelation). Korrelationen können kausale Zusammenhänge zugrunde liegen, wie beim Zusammenhang zwischen Schwerhörigkeit und einer sehr lärmigen Arbeitsplatzumgebung. Korrelationen können aber auch keinerlei Ursache-Wirkung-Beziehung haben, wie der Rückgang der Population an Weißstörchen und ein Geburtenrückgang beim Menschen (also anders als es kleinen Kindern erzählt wird). Eine Korrelation besitzt im Falle eines kausalen Zusammenhanges einen Informationswert, eine gesetzmäßige Verknüpfung lässt von der einen Größe auf die anderen Größen schließen.

Aus diesen Überlegungen über Korrelationen folgt für die Kommunikationsforschung an Honigbienen eine dreistufige Aufgabe. Zunächst muss gezeigt werden, dass es eine Korrelation zwischen der Flugweite einer Sammelbiene und einer oder mehrerer Größen der Tanzfigur gibt. Als Nächstes muss gezeigt werden, dass Größen, die mit dem Flug zusammenhängen, sich direkt auf Parameter der Tanzfigur auswirken. Und zum Dritten muss gezeigt werden, dass Nachtänzerinnen Parameter, die sie aus dem Tanz entnehmen, in eine Flugweite übersetzen.

Zum ersten Schritt schlugen von Frisch und seine Mitarbeiter:innen aus der Betrachtung der Schwänzeltänze zunächst neun Elemente vor, die als Signal für eine Entfernungsangabe denkbar wären und die sie daraufhin untersuchten, ob es eine Korrelation mit der Flugdistanz zum Ziel gibt, und zwar: 1. Frequenz der Schwänzelbewegungen, 2. Umlaufzeit einer ganzen Tanzrunde, 3. Schwänzelzeit, 4. Rücklaufzeit, 5. Anzahl der Schwänzelbewegungen pro Durchlauf, 6. Länge der Schwänzelstrecke, 7. Zeitdauer der Schallerzeugung, 8. Frequenz der Vibrationen, 9. zeitlicher Aufbau der Vibrationsmuster.

Aussortiert wurden aus dieser Liste eher ungeeignet erscheinende Größen anhand von Zeitlupenaufnahmen (zuerst 80), elektromagnetischen Registrierungen der Bewegungen (51, 55, 248) und Schallaufzeichnungen (282). Übrig blieb als die am besten korrelierte Größe die Länge der Schwänzelstrecke.

Die Länge kann sich auf die Streckenlänge der Schwänzelphase über der Wabe beziehen, aber auch auf die Zeitdauer dieses Bewegungsabschnittes im Tanz. Zur Eignung einer Messung der Streckenlänge der Schwänzelphase auf der Wabe schrieb von Frisch:

> »Die Werte der Länge der Schwänzelstrecke zeigen eine so starke Streuung, daß sie gleichfalls als Entfernungssignal ausscheiden [...]. Die Länge des geradlinigen Laufes wäre auch deshalb kein geeigneter Signalwert, weil sie sich durch den gleitenden Übergang der Kurve zu Beginn und am Ende des Schwänzellaufes nur unscharf abhebt.« (78, S. 101; siehe Abb. 25.)

Von Frisch war zu Recht skeptisch, ob sich die Streckenlänge der Schwänzelphase als brauchbares Signal für die Entfernung eignete. So nutzte auch die auf von Frisch folgende Forschung keine Streckenlängenmessungen. Was sie hingegen nutzte, waren Zeitinformationen aus Videoaufzeichnungen. Alternative technische Lösungen zur genauen Bestimmung der Dauer von Schwänzelphasen bezogen die während der Schwänzelphase auftretenden Vibrationspulse ein oder auch damit zeitgleich zu beobachtende elektrische Spannungsschwankungen, die eine Tänzerin während der Schwänzelbewegung erzeugt.

So konnten Rodrigo De Marco und Mitarbeitende anhand von Videoaufzeichnungen in umfangreichen Studien zur Dauer von Schwänzelphasen eine hohe Variabilität bestätigen, dies selbst bei einzelnen Tänzerinnen (42). Das gilt nach deren Resultaten sowohl für die Vermessung der Zeitspanne der Schwänzelphase als auch für das Auszählen der einzelnen Schwänzelbewegungen während einer Schwänzelphase. Beide Parameter sind interessant für Überlegungen, wie die Nachtänzerinnen Informationen gewinnen könnten. Messen Sie die Zeitspanne der Schwänzelphase? Zählen sie Schwänzelbewegungen?

Nachtänzerinnen könnten aber auch noch weitere Parameter der Schwänzelphasen als Entfernungshinweis nutzen. Die Anzahl der Vibrationspulse in der Schwänzelphase, die Summe der Dauer der Vibrationspulse pro Tanzrunde, die Dauer der Schwänzelphase und die Anzahl der Schwänzelbewegungen sind miteinander korreliert (156).

Für die Wissenschaft wird die Ortsangabe, die aus den Tanzfiguren ablesbar ist, immer präziser, je aufwendiger und komplizierter der gesamte Analysevorgang ist. So wird die Zielangabe noch genauer, wenn man aus der Analyse die ersten und die letzten Tanzrunden der betrachteten Tänzerin herauslässt und nur die mittleren Runden in die Berechnung einbezieht (34).

Den Bienen zu unterstellen, dass sie in der Lage sind, Tanzdaten einer ähnlich komplexen Interpretation zu unterziehen, ist allerdings eine sehr gewagte Hypothese.

Sind die Anzahl der Schwänzelbewegungen und die Dauer der Schwänzelphase brauchbare Signale?

Der Zusammenhang zwischen der Dauer der Schwänzelphase und der Flugdistanz ist bis zu einer Entfernung von einigen hundert Metern linear, längere Flugdistanzen bedingen entsprechend längere Schwänzelphasen. Das ist anders und einfacher als bei dem Resultat, das man über die Anzahl der Tanzrunden pro fünfzehn Sekunden erhält. Diese einfache Beziehung setzt sich aber nicht bis zur äußersten Reichweite der Sammelflüge fort. Der Kurvenverlauf weicht auch für die Schwänzeldauer mit zunehmender Distanz von einer linearen Beziehung ab und nähert sich asymptotisch der Achse, auf der die Entfernungen aufgetragen sind.

Für den Anfangsteil einer Entfernungskurve mit deren linearem Verlauf ließe sich im Prinzip ein allgemeingültiger Kalibrierfaktor angeben, der eine einfache Bestimmung einer beliebigen Flugstreckenlänge entweder aus der Dauer der Schwänzelphase oder dem Abzählen der einzelnen Schwänzelbewegungen erlauben würde. Das Bestimmen der Zeitdauer der Schwänzelphase oder das Abzählen der Schwänzelbewegungen wären dabei gleichwertig, da die Tänzerin flugstreckenunabhängig immer etwa fünfzehn Schwänzelbewegungen pro Sekunde ausführt (51).

Für derartige Kalibrierfaktoren werden aber erheblich unterschiedliche Werte angegeben. Harald Esch (52) bestimmte für eine Flugstrecke von 200 Metern für eine einzige Schwänzelbewegung eine Strecke von 33 Metern und für eine Distanz von 2000 Metern eine Strecke von 77 Metern. Die Werte, die De Marco und Menzel (40) sowie De Marco und Mitarbeiter:innen (41) angaben (26 Meter pro Schwänzelbewegung), sind dicht an der Angabe von Gould (95) mit 24 Metern pro Schwänzelbewegung, wohingegen Greggers und Mitarbeitende (107) sechzig Meter pro Schwänzelbewegung fanden. In vielen Publikationen werden keine eigenen Kalibrierfaktoren bestimmt und eingesetzt, sondern sie lesen die Flugstrecken, die der von ihnen gemessenen Zeit entsprechen, aus der klassischen Kurve von Frischs (78) ab.

Die Zuordnung einer bestimmten Flugstreckenlänge zu einer einzigen Schwänzelbewegung ist temperaturabhängig (52), eine allgemeingültige Kalibrierung der Entfernungsangabe ist auch aus diesem Grunde nicht möglich.

Somit können die Bienen die Flugstrecke nicht einfach über eine Regel ›berechnen‹. Weder durch Abzählen der Schwänzelbewegungen noch durch die Bestimmung der Schwänzeldauer erhält man eine zuverlässige Entfernungsangabe.

Und es ergibt sich ein weiteres gravierendes Problem. Die Kurvenzüge zur Darstellung des Zusammenhanges zwischen Flugstrecke und Schwänzeldauer führen mit ihrem asymptotischen Verlauf zu einer Schwierigkeit, die auch von Frisch bereits bewusst war: Gleich lange Teilflugstrecken werden durch unterschiedlich lange Tanzrunden abgebildet. Gleiche Zeitzuwächse in den Tänzen entsprechen immer längeren Streckenzuwächsen.

Um auf dieser Basis aus den Tänzen eine Streckenlänge überhaupt bestimmen zu können, wurden den Bienen passende Fähigkeiten / Eigenschaften zugesprochen. Man ging davon aus, dass unterschiedlich lange Flugstrecken den Bienen gleich lang vorkommen, weil sie vom Stock weiter entfernte Flugabschnitte in ihrem Gedächtnis als verkürzt behalten und der Beginn des Fluges stärker gewichtet wird (81). Von Frisch formulierte diese komplizierte Hypothese wie folgt:

> »Die bezeichnende GESTALT DER ENTFERNUNGSKURVE wird verständlich durch die Annahme, daß die Bienen im Verlauf des Fluges von jedem durchflogenen Wegelement pro Zeiteinheit einen bestimmten Bruchteil ›vergessen‹ [...]. Nimmt man für den Bruchteil der Erinnerung, der pro Wegeinheit schwindet, eine ›Vergesslichkeitskonstante‹ an und für die Zunahme der Umlaufzeit pro Wegeinheit zu Beginn des Fluges eine ›Steigungskonstante‹, so läßt sich eine Beziehung zwischen durchflogenem Weg und Umlaufzeit berechnen, die den experimentell erhaltenen Kurven gut entspricht.« (78, S. 127, Auszeichnung im Original)

Dass der Bestimmung der Flugrouten und -distanzen eine komplexe Gedächtnisleistung zugrunde liegen muss, wurde in mehreren Untersuchungen wahrscheinlich gemacht (z. B. 27, 47), aber niemand fand einen Mechanismus, wie von Frisch ihn sich vorgestellt hatte.

Bienen haben einen optischen Kilometerzähler

Der Sehsinn der Honigbienen hat neben ihrem Geruchsinn überragende Bedeutung für das Zurechtfinden auf ihren Ausflügen. Unsere Kenntnisse darüber, nach welchen optischen Hilfen sich fliegende Honigbienen orientieren, sind umfangreich und hervorragend zusammengefasst in dem von Miriam Lehrer herausgegebenen Sammelband von 1997 (149).

Über ihren Sehsinn bekommen die Sammelbienen zusätzlich einen Eindruck über zurückgelegte Flugentfernungen.

Die Daten zur Korrelation zwischen den Tänzen und der Flugentfernung, erhoben von unterschiedlichen Forschern und Forscherinnen, zeigen erhebliche Unterschiede. Für gleiche Flugstrecken geben Autoren bis zu 300 Prozent Unterschied in der gemessenen Schwänzeldauer an. Bei den Daten, die zur Entfernung erhoben werden, entstehen die Unterschiede allerdings – anders als bei den Richtungsangaben – nicht alleine durch das Verhalten der Honigbienen, sondern auch durch Unterschiede in den äußeren Versuchsbedingungen. Das klingt kompliziert – was steckt dahinter?

Honigbienen messen im Flug zurückgelegte Entfernungen mit ihren Augen. Die optische Struktur der Landschaft, in der solche Untersuchungen stattfinden, beeinflusst das Resultat maßgeblich.

Die Erforschung des ›Kilometerzählers‹ der Honigbienen gab nicht nur die Erklärung für große Unterschiede zwischen den Daten aus unterschiedlichen Studien, sondern lieferte auch die Begründung dafür, wieso eine allgemeingültige Kalibrierung der Entfernungsweisung bei Honigbienen prinzipiell gar nicht möglich ist.

Die Erforschung des Kilometerzählers der Bienen erbrachte die Lösungen für die Fragen, welchen kausalen Zusammenhang es zwischen dem, was eine Biene im Flug erlebt, und dem Tanz gibt, sowie ob die Nachtänzerinnen diese Korrelation nutzen. Die Forschung deckte den Kilometerzähler der Honigbienen auf (57) und brachte den ersten Nachweis, dass alleine Informationen, die Rekruten im Tanz beobachten, die Ausführung der ersten Ausflüge der Neulinge zum Ziel beeinflussen (59).

Von Frisch und seine Mitarbeiter:innen vermuteten den energetischen Aufwand für einen Flug als Maß für die Flugdistanz. Dafür sprach, dass Bienen, die gegen den Wind flogen, im Tanz eine weitere Flugentfernung anzeigten. Ebenso solche, denen ein Zusatzgewicht aufgeklebt worden war und auch solche, die zum Futter einen steilen Berghang hinauffliegen mussten. Diese Versuche ergaben auch, dass es der Hinflug zur Futterstelle ist und nicht der Rückflug – auch nicht beide Teilstrecken zusammen – während dem die Bienen die Distanz zum Futterplatz bestimmen (78).

Heute weiß man: Bienen besitzen einen optischen Kilometerzähler. Das Bild der Umgebung, das im Flug über die Komplexaugen der Bienen wandert, vermittelt der Biene einen Eindruck über die Länge des Weges, den sie zurückgelegt hat (57, 59, 243, 262).

Die Erklärung ist einfach und ein schönes Beispiel dafür, wie richtige Daten zu komplett unterschiedlichen Vorstellungen führen können. Fliegen Bienen gegen den Wind, mit Zusatzgewichten oder hangaufwärts, bewegen sie sich in jedem der drei Umstände näher zum Untergrund. Der optische Fluss, den die fliegenden Bienen dabei erfahren, nimmt zu und damit der subjektive Eindruck der zurückgelegten Strecke. Die Schwänzelphasen werden länger.

Die folgende Passage aus meiner Publikation von 2014 (257) erklärt wichtige Details des optischen Kilometerzählers der Honigbienen:

> »Die Entstehungsgeschichte des mittlerweile recht bekannten Tunnelexperimentes zur Entfernungsmessung bei Honigbienen wird hier vorgestellt, da sie nachvollziehen lässt, wie sehr auch Zufälle eine entscheidende Rolle für Durchbrüche in der Wissenschaft spielen. Aus einem früheren Forschungsaufenthalt an der Australian National University in Canberra als Gast der beiden Professoren Maydaynam Srinrvasan und Shaowu Zhang kannte ich deren Versuch, mithilfe eines Tunnels mit optisch gemusterten Wänden festzustellen, wie genau sich Bienen in dem Tunnel die Orte merken können, an denen sie zuvor mit Futter belohnt wurden. Auch kannte ich die älteren Publikationen des deutschen Zoologen Harald Esch, der mit Mitarbeitern einen ersten Hinweis darauf gefunden hatte, dass die Entfernungsmessung bei den Bienen nicht, wie ursprünglich gedacht, über den Energieverbrauch im Flug, sondern über den sogenannten optischen Fluss geschieht. Er verglich die Länge der Schwänzelstrecken von Bienen, die von Hochhausdach zu Hochhausdach flogen, mit der von Bienen, die die gleiche Strecke nahe am Erdboden zurückgelegt hatten. Je weiter sie vom Boden entfernt waren, also mit abnehmendem optischem Fluss, fielen die Tänze kürzer aus. Wie das mit Einfällen manchmal so geht – eines Tages schoss es mir durch den Kopf: Wieso

beobachten die australischen Kollegen eigentlich nicht die Tänze der Tunnelbienen, falls unter den Versuchsbedingungen solche überhaupt auftreten, die ja bei frei fliegenden Bienen einen Hinweis auf zurückgelegte Strecken enthalten? Die Tänze sollten doch in gewisser Weise subjektive Eindrücke der Bienen widerspiegeln. In einem ersten Telefonat mit Canberra kamen von dort die Fragen: Kann man das machen? Wie geht das? Was benötigt man dafür? Da ich durch Martin Lindauer in den Jahren zuvor den Einsatz von Beobachtungsstöcken gelernt hatte, gab ich diesen Gedanken an Canberra weiter. Um auf diesem für die Kollegen in Canberra neuen Gebiet rasch voranzukommen, bat ich unseren damaligen Imkermeister und Schreiner Heinrich Demmel, einen neuen Beobachtungsstock nach dem alten, schon bei Karl von Frisch eingesetzten Modell zu bauen. Der wurde umgehend gut verpackt und von Würzburg nach Canberra geschickt. Zur Einweisung der australischen Kollegen in den Einsatz von Bienen-Beobachtungsstöcken und zur Vermessung von Tanzparametern in der Tradition von Karl von Frisch und Martin Lindauer wurde Monika Altwein gewonnen, die im Frühjahr 1999 dem Beobachtungsstock folgte. Die deutsch-australische Zusammenarbeit ergab eine zweifelsfreie Bestätigung der Ideen von Harald Esch, und es konnten erstmals quantitative Daten zum Funktionieren des optischen Kilometerzählers der Bienen gewonnen werden. Ihr Kilometerzähler wurde in dieser Untersuchung geeicht. Es bestätigte sich, wie sehr die im Tanz angezeigte Entfernung von der optischen Struktur der Umgebung abhängt und dass experimentell bestimmte Entfernungskurven aus der Auswertung von Tänzen genau genommen nur für die Örtlichkeit gelten, in der sie gemessen wurden. Diese Ergebnisse wurden in der renommierten Zeitschrift SCIENCE publiziert, wobei mir als Sahnehäubchen ein Titelbild vorschwebte, das den Grundgedanken des Experiments in einer Abbildung vorstellte. Diese Aufgabe überließ ich einem Mitarbeiter der BEEgroup, der am Computer das berühmte Tunnelbild erstellte, welches im Rahmen des Wettbewerbs ›Wissenschaft visuell‹ im Jahr 2000 den ersten Preis gewann. Im Nachdenken über dieses erfolgreiche Experiment kam mir die Idee, dass es eigentlich möglich sein sollte, die ›Tunnelbienen‹ als ›lügende Bienen‹ einzusetzen. Solche ›lügenden Bienen‹ zeigen eine weite Flugentfernung an, obwohl sie im Tunnel nur eine kurze Strecke geflogen sind. Das bedeutet, man konnte nun testen, ob Nachtänzerinnen, die den Tänzen der Tunnelbienen gefolgt waren, eher am Ende des Tunnels Futter suchen, also dort, wo die Tänzerin selbst ihr Futter gefunden hat, oder eher um den angezeigten Entfernungsbereich zu fangen sind. Um den Erstentdecker der optischen Entfernungsmessung bei den Bienen, Herrn Esch, zu würdigen, schlug ich meinen Partnern Srinivasan und Zhang vor, Herrn Esch gewissermaßen als Ehrengast für das Experiment nach Würzburg einzuladen. In den folgenden Versuchen konnten wir dann in der Tat zeigen, dass die ›lügenden Bienen‹ ernst genommen wurden. Suchende Sammelbienen und deren Folgebienen fingen wir mit Schmetterlingsnetzen in der Gegend ein, die der Tanz vermittelt hatte. Weiter davor und weiter dahinter gingen keine Bienen ins Netz. (59, S. 62 f.)

Abb. 29

Durchfliegt eine Sammelbiene auf dem Weg zum Futterplatz einen engen Tunnel mit gemusterten Wänden, täuscht der so entstehende optische Fluss ihr eine sehr viel weitere Flugstrecke vor, als sie in Wahrheit geflogen ist.

Bienen schwänzeln länger oder kürzer, je nachdem welche Landschaftseindrücke sie bei ihrem Flug zur Futterstelle erfahren haben

Da der optische Entfernungsmesser keine Streckenlängen misst, sondern einen Bildfluss wiedergibt, hängt es von der Struktur der Umgebung ab, welchen Eindruck zur Flugdistanz eine Biene bekommt. Fliegt eine Biene über eine gleichmäßig beschaffene Wiese oder im Gegenteil durch eine abwechslungsreich strukturierte Landschaft, zeigt sie eine jeweils gleich lange Flugstrecke mit unterschiedlich langen Schwänzelzeiten an. Eine reich strukturierte Landschaft reizt den Kilometerzähler der Bienen stärker als eine einförmige Umgebung, die Dauer der Schwänzelphase wird länger durch den höheren optischen Fluss. Fliegen Bienen zu Futterstellen, die gleich weit entfernt sind, aber in unterschiedlichen Himmelsrichtungen liegen, können Tänze resultieren, deren Schwänzelphasen sich in ihrer Länge und damit in ihren Entfernungsangaben um einen Faktor zwei oder mehr unterscheiden. Eine Schwänzelphase von 500 Millisekunden kann bei einem Flug nach Süden eine Strecke von 250 Metern und bei einem Flug vom gleichen Stock nach Westen eine Strecke von 500 Metern bedeuten (59).

Werden optisch gemusterte Tunnel, durch die dressierte Bienen zu einer Futterstelle fliegen, in unterschiedlicher Distanz vom Bienenstock aufgebaut, ergeben sich Schwänzelzeiten, die nicht alleine durch den optischen Fluss erklärbar sind. Kommt dann doch eine weitere Möglichkeit der Entfernungsmessung hinzu? Es bleiben viele Fragen offen.

Die Abhängigkeit der Dauer der Schwänzelphase von der optischen Beschaffenheit der Flugstrecke, aus der die Tänzerin die Eindrücke gezogen hat, die sie im Tanz umsetzt, führt zu einer notwendigen Forderung (Hilfshypothese) zum Rekrutierungsverhalten der Honigbienen: Die rekrutierten Sammelbienen müssen auf der genau gleichen Flugroute und in der gleichen Flughöhe wie die Tänzerin durch die

Landschaft zum Futterplatz fliegen. Nur so erleben sie den gleichen optischen Fluss wie die Tänzerin und nur so können sie gemäß dieser Vorstellung die Entfernungsinformation richtig umsetzen.

Betrachtet man die Futterplatzrekrutierung als Fernorientierung mit ihren drei Phasen, wird diese Hilfshypothese überflüssig, ungenaue Tanzangaben sind absolut ausreichend. Der Tanz kommt lediglich in der ersten Phase der Fernorientierung zum Einsatz.

Bienen sprechen unterschiedliche Dialekte

Karl von Frisch fasste in einer seiner Publikationen Arbeiten zur Entfernungsweisung bei unterschiedlichen Rassen und Arten der Honigbiene zusammen (78). Demnach ändert sich die zeitliche Struktur der Schwänzeltänze der Rassen und Arten bei allen untersuchten Bienen gleichsinnig mit zunehmender Entfernung der Futterstelle, aber mit unterschiedlichen Raten. Gleiche Zeiten in den Tänzen weisen auf unterschiedlich weite Flugstrecken. Danach wurden Bienenrassen und -arten dialektale Einfärbungen in ihrer Tanzsprache zugeschrieben (19).

Da solche Unterschiede auch durch verschiedene optische Flüsse während der Flüge zur Futterstelle entstehen können, falls die Struktur der Landschaft entsprechende Unterschiede aufweist (238), ist unklar, ob es Dialekte in von Frischs Verständnis tatsächlich gibt oder ob von Frischs Beobachtung lediglich auf unterschiedliche Versuchsbedingungen hinweist. Eine vergleichende Studie aus jüngerer Zeit, in der Sammlerinnen dreier Bienenarten auf derselben Flugstrecke und somit in derselben Umgebung unterwegs waren, hat die Existenz von Dialekten bestätigt und wurde hinsichtlich einer Anpassung an den jeweiligen Lebensraum diskutiert (141).

Die Umsetzung des optischen Eindrucks während des Fluges zu einer Futterstelle in die Dauer der Schwänzelphase wird demnach bestimmt von der Struktur der Landschaft und fällt je nach Bienenart und Rasse unterschiedlich aus.

Bienen können Zeit wahrnehmen

Von Frisch war nicht nur aufgefallen, dass sich die Tanzfigur mit der Lage des Futterplatzes ändert, sondern dass sie sich bei gleichbleibender Position der Futterstelle auch mit der Zeit verändert. Das muss auch so sein, da die wandernde Sonne die Bezugsrichtung für die Orientierung der Flüge im Feld darstellt (Abb. 27). Der Zeitsinn der Bienen sorgt dafür, dass das Weiterwandern der Sonne und damit die Änderung der Bezugsrichtung in der Tanzfigur abgebildet wird, auch wenn zwischen den Sammelflügen und dem Tanzverhalten eine längere Zeit verstreicht (202, 203).

Dass Bienen einen Zeitsinn besitzen, haben Naturforscher schon früh erkannt. Grundlage dafür war die Beobachtung, dass Blütenpflanzen zu unterschiedlichen Tageszeiten ihre Blüten öffnen und schließen. Der berühmte schwedische Naturforscher Carl von Linné (1707–1778) entwarf eine Blumenuhr: Er fand für jede Stunde im Tagesverlauf eine geeignete Blumenart, die in einem Rundbeet entsprechend angeordnet werden sollten – dank der Besuchsfrequenz der Bienen ließ sich so die Zeit ablesen (154).

Als Anpassung an das zeitlich unterschiedliche Auftreten der Blühangebote haben die Honigbienen die Fähigkeit hervorgebracht, ihren Zeitsinn mit ihrem Ortsgedächtnis zu verknüpfen, um zu erlernen, wann und wo es etwas für sie zu holen gibt (195, 196, 290).

WAS ES MIT DEN VEKTOREN UND DEN BIENEN AUF SICH HAT

Eine vereinfachende mathematische Denkweise und Begriffsbildung führt auch in der Biologie zu Abstraktionen, die in Hypothesen- und Modellbildungen eingesetzt werden können. In Falle der Tanzsprache führte sie zu einer Unterstreichung der Bedeutung der Tanzinformation.

In der analytischen Geometrie ist die Vorstellung von Vektoren eine der zentralen Ideen. Vektorielle Größen werden dabei als Pfeile dargestellt, die in eine Richtung weisen und deren Länge einem Zahlenwert entspricht. Von einem Fußpunkt ausgehend, können Vektoren somit Punkte als die Spitzen der Pfeile in einer Fläche oder im Raum festlegen. Vektoren leisten in Form von Polarkoordinaten in dieser Hinsicht das Gleiche wie sogenannte kartesische Koordinatensysteme, die über entsprechende Achsenwerte Punkte in der Fläche oder im Raum festlegen.

Weist ein Vektor von einem festen Ausgangspunkt hin zu einem Ort, spricht man von Ortsvektor. Für die Nutzung in der Erforschung der Tanzkommunikation bei Honigbienen, in der es um Richtungen und Entfernungen vom Bienenstock zu einem Ziel geht, das die Bienen anfliegen, erschien die Anwendung der Vektorbetrachtung wie geschaffen.

Vektoren weisen auf gedachte Zielpunkte im Feld

In den Schriften von Karl von Frisch oder seiner Vorgänger findet man den Vektorbegriff noch nicht. Der Vektorbegriff erscheint in der Bienenliteratur erst mit der Idee, aus den gemessenen Parametern der Bienentänze Zielpunkte zu berechnen, die diese Tänze anzeigen sollen. Bei von Frisch findet man zur Ermittlung von Zielpunkten aus dem Beobachten und Vermessen von Tänzen lediglich anekdotische Schilderungen. So wird beschrieben, wie einzelne Personen aus der Beobachtung von Tänzen und deren Vermessung mit Winkelmesser und Stoppuhr im Feld versteckte Futterstellen gesucht und gefunden haben.

Für die Durchführung entsprechender Vektorberechnungen bei Bienen sind die Sammelbienen, die einen Futterplatz besuchen, die Datenlieferanten. Individuell gekennzeichnete Bienen werden nach ihrer Rückkehr im Bienenstock an der Markierung erkannt und ihre Tänze vermessen (zur Frage der Genauigkeit siehe Kapitel *Die Vermessung der Tanzfigur in Raum und Zeit*). Aus dem Bewegungsmuster jedes Tanzes (Richtung und Zeitdauer der Schwänzelphase) wird ein Vektor berechnet, der einen gedachten Zielpunkt im Feld markiert. Dafür wird der Richtungswert direkt aus der Ausrichtung der Schwänzelphase übernommen, die Entfernung hingegen meist aus der klassischen Kurve von Karl von Frisch (78, Abb. 61) abgelesen oder aus einem Kalibrierfaktor berechnet.

Der formale Ansatz, aus den Tänzen der Bienen Vektoren zu berechnen und somit Zielpunkte zu identifizieren, eröffnet auch modernen Datenerfassungs- und Verarbeitungsmethoden die Möglichkeit, die relevanten Tanzparameter automatisiert zu erfassen, daraus die Zielpunkte automatisiert zu berechnen und in Landkarten einzutragen (siehe Abb. 30; 200, 276).

Durch die Erstellung von Vektoren aus Beobachtungen und Messungen an Tänzen werden gedachte abgeleitete Größen (Punkte in der

Landschaft) erschaffen, die zunächst nur in der Vorstellung der Forschenden als konkrete Orte existieren, die es aber erlauben, Vorhersagen aus den Grundannahmen über die Bienenkommunikation zu überprüfen.

Welche Vorhersagen könnten das sein? Die zentrale und wichtigste Vorhersage, abgeleitet aus der Tanzsprache, lautet: Die Rekruten treffen an den Zielpunkten ein, für die im Bienentanz geworben wird. Ist das so?

An den aus Tanzbewegungen berechneten Vektorenspitzen in der Landschaft stellen sich nur dann Rekruten ein, wenn zu diesen Orten erfahrene und dafür im Stock tanzende Sammelbienen fliegen oder dort duftende Blüten stehen. Ansonsten fehlen in solchen Fällen die zielführenden Hilfen.

Das Ausbleiben der Rekruten an solchen Zielen erklärt man klassischerweise, indem man argumentiert, dass die Rekruten zwar den Angaben aus dem Tanz folgen und am Ziel ankommen sollen, ihnen aber dort die Motivation zum Landen fehlt und man sie deshalb dort nicht findet. So fügt sich auch diese Vorstellung in das klassische Bild zum Bienentanz ein (siehe Abb. 12).

Berechnet man einen Vektor aus einer Winkel- und einer Entfernungsangabe, erhält man einen Zielpunkt. Tatsächlich aber erlauben Ablesefehler und Variabilität der Tanzparameter im besten Fall, Wahrscheinlichkeiten und Abweichungen vom wahren Ziel anzugeben. Zur Variabilität von Tänzen, die auf dasselbe Ziel weisen, haben De Marco und Mitarbeitende umfassende Analysen angestellt. Dabei ergab sich aus einem komplexen Berechnungsprozess, dass für ein Ziel in 215 Metern Entfernung vom Bienenstock Tänze mit mindestens vierzig Schwänzelbewegungen noch eine Abweichung von fünf Winkelgrad ergaben, was einem seitlichen Verpassen des Zieles von achtzehn Metern entsprechen würde. Der Fehler für die Winkelanzeige wächst, je weniger Schwänzelbewegungen eine Schwänzelphase umfasst und je weniger Tänze ein Rekrut verfolgt (42).

Statt nur einen Zielpunkt beschreibt der Bienentanz ein ganzes Zielareal

Anstelle eines Zielpunktes müsste für jeden einzelnen Tanz ein Zielareal angegeben werden, in dem mit einer gewissen Wahrscheinlichkeit das tatsächliche Ziel liegt. Die strenge mathematische Vektoren-Behandlung bringt eine Schärfe und formale Genauigkeit in die Aussagen, die den verwaschenen Rohdaten aus den Tänzen in keiner Weise entsprechen.

Übersetzt man aber trotzdem mit mathematischer Präzision Richtungs- und Entfernungswerte, die man einzelnen Tanzfiguren entnommen hat, in Vektoren und bestimmt aus den Vektoren fiktive Zielpunkte im Feld, zeigt sich, dass selbst für unveränderte Standorte von Bienenstock und Futterplatz diese berechneten Zielpunkte über einen weiten Bereich der Landschaft verstreut liegen (siehe Abb. 30).

Die Situation, die in Abbildung 30 bespielhaft illustriert ist, lässt sich unter drei unterschiedlichen Blickwinkeln weiterbehandeln: 1. Man übersetzt diese fiktiven Zielpunkte nicht in konkrete Orte in der Landschaft, sondern sieht in den Daten ein ›Informationsrauschen‹, mit dem die Rekruten klarkommen müssen, um den beworbenen Zielpunkt zu erreichen; oder 2. man nimmt für diese nach einem Rechenverfahren ermittelten Zielpunkte eine reale Entsprechung draußen in der Landschaft an, danach existiert jeder Punkt tatsächlich als Ziel und wird von den Rekruten angeflogen; oder aber 3. man nimmt an, dass die Tanzinformation den Neulingen keineswegs das Ziel anzeigt, sondern sie in das Areal führt, in dem sie mit hoher Wahrscheinlichkeit auf zielführende Hilfen treffen – man sieht die Rekrutierung also als Fernorientierung.

Die beiden ersten Blickwinkel geben ein wunderbares Beispiel für komplett unterschiedliche Auffassungen zur Tanzsprache der Honigbienen, in denen sich zwei grundsätzliche Blickrichtungen in der Biologie wiederfinden. Nur in den Lebenswissenschaften macht es Sinn, die Frage nach dem Warum auf zweierlei Weisen zu stellen und zu beantworten. Das unklare Warum lässt sich einerseits als eine Frage nach dem Wieso stellen. Damit interessiert man sich für die kausalen Zusammenhänge, die Mechanismen, die einem Phänomen zugrunde liegen. Oder man kann das Wieso andererseits als Wozu verstehen. Dann interessiert man sich für den Zweck eines Geschehens. Die letzte Frage macht nur in den Lebenswissenschaften Sinn, man wird keinen Physiker nach dem Zweck der Pendelgesetze fragen. Allerdings sollten Antworten auf beide Fragen zum selben Phänomen nicht zu Widersprüchen führen, wenn beide als richtig akzeptiert werden sollen.

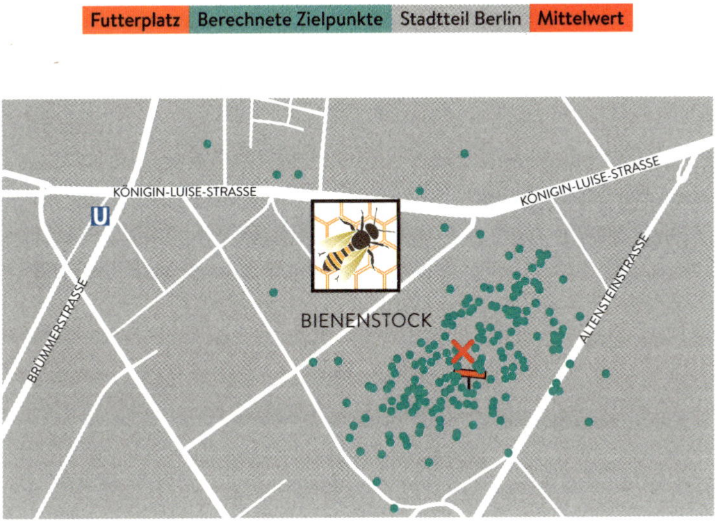

Abb. 30

Die Abbildung zeigt einen Bienenstock in Berlin. Die Bienen waren auf einen Futterplatz in 234 Metern Entfernung vom Bienenstock dressiert (orange markiert). In Türkis sind die Zielpunkte angegeben, die sich aus 192 Tänzen von Sammelbienen ablesen ließen (nach 200). Das rote Kreuz markiert den Ort, der als statistischer Mittelwert aus allen Einzelwerten berechnet wurde. Deutlich werden die große Streuung und die Ungenauigkeit der Tanzinformationen.

Die Forschung berechnet Mittelwerte – die Bienen auch?

Die beiden Tatsachen, die breite Streuung der berechneten Vektoren und das punktgenaue Eintreffen der Rekruten an dem Futterplatz, für den die Tänzerinnen werben, stellt für die klassische Vorstellung zum Bienentanz (Abb. 12) ein Problem dar. Es stellt sich hier die Frage nach dem Mechanismus der Vorgänge, die dafür sorgen, dass die Rekruten trotz unklarer Ansage am Zielort eintreffen. Die Forschenden, die sich mit diesem Problem befassen, übertragen die fiktiven Vektor-Endpunkte nicht eins zu eins als Ziele in die Landschaft, sondern sie fragen danach, wie die Rekruten trotz der ›verrauschten‹ Ansage punktgenau an dem einen Ziel eintreffen können, für das die Tänze werben. Am Ende sollte ein einziger Vektor mit der richtigen Ausrichtung und Länge die Rekruten zum Ziel bringen. Welche Lösung haben die Bienen ganz offenbar gefunden?

Bereits dem Altmeister und Erforscher der Bienentänze, Karl von Frisch, war durch bloßes Zuschauen bei den Tänzen nicht entgangen, dass das hier angesprochene Problem vorlag:

> »Die durch die Tänze ausgesandten Bienen fliegen das Ziel mit größerer Genauigkeit an, als nach der Streuung der einzelnen Schwänzelzeiten zu erwarten wäre.« (80, S. 263)

Wie ist es also möglich, dass Rekruten punktgenau an dem Ort landen, von dem eine Tänzerin herkommt und für den sie wirbt, wo doch die Tänze selbst sehr ›schlampige‹ Angaben beinhalten? Seine Lösung:

> »Man kann daraus entnehmen, daß sie bei der Verfolgung der Tänze mehrere Einzelwerte mitteln.« (80, S. 263)

Diese Idee wurde von vielen Bienenforschern und -forscherinnen übernommen und in der Tat geben aus vielen Tänzen gemittelte Werte das richtige Ziel umso besser an, je mehr Einzelwerte gemittelt werden (siehe Abb. 30).

Ein solches Resultat, das Herausrechnen des richtigen Zieles unter Einsatz statistischer Methoden, ist zu erwarten, wenn Einzelwerte symmetrisch um den wahren (richtigen) Mittelwert verteilt liegen. Ein Schütze, der an einem Ziel rechts wie links gleich häufig und gleich weit vorbeischießt, darf für sich in Anspruch nehmen, im statistischen Mittel das Ziel genau getroffen zu haben. Man darf sich dazu allerdings nicht die Einschüsse auf seiner Zielscheibe anschauen. Nimmt man also an, dass Rekruten die Angaben aus Tänzen mitteln, dabei zum richtigen Resultat kommen und danach das beworbene Ziel erreichen, muss eine weitere Hilfshypothese eingeführt werden. Die Einzelwerte, die von den Rekruten aus der Masse des Werteangebotes genommen werden, müssen gleichmäßig rechts-falsch und links-falsch verteilt sein, sonst ergibt die Berechnung eines Mittelwertes nicht die richtige Richtung.

Selbst wenn aus einer Mittelwertbildung vieler Einzelwerte zuverlässige Angaben über den Zielort zu berechnen sind, die umso zutreffender sind, je größer der Datenumfang, ist eine solche statistische Betrachtung für eine Sammelbiene unerheblich, die aufbricht, das Ziel zu finden, für das eine Tänzerin wirbt. Ihr ist nur ein kleiner, zufällig zustande gekommener Ausschnitt aller Tänze, die einen Ort bewerben, bekannt. Die rekrutierten Bienen können keine Vorstellung darüber haben, wie richtig oder falsch diese Daten sind. Die Tänze sind für sie ›halbwahr‹.

Ist es für die Bienenkolonie sinnvoll, wenn Rekruten ihr Ziel verfehlen?

Andere Forscher und Forscherinnen fragten nach einer biologischen Bedeutung, dem Wozu, der Vektorstreuung und übertrugen die berechneten fiktiven Zielpunkte nun als reale Ziele in eine Landschaft, über die sie dann entsprechend verteilt sind und nach dieser Vorstellung dort von Neulingen angeflogen werden. Sie sehen in der breiten Streuung von Zielpunkten kein Problem, sondern im Gegenteil einen adaptiven Vorteil für die Bienenkolonien. Folglich stellen sie auch keine Hypothesen dazu auf, wie Rekruten trotz ›unklarer Ansage‹ einen bestimmten Zielpunkt erreichen, indem sie ihn aus voneinander abweichenden Informationen herausrechnen. Diese Hypothesen zielen vielmehr darauf, wieso gerade das Nicht-Erreichen eines eng definierten Zieles für die Kolonie vorteilhaft sein könnte.

In ihrer Betrachtung der Streuung der Zielpunkte in der Landschaft geht dieser Forschungsansatz nicht davon aus, dass in den Tänzen Informationen stecken, die die Rekruten zu einem einzigen, ganz bestimmten Ziel führen, sondern postuliert, dass die unterschiedlichen Zielpunktangaben von den Rekruten ernst genommen und befolgt werden. Das sollte zwangsläufig dazu führen, dass die Rekruten sich entsprechend der Zielpunkte im Feld verteilen. Die hohe Variabilität in den Tänzen ist nach dieser Überlegung für die Kolonie insgesamt von Vorteil (89, 265, 267, 281). Erstreckt sich die Verteilung der Bienen dann über einen optimal ausgedehnten Bereich, sorgt dies dafür, dass die Sammelbienen einer Kolonie nicht zu dicht nebeneinander sammeln. Davon kann die Kolonie insgesamt profitieren, da viele neue Blütenziele angeflogen werden. Die Ungenauigkeit der Tänze besitzt nach dieser Vorstellung einen Zweck.

Eine genaue Befolgung der gestreuten Richtungsangaben aus den Tänzen diente als Grundlage in computerbasierten Modellierungen (191, 192), in denen berechnet wurde, welchen Vorteil für eine Bienenkolonie eine entsprechende Verteilung der Bienen im Feld hätte. So wurden aus Beobachtungen im Bienenstock und Modellrechnungen Vorgänge im Feld abgeleitet, für die keine Beobachtungen oder Messungen vorlagen, mit denen man die Vorhersagen hätte vergleichen können (denn, wie gesagt, dieser Bereich ist der blinde Fleck der Bienenforschung).

In der Fachwelt gibt es immer weniger Anhänger dieser Auffassung. Anstatt anzunehmen, dass die Ungenauigkeit der Tänze einen Zweck erfüllt, gehen viele Bienenforscher und -forscherinnen heute davon aus, dass die Tänzerinnen einfach nicht präziser tanzen können (199, 250, 251, 253). Dafür spricht auch die Tatsache, dass die Tänze unterschiedlich stark variieren je nachdem, nach welcher äußeren Reizquelle sich die Tänzerin richtet – die Variationsbreite von Tänzen, die sich nach einer Lichtquelle ausrichten, ist geringer als die von schwerkraftbezogenen Tänzen im dunklen Bienenstock (251, 253).

Der wachsende Zweifel an der Hypothese, dass die ungenaue Tanzkommunikation einen Zweck hat, macht auch eine weitere damit zusammenhängende Hypothese überflüssig. Sollten nämlich beide Vorstellungen zum Umgang der Bienen mit den ›verrauschten‹ Angaben über die Lage des Zieles zutreffen, müssten die Bienen wahlweise entweder aus Tänzen Mittelwerte bestimmen können und danach ein bestimmtes Ziel anfliegen, das auch die Tänzerin besucht. Ober sie entscheiden sich dafür, aus Tänzen keine Mittelwerte zu bilden und verteilen sich somit im Feld.

Demgegenüber ist es auch denkbar, dass keine der beiden Erklärungen zutrifft. Geht man von der groben Ortsangabe im Tanz aus, die für die Rekruten entsprechend vage hilfreich ist, können sie nur durch Anschlussreize im Feld zu einem konkreten Ziel gebracht werden. Der wissenschaftliche Disput um Sinn und Bedeutung der Ungenauigkeit der Tänze würde keine Grundlage mehr besitzen, wenn man die ›halbwahre‹ Information aus den Tänzen als die erste Stufe einer zielführenden Kette in der Fernorientierung betrachten würde, die im Feld mit nachfolgenden genaueren Informationen Rekruten zum beworbenen Punkt bringt. Die Rekruten müssten demnach weder Mittelwertberechnungen anstellen noch sich optimal im Feld verteilen. Es würde genügen, dass sie zum grob angegebenen Zielgebiet aufbrechen und dann dort das nutzen, was sie an Hilfen antreffen, um zum Ziel zu kommen.

^ Abb. 31

Bienen, die einen ihnen neuen Futterplatz anfliegen, den eine andere Biene im Tanz beworben hat, durchlaufen, wenn eine Fernorientierung nötig ist drei Phasen, bis sie das Ziel erreichen: 1. Sie schlagen eine Richtung ein, dabei folgen sie der Information aus dem Tanz (SCHICKEN – gelber Sektor) und orientieren sich dabei an der Sonne; 2. sie erreichen ein Suchareal (SUCHEN – grüner Sektor), dessen Ausdehnung von äußeren und inneren Faktoren der Rekruten abhängt; 3. sie treffen auf die zielführenden Reize, den Duft von Blüten und die Signale der Tänzerinnen, die die Kommunikation im Feld fortsetzen (LOCKEN – roter Sektor).

Wie die ökologische Forschung die Tanzdaten der Bienen nutzt

Ortsangaben, abgelesen aus den Tänzen der Bienen, sind Grundlage für Studien, die ihren Fokus auf die Bestäubung von Blütenpflanzen, insbesondere von Kulturpflanzen in Agrarlandschaften, durch Honigbienen legen. Dabei wird aus den Tanzfiguren abgelesen, welche Areale von der jeweils studierten Bienenkolonie besucht werden und wie sich deren geografische Muster zeitlich und räumlich im Jahresverlauf verändern (15, 34, 35, 36, 224, 249). Die Pionierarbeit hierzu stammt wieder aus von Frischs Arbeitsgruppe von dessen Doktorandin Herta Knaffl (140), die erstmals den Gedanken umsetzte, über die Tänze einen Eindruck von den Sammelarealen eines Bienenvolkes zu gewinnen.

Auch hier findet eine gedachte Projektion von den Zielen, die aus den Tänzen herausgelesen werden, in die Landschaft statt. Grundlage ist das klassische Modell von Karl von Frisch (siehe Abb. 12). Die statistische Behandlung von Messgrößen aus Bienentänzen erbringt Mittelwerte der Richtungs- und Entfernungsdaten, die sehr nahe am wahren Zielpunkt liegen (siehe Abb. 30). Diese Mittelwerte sind umso zuverlässiger, je größer der Datenumfang ist, der in die Berechnungen eingeht.

Für die Betrachtung der Halbwahrheiten im Bienentanz erscheint die Bayessche Statistik besser geeignet als die konventionelle Statistik, die nur danach fragt, ob eine Hypothese richtig oder falsch ist. In der Bayesschen Statistik werden hingegen Wahrscheinlichkeiten abgefragt, die mit unendlich vielen Zwischenstufen von »falsch, unglaubwürdig« bis »wahr, glaubwürdig« reichen und somit auch halbwahre Aussagen zulassen. Eine bestimmte Form der Simulation (Markov-Ketten-Monte-Carlo-Verfahren), verknüpft mit einer Bayesschen Betrachtung von Dauer und Ausrichtung der Schwänzelphasen, ergibt eine bestimmte Wahrscheinlichkeitsverteilung für die Position des Zieles, für das die Tänzerinnen werben (226).

Auf dieser Basis werden Rechenvorschriften (Algorithmen) entwickelt, die aus Schwänzeltänzen eine möglichst genaue Bestimmung von Ortsangaben erlauben. Dabei hat sich gezeigt, dass die Resultate dann ein bekanntes Ziel am besten angeben, wenn aus der Analyse einzelner Tänze deren erste und letzte Tanzrunden herausgelassen werden (34).

Eine solche Analyse von der höheren Warte der Wissenschaftlerinnen und Wissenschaftler, die, anders als die Nachtänzerinnen, eine Gesamtschau über viele Daten besitzen, die Tänze in ihre Bestandteile zerlegen können und über entsprechende mathematische Methoden und über leistungsstarke Rechner verfügen, liefert brauchbare Informationen und Antworten zur wahren Lage eines Zieles für Sammelbienen.

Die Verwendung der so gewonnenen Ortsdaten ist für ökologische Studien brauchbar und sinnvoll, sollte aber nicht zu der Annahme verführen, die Nachtänzerinnen seien in der Lage, zu ähnlich zuverlässigen Resultaten zu kommen.

In entsprechenden ökologischen Studien verschmelzen die berechneten Zielpunkte dann zu Zielflächen (188, 189), also im Grunde wieder keine punktuellen Ortsangaben. So schließt sich über aufwendige Rechenmethoden der Kreis und man nimmt grob eingegrenzte Zielareale an, wie sie als Ausgangsdaten in der Ungenauigkeit der Schwänzeltänze stecken.

VON ROBO-BIENEN UND RADARTECHNIK

Die Vektoridee in der Kommunikationsforschung der Honigbienen und die damit verbundene Formalisierung und Mathematisierung der Vorstellung und Erforschung des Rekrutierungsverhaltens der Bienen hat zu einer Reihe interdisziplinärer Fragen, Ansätze und Forschungsprojekte geführt.

Fächerübergreifendes Denken bringt meist neue Ideen und Hypothesen hervor, in diesem Fall einen neuen methodischen Ansatz als Verifikationsversuch des Tanzsprachenmodells (Abb. 12) zur Kommunikation der Richtung zum Ziel.

Die Robo-Biene gibt sich die Ehre

Es ist leicht nachvollziehbar, wieso gerade die Pioniere einer formalen Kommunikationsforschung zum Informationsgehalt im Schwänzeltanz der Honigbienen (siehe S. 168 ff.; 113) noch vor den Biologen auf die Idee kamen, die Informationsübermittlung von einer Tänzerin an die Nachtänzerinnen zu technisieren. Deren Gedanke: Durch den Einsatz künstlicher mechanischer Tänzerinnen ließe sich die übertragene Informationsmenge beliebig erhöhen, und es ließe sich studieren, ob die Nachtänzerinnen prinzipiell in der Lage sind, mehr Information aufzunehmen, als die ›halbwahren‹ Tanzbewegungen der richtigen Bienen senden können. Die übertragene Informationsmenge ließe sich dadurch erhöhen, dass die Unsicherheiten, die durch die hohe Variabilität, die in natürlichen Tänzen auftritt, durch schwankungsfreie klar definierte ›Standardtänze‹ ausgeschaltet werden. Und es ließe sich studieren, welche der Tanzparameter in der Kommunikation relevant sind.

Konzeptioneller Ausgangspunkt für die Experimente mit künstlichen mechanischen Tänzerinnen in allen bisher publizierten Versuchen war die Tanzsprache und die ihr zugesprochene Schlüsselrolle für das Auffinden eines Zieles im Feld. Das Ziel dieser Arbeiten war somit, Rekruten zu den Punkten im Feld zu schicken, deren Richtung und Entfernung vom Bienenstock in den identisch reproduzierbaren Tänzen der mechanischen Bienen angegeben waren.

Der Bewegungsablauf einer mechanischen Tänzerin lässt sich sehr präzise einrichten, eine solche Robo-Biene zeigt keine Variation im Tanz und somit keine Unsicherheit oder Unklarheit in der Nachricht, die sie sendet. Ihre Schwänzelphase kann, anders als die einer lebenden Honigbiene, auf einen Winkelgrad genau die Richtung zu einem Ziel angeben.

Mit einer funktionierenden mechanischen Tänzerin müsste sich ganz grundsätzlich testen lassen, ob die Tanzinformation hinreichend ist, Rekruten ins Ziel zu bringen, wie eine zentrale These behauptet (38, 49, 50).

Eine methodische Voraussetzung für das Gelingen des Einsatzes künstlicher Tänzerinnen ist es, die Signalwege zu imitieren, die im Schwänzeltanz in der Informationsübertragung von der Tänzerin auf die Nachtänzerinnen relevant sind.

Das entsprechende Forschungsprogramm muss demnach damit beginnen, die mechanische Biene so einzurichten, dass sie bei Arbeitsbienen im Stock das gleiche Verhalten auslöst wie eine lebende Tänzerin. Die zunehmende Komplexität im Aufbau der künstlichen Bienen im Laufe der Bemühungen der Wissenschaft über Jahrzehnte hinweg spiegelt die praktischen Probleme beim Erreichen dieses Zieles wider.

Eine Attrappe, die über alle relevanten Merkmale einer lebenden Tänzerin verfügt, sollte funktionieren und Rekruten zu einem Ziel (Abb. 12 – die Auffassung, eine Tanzsprache liegt vor) oder in ein Zielgebiet (Abb. 31 – die Auffassung, eine Fernorientierung liegt vor) schicken.

Erste Versuche mit künstlichen Tänzerinnen

Einen ersten Schritt ging Wolfgang Steche mit einem einfachen Objekt in Bienengröße, das er zwischen Bienen über eine Wabe hinwegbewegte (246). Diese Experimente kommentierte Karl von Frisch wie folgt:

> »Er meinte, dadurch gezielte Anflüge erreicht zu haben, doch sind seine Angaben sehr ungenau und spätere Wiederholungen verliefen ergebnislos.« (78, S. 103)

Es ist bemerkenswert, dass diese strenge Beurteilung so oder in abgeschwächter Form auch auf alle vergleichbar angelegten Experimente der folgenden etwa fünfzig Jahre angewandt werden kann, wie hier gezeigt werden wird.

Esch (53, 55) ging einen großen Schritt weiter. Für seine Modelle (bienengroße Holzstückchen oder mit Paraffin überzogene tote Bienen) konstruierte er ein System, mit dem das Modell in Tanzbewegungen versetzt werden konnte. Die apparativen Komponenten waren ein Antriebsmotor, eine mechanische Führung, die das Modell in einer Tanzspur über der Wabe herumführte und ein elektromagnetisches Antriebssystem für eine Schwänzelbewegung von fünfzehn Hertz. Die zuverlässigste Reaktion, die Esch mit dieser Attrappe bei den Sammelbienen im Stock auslösen konnte, waren Angriffe auf das Modell – die Bienen versuchten, es zu stechen (55). Esch fasste die Resultate dieser Attrappen-Experimente wie folgt zusammen:

> »[Der Attrappe, J. T.] gelingt es nicht, mit ihr Stockbienen zum Ausflug an einen bestimmten Futterplatz zu bewegen. Ihr fehlt ein entscheidend wichtiges Merkmal.« (55, S. 544)

Welches Merkmal fehlte, konnte Esch nicht klären.

Im Rahmen seiner Dissertation setzte Gould (95) eine künstliche Tänzerin ein, die sich entsprechend bewegen konnte und im Vergleich zu ihren Vorläufern wiederum etwas komplexer angelegt war. So konnten aus einem dünnen Schlauch am Vorderende des Modells an Arbeiterinnen Futterproben abgegeben und damit ein wichtiges Verhalten der Tänzerinnen imitiert werden. Gould brachte in seinem Bemühen, lebende Tänzerinnen möglichst vollständig nachzuahmen, zwei weitere Reizquellen in seine Attrappenversuche ein: Vibrationen, die er direkt in die Waben einleitete, sowie Düfte, mit denen er seine Attrappen beladen hatte. Auch in diesen Experimenten konnte keine Rekrutierung zu einem Futterplatz erreicht werden.

Die Herausforderung, eine funktionierende mechanische Tänzerin zu entwickeln, wurde einige Jahre nach Gould erneut von Axel Michelsen und Mitarbeitenden aufgenommen. Deren Attrappe, ein wachsüberzogener Körper aus Messing, besaß als Weiterentwicklung aus einer Rasierklinge geschnittene Flügel, sodass nun zusätzlich zu all dem, was Goulds Attrappe bot, auch Nahfeldschall mit einer Frequenz von 280 Hertz und Luftströmungen erzeugt werden konnten. Deren Intensität und Zeitmuster entsprachen dem, was an lebenden Tänzerinnen gemessen worden war. Diese Attrappe wurde in mehreren Sommern in Beobachtungsstöcken eingesetzt, während gleichzeitig an Kontrollstationen im Feld erfasst wurde, wie oft eine fliegende Biene in deren Nähe gesehen wurde (174, 175). Mehrfache Zählungen derselben Bienen waren so nicht auszuschließen, was insbesondere angesichts der sehr kleinen Zahlenwerte zu Problemen in der statistischen Bearbeitung der Resultate führte und deren Aussagekraft deutlich abschwächte. Viel gravierender war aber das offensichtliche Fehlen von Nachtanzverhalten im Bienenstock. In den Publikationen und in verfügbaren Videoaufnahmen wurden als Reaktionen von Arbeiterinnen gegenüber der Attrappe lediglich Angriffe auf das Modell beobachtet und beschrieben (172, 174, 175). Eine Attrappe würde sich aber nur dann in eine Tanzkommunikation einklinken können, wenn es gelänge, bei Arbeiterinnen ein normales Nachtanzverhalten auszulösen.

Der RoboBee gelingt als erster künstlicher Biene ein Bienenballett

In dem Bemühen um eine funktionierende Tänzerin-Attrappe kam eine interdisziplinär zusammengesetzte Forschungsgruppe in Berlin sehr viel weiter. Das ferne Ziel eines mehrjährigen Projektes war es dabei, die Flugrouten von Nachtänzerinnen, die vor ihrem Ausflug im Stock den Tänzen einer Robo-Biene namens RoboBee gefolgt waren, mittels Radar zu verfolgen und aufzuzeichnen. Da dieser experimentelle Ansatz im Prinzip dafür geeignet ist zu überprüfen, was alleine die Tanzinformation bei Nachtänzerinnen erreichen kann, lohnt sich ein genauer Blick auf diesen Versuch.

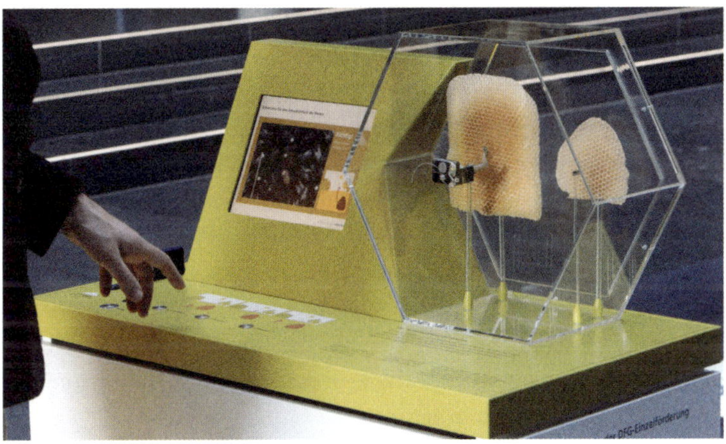

˄ Abb. 32

Im Rahmen der Ausstellung *Von der Idee zur Erkenntnis* stellte die DFG von März 2012 bis Februar 2015 herausragende Forschungsprojekte vor, so auch *Darf ich bitten … RoboBee?* In diesem Projekt, das eine künstliche Tänzerin nutzte, um das Verhalten der Nachtänzerinnen zu studieren, konnten 2011 für vier Bienen deren Flugspuren erfasst werden, nachdem diese einem RoboBee-Tanz gefolgt waren (144; siehe S. 155 ff.).

Der Versuchsansatz mit künstlichen Bienentänzerinnen und einer Radarverfolgung ausfliegender (echter) Bienen gehört zu den komplexesten und eindrucksvollsten Experimenten der bisherigen Erforschung der Kommunikation bei Honigbienen.

In der ersten Projektstufe entwickelte die Forschungsgruppe, ähnlich wie vor ihnen andere, eine Attrappe, die sich auf einer Spur über die Wabe bewegen ließ, die der idealisierten Fortbewegung einer natürlichen Tänzerin entsprach. Die entsprechenden Tanzparameter lebender Tänzerinnen wurden mit automatischen Bewegungsaufzeichnungssystemen erfasst, analysiert, zu mathematisch darstellbaren Formen vereinfacht und für das Bewegungsmuster der RoboBee eingesetzt (145, 275, 276). Die RoboBee konnte vieles, was eine lebende Tänzerin auszeichnet: Sie konnte kleine Futterproben abgeben, sie konnte über flügelartige Flächen Vibrationen an die umgebende Luft vermitteln, sie war warm. Von der RoboBee ging außerdem ein relevantes Signal aus – Pfefferminzduft, identisch mit dem Duft an den künstlichen Futterstellen –, das Arbeiterinnen auch dann dazu veranlasste, ihnen bereits bekannte Futterplätze anzufliegen, wenn sie vorher gegenüber der RoboBee kein Nachtanzverhalten gezeigt hatten. Dies war eine weitere Bestätigung der Entdeckung zur Bedeutung des Blütendufts von Karl von Frisch: Blütenduft an einer Tänzerin oder das einfache Einbringen dieses Duftes in den Bienenstock veranlasst erfahrene Bienen zu den gleichduftenden Orten auszufliegen, an denen sie bereits gesammelt haben.

Untersucht werden sollte nun, ob die RoboBee lebende Bienen dazu veranlassen konnte, ihre Tanzinformation für Ausflüge zu dabei beworbenen Zielen zu nutzen.

Durch technische Veränderungen am Versuchsaufbau gelang der Berliner Gruppe im Vergleich mit allen vorangegangenen Attrappenversuchen ein Durchbruch: Die RoboBee lockte im Stock Sammelbienen an, die sich im Tanz mit ihr bewegten (144, 146). Es konnten insgesamt 78 Ballettfiguren aus RoboBee und lebenden Bienen beobachtet werden, in denen je eine Nachtänzerin sich mit der RoboBee bewegte. Da lebende Tänzerinnen bis zu zehn Nachtänzerinnen für sich gewinnen, bleibt die Herausforderung, eine Attrappe noch lebensechter zu gestalten, weiterhin bestehen.

Folgen die Bienen bei ihrem Ausflug den Angaben der RoboBee?

Im Anschluss stellte sich die Forschungsgruppe die Frage, ob die Nachtänzerinnen den Informationen der RoboBee folgen und zu den Orten fliegen, die die Tänze der mechanischen Biene ihnen mitteilen. Für die Rekruten wurden drei Ziele im Feld eingerichtet: zwei nach Pfefferminz duftende Zuckerwasserfutterstellen sowie ein virtuelles Ziel, das im Feld nicht wirklich existierte, für das aber eine der programmierten Tanzfiguren der RoboBee warb. Zu den beiden echten Futterplätzen wurden etwa hundert Sammelbienen dressiert (144, 146).

Um eine Beobachtung unterscheidbarer Bienen zu ermöglichen, wurden vorab 193 Arbeiterinnen (die zu den Futterplätzen dressierten sowie von ihnen dorthin rekrutierte Bienen) individuell markiert. Aus dieser markierten Gruppe konnten später sechs Tiere als Nachtänzerinnen der RoboBee beobachtet werden. Für vier dieser Nachtänzerinnen gelang es, die Flugspuren der auf das Nachtanzverhalten folgenden Ausflüge mit Radar aufzuzeichnen (144). Die Resultate zu diesen vier Bienen sind im Folgenden vorgestellt.

Die Biene Ng 71 folgte der RoboBee bei Tänzen, die für den virtuell eingerichteten, in Wahrheit nie vorhandenen Futterplatz warben. Bei ihrem Ausflug im Anschluss an ihr Nachtanzverhalten flog diese Biene aber nicht dorthin, sondern direkt zu ihrer altbekannten Futterstelle. Bienen Ny 18 und Ny 47 flogen, nachdem sie dem Tanz der RoboBee gefolgt waren, ebenfalls direkt zu ihnen vorab bekannten Futterplätzen.

Anders verhielt sich die Biene Ng 62. Sie zeigte unter dem Blickwinkel der Versuchskonzeption das spannendste Verhalten. Sie war die einzige Biene, die beim ersten Ausflug im Anschluss an die Verfolgung eines RoboBee-Tanzes direkt über einen ihr bis dahin unbekannten

Futterplatz flog. Ihr kompletter Ausflug verlief wie folgt: Ng 62 flog in einem Zug nacheinander alle drei Stationen an. Zunächst über die von der RoboBee in diesem Experiment angezeigte Stelle im Feld, an der ein Futterplatz eingerichtet war, den sie aber vorher noch nie besucht hatte. Danach über den virtuell erdachten, in Wahrheit nicht vorhandenen Futterplatz, für den die RoboBee manchmal tanzte (nicht in diesem Fall), und am Schluss zu dem Futterplatz, auf den sie dressiert war (144, 146).

Für alle diese Experimente mit Radaraufzeichnungen findet man in den publizierten Arbeiten keine Angaben über den laufenden Flugbetrieb der etwa hundert auf die Futterplätze dressierten Sammelbienen und der von ihnen rekrutierten Sammelbienen (deren Anzahl nicht bekannt ist) sowie all der anderen Bienen, in der Summe wohl einige hundert Tiere, die zur Zeit des Versuchs draußen unterwegs gewesen sein können.

Da Bienen, die die Futterplätze kannten, auch ohne dass sie mit der RoboBee tanzten, zum Ausfliegen gebracht werden konnten (144), ist die Gesamtsituation aller im Feld umherfliegender Bienen komplex. Die Kommunikationsmöglichkeit zwischen den radarverfolgten Bienen (so auch Biene Ng 62 mit dem besonders interessanten Verhalten) und allen anderen Bienen, die zwischen dem Bienenstock und den Orten der Futterplätze (die für die Zeiten der Radarbeobachtungen abgebaut waren) auf Kontrollflügen unterwegs waren, sollte in der Deutung der vier aufgezeichneten Flugspuren nicht außer Acht gelassen werden. Kennen Sammelbienen den Ort einer Futterstelle, besuchen sie diesen Ort auch dann immer wieder, wenn die Station abgebaut ist, um zu kontrollieren, ob es dort wieder etwas zu holen gibt. Es kann nicht ausgeschlossen werden, dass sich diese eine, gemäß der Erwartung verhaltende Biene (Ng 62) an erfahrene Bienen ›angehängt‹ hat, die durch die RoboBee zum Ausfliegen zu dem von Ng 62 zunächst angeflogenen Futterplatz veranlasst wurden. Ein zeitgleiches Erfassen der Flüge weiterer Bienen könnte hier Klarheit schaffen (siehe auch S. 158).

Es war ein enormer Fortschritt der RoboBee gegenüber allen ihren Vorgängerinnen, dass sie an die Nachtänzerinnen Signale sandte, die diese zum Nachtanzen und anschließend zum Ausfliegen veranlassten. Aus den vorliegenden Daten ist nicht zu entnehmen, ob im Laufe der Experimente eine Biene, nachdem sie den Tänzen der RoboBee gefolgt war, auch direkt zum Ort der lediglich virtuell existierenden Futterstelle geflogen ist. In der Zukunft werden weiter verbesserte künstliche Bienen sicherlich mehr Nachtänzerinnen locken und mehr Bienen zum Ausfliegen bringen. Dann wird es vielleicht auch möglich sein, analog zu echten Tänzerinnen (Abb. 34) die Breite des Sektors zu bestimmen, den die Flugrouten solcher Nachtänzerinnen bilden. Es wird dann sehr spannend sein zu sehen, ob die Breite dieses Ausflugsektors unabhängig ist von der Variabilität der Tanzfigur, die durch die Attrappe beliebig vorgegeben werden kann, oder ob genauere Tänze einer künstlichen Tänzerin zu gezielteren Ausflügen von Nachtänzerinnen führen.

Für Sammelbienen im richtigen Leben sind solche Überlegungen unerheblich, für sie gibt es keine mathematisch exakten Tänze. Sie müssen mit der Ungenauigkeit der Tanzinformation zurechtkommen, die echte Tänzerinnen ihnen anbieten.

Die Radartechnik könnte die Bienenforschung revolutionieren

Zur Beantwortung der vielen offenen Fragen in der Erforschung der Bienenrekrutierung kann die Radarverfolgung fliegender Honigbienen einen ganz entscheidenden Beitrag leisten. Dieser Ansatz hat das Zeug dazu, den blinden Fleck zu schließen – sollte es gelingen, die Flugspuren mehrerer Sammelbienen gleichzeitig zu erfassen. Schafft man dies zugleich für Sammelbienen, die zwischen Stock und Futterplatz hin- und herfliegen und tanzen, und deren ausfliegende Nachtänzerinnen, werden viele Fragezeichen verschwinden. Dann wird man sehen können, an welchen Orten im Feld die Rekruten auf die Hilfen treffen, die sie nach dem Aufbruch in den Zielsektor, den der Tanz angibt, zum Ziel leiten. Man wird sehen, wie die unterschiedlichen Zielfindehilfen gewichtet sind. Es wird sich der Ablauf der Fernorientierung der Honigbienen direkt aus den Flugspuren ablesen lassen.

Der Einstieg dafür ist gemacht. Bisherige, sehr vielversprechende und in hochkomplexen Experimenten erstmals geglückte Beobachtungen und Messungen (Rodrigo De Marco, unveröffentlicht, persönliche Mitteilung) zeigen in multiplen Radar-Flugspurdaten in der Tat gemeinsame Flüge von erfahrenen und unerfahrenen Bienen hin zum beworbenen Ziel.

Einen Einblick in wichtige Einsichten, die man aus der direkten Verfolgung fliegender Bienen erhalten kann, zeigen die Flugspuren von Rekruten, die in Abbildung 33 (aus 171) visualisiert wurden. Diese Bienen sind Tänzen gefolgt, die für einen Futterplatz warben, den sie noch nicht kannten. Ihre Ausflüge starten in einen Sektor, innerhalb dessen sie zunächst im Flug eine Hauptrichtung einhalten, sie folgen dabei offenbar den Halbwahrheiten aus dem Tanz. Das betrifft auch die Entfernung, denn in einem bestimmten Abstand vom Stock beenden sie die Hauptflugrichtung. Es folgt ein unregelmäßiger Flugspurabschnitt, der sich als Suchphase deuten lässt, bevor die Bienen zielstrebig auf einer geraden Route direkt zum Ziel fliegen. Das geschieht entlang der kürzesten Verbindung zwischen Bienenstock und Futterplatz, auf der auch die erfahrenen Bienen, die im Stock tanzten, hin- und herfliegen. Der Verdacht: Nun sind sie auf erfahrene Bienen getroffen, die in Fortsetzung der Tänze auch im Feld den Neulingen helfen, ans Ziel zu gelangen.

Solche Spekulationen zu Flugspuren können kein Ersatz für eine angemessene Analyse der Vorgänge sein, aber solche Daten machen Hoffnung, dass eines Tages mit diesen Techniken die Gewichtung der unterschiedlichen Zielführungen (Blütendüfte und die Kommunikation zwischen den Bienen im Feld) unter diversen Umweltbedingungen studiert werden können. Die Dynamik im Aufbau und in der situationsabhängigen Veränderung der Schritte der Fernorientierung, die in den in Abbildung 33 illustrierten Flugspuren schematisch und konstruiert überlagert wurden, wird sich dann im Detail studieren lassen.

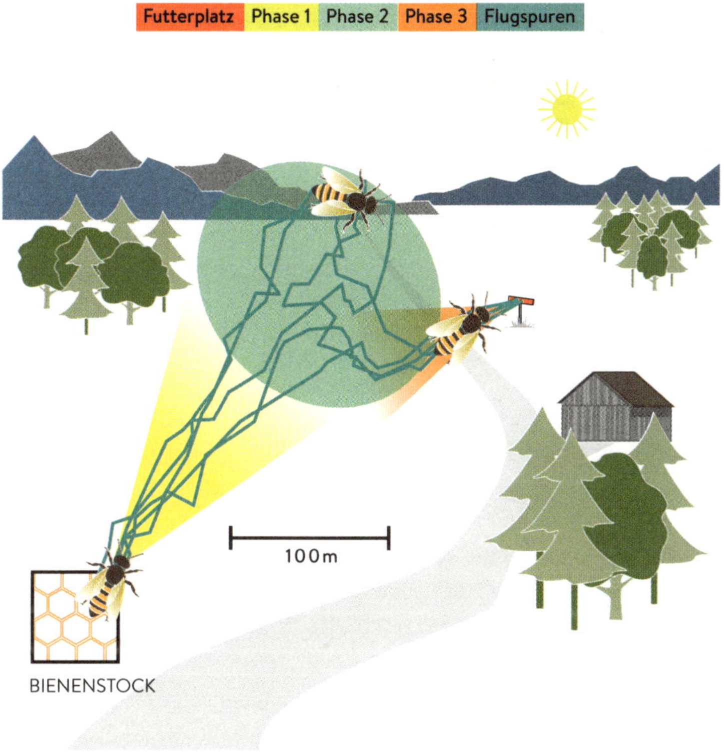

Abb. 33

Flugspuren von Rekruten auf ihrem ersten Flug zu einer 300 Meter entfernten Futterstelle, nachdem sie Tänzen gefolgt waren, die für diese Stelle warben (171). Auf den letzten hundert Metern zum Ziel sind die Rekruten ›in der Spur‹, der kürzesten Strecke zwischen Bienenstock und Ziel. Überlagert sind schematisch die drei Abschnitte in der Fernorientierung von Tieren (siehe Abb. 1).

Bienen kommen in Gruppen am Futterplatz an

Die Kommunikation und Kooperation der Bienen im Feld muss spätestens in der Suchphase zum Einsatz kommen, um die Rekruten ans Ziel bringen.

Von Frisch spekulierte über diese Möglichkeit, sah aber keinen Weg für eine experimentelle Bearbeitung. Er schrieb dazu wie folgt:

> »Bei solcher Gelegenheit musste sich auch die Frage aufdrängen, ob die Bienen, die an einer üppigen Trachtquelle sammeln, erst dann das Duftorgan ausstülpen, wenn sie am Ziel angekommen sind und daselbst herumschwärmen, oder ob sie das Organ auf dem ganzen Weg vom Stock zum Futterplatz ausgestreckt halten und so vielleicht eine DUFTSTRASSE ziehen, die, so vergänglich sie bei bewegter Luft sein muss, doch an RUHIGEN TAGEN UND BEI REGEM VERKEHR ALS WEGWEISER FÜR DIE SUCHENDEN TIERE VON GRÖSSTEM WERT SEIN KÖNNTE. Denn auf diese Weise wäre es denkbar, daß Neulinge, trotz aller negativer Ergebnisse über ein ›Fliegen in Begleitung‹, doch unter günstigen Umständen von den Sammlerinnen direkt vom Stock zum Ziel hingeleitet werden. Ich habe auf mancherlei Weise versucht, auch dieser Frage beizukommen. Doch es scheint, daß wir hier an der Grenze experimenteller Möglichkeiten stehen, und ich möchte diese Arbeit lieber mit einer offenen Frage schließen als mit einer ungewissen Antwort.« (72, S. 172 f., Auszeichnungen im Original)

Ein deutlich erkennbares Resultat der Hilfen, die den Rekruten von erfahrenen Bienen dabei gegeben werden, ist, dass die Ankunftszeiten am Zielort nicht zufällig verteilt sind, sondern eine deutliche Gruppierung der eintreffenden Bienen zu beobachten ist. Dabei folgen erfahrene und unerfahrene Bienen zeitlich dicht hintereinander. Karl von Frisch beschrieb dies so:

> »Bei reichlicher Zuckerwasserfütterung kann man häufig sehen, wie sich unmittelbar nach einer gezeichneten (mit dem Futterplatze vertrauten) Biene ein Neuling ans Schälchen niederläßt.« (72, S. 101)

Für komplett unbeduftete Futterstellen haben David Sandeman und ich (259) Gruppenbildung zwischen erfahrenen und unerfahrenen Bienen beschrieben, die zusammen am Zielort eintrafen. Dabei kreisten die Rekruten nach ihrer Ankunft noch bis zu zehn Sekunden rund um die Futterstelle, bevor sie ebenfalls landeten, nicht selten auf bereits dort sitzenden erfahrenen Bienen. Die Anflüge der auf den Futterplatz dressierten Arbeiterinnen synchronisierten sich zunehmend über einen Zeitraum von maximal zehn Minuten. Danach kamen sie nur noch in festen Gruppen am Ziel an. Dabei bildeten die erfahrenen Bienen Gruppen von bis zu fünf Tieren, denen sich ebenfalls bis zu fünf Neulinge anschlossen. Ab dem zweiten oder dritten Gruppenflug der erfahrenen Bienen tauchten die Neulinge mit ihnen gemeinsam am Ziel auf (259).

Ein ebenfalls zeitlich dichtes Auftauchen von Rekruten, hier an beduftete Zielen, fand Gould (95). Er bestimmte die Zeit zwischen jeweils zwei eintreffenden Rekruten an den Kontrollstationen (siehe Abb. 19 und 20) und gruppierte die Resultate in Zeitintervalle von 0,1 Sekunden. Dabei trafen 68 Paare mit einem zeitlichen Abstand von kürzer als 0,1 Sekunden nacheinander am Ziel ein, 65 Paare innerhalb von 0,2 Sekunden und 35 Paare innerhalb von 0,3 Sekunden. In einem Abstand von einer Sekunde trafen noch acht Paare ein, mit 2,0 Sekunden Abstand noch fünf Paare. Für längere Zeitabstände zwischen zwei Rekruten nennt diese Arbeit keine Daten.

In einer Studie, in der sie den Pionierarbeiten von Núñez (185) folgten, untersuchte eine Forschungsgruppe um Fernandez (63), wie sich die Rate, mit der am Futterplatz die Nahrung angeboten wird, auf die Rekrutierung durch Tänze und das Öffnen der Nasanov-Drüse auswirkt. Dabei wurde auch die zeitliche Ankunft von Rekruten am Futterplatz erfasst. Auch in dieser Untersuchung kamen die meisten Rekruten nur dann wenige Sekunden nach den erfahrenen Bienen am Ziel an, wenn die erfahrenen Bienen zuvor im Stock getanzt und am Futterplatz ihre Nasanov-Drüse sichtbar geöffnet hatten.

In all diesen Studien ist unbekannt, wo auf dem Weg vom Bienenstock zum Ziel sich die Gruppen zusammenfinden. Dass erfahrene

Bienen und Neulinge nicht gemeinsam am Bienenstock gestartet sind, wird von allen Untersuchenden bestätigt.

Ebenso belegt ist aber die Tatsache, dass Rekruten nur dann an einer von Tänzerinnen beworbenen Futterstelle eintreffen, wenn diese von den erfahrenen Bienen auch tatsächlich besucht wird, selbst wenn durch besondere Tricks im Versuch erreicht wird, dass mehrere Ziele beworben werden, besuchte und nicht besuchte (280; siehe S. 211 ff.).

Der erste Ausflug von Nachtänzerinnen dauert relativ lang

Über die längste Zeit der bisherigen Bienenforschung gab es ausschließlich drei Orte, an denen man Sammelbienen beobachten konnte: auf den Waben im Inneren von Beobachtungsstöcken, am Ausgang solcher Bienenstöcke, häufig verlängert durch einen angeschlossenen kurzen Tunnel, um die dort zu Fuß hindurchgehenden Bienen einzeln sehen zu können, sowie an künstlich angelegten Futterplätzen und an Kontrollstationen (siehe Stufen- und Fächerversuche).

Typischerweise wird für diese Experimente eine Gruppe individuell markierter Sammelbienen zu einem Futterplatz hin dressiert (zur Dressurmethode siehe Anhang). Auf die Zusammensetzung der Nachtänzerinnengruppe hat der Forschende keinen Einfluss, sie entsteht auf den dicht besetzten Waben durch die Kommunikation zwischen den Bienen im Bienentanz. Rekruten sind dann im weiteren Ablauf diejenigen Bienen aus der Gruppe der Nachtänzerinnen, die zu dem Ort aufbrechen, für den die Tänzerin wirbt, deren Tanz sie verfolgt haben. Die Unterscheidung von Nachtänzerinnen und Rekruten macht Sinn, da nicht alle Nachtänzerinnen ausfliegen und nicht alle, die ausfliegen, auch am vorgesehenen Ziel eintreffen. Ein unter Umständen erheblicher Anteil der Nachtänzerinnen bricht, angeregt durch Tänze, zu einem ihnen bereits bekannten anderen Ziel auf. Von Frisch entdeckte, dass der Blütenduft an einer Tänzerin Bienen zu ihnen bereits bekannten Orten lockt (nicht aber zum Zielort der Tänzerin; siehe S. 39). Dann kehren sie meist nach einer längeren Sammelzeit (Abb. 6, hier mehr als dreißig Minuten nach dem Verlassen des Stockes) mit Nektar oder Pollen beladen in den Stock zurück. Oder Nachtänzerinnen fliegen aus, kommen aber nicht am angezeigten Ziel an. Diese Bienen kehren von der vergeblichen Suche nach einem Ziel in 200 Metern Entfernung nach maximal sechs (56) oder mehr als sieben Minuten (166) vom ersten Ausflug ohne Fracht in den Stock zurück, um weitere Tänze zu verfolgen.

Die Beobachtung der Abflüge der Bienen vom Bienenstock ergibt ein wichtiges Resultat: Die Tänzerinnen und die Nachtänzerinnen verlassen den Bienenstock nicht gemeinsam für die Flüge zur Futterstelle. Diese Tatsache ist in der Ideengeschichte zur Kommunikation zwischen Honigbienen verantwortlich dafür, dass unter den konstruierten Alternativen, auf welche Weise Rekruten das Ziel finden, der Vorschlag »sie werden geschickt und nicht geführt« überzeugt hat.

Erfahrene Sammelbienen und die Erstlingsflüge von Rekruten unterscheiden sich erheblich in der Flugzeit zwischen Bienenstock und Ziel. Benötigen die erfahrenen Bienen für eine Strecke von 200 Metern zwischen zwanzig und sechzig Sekunden, wurden für Rekruten Flugzeiten im Mittel von 3,1 Minuten gestoppt (56). Dietrich Mautz kam zu einem sehr ähnlichen Resultat (166). Er bestimmte Flugzeiten zwischen Bienenstock und Ziel für die sechzig Prozent der Nachtänzerinnen, die als Rekruten das beworbene Ziel fanden. Für einen Futterplatz in hundert Metern Entfernung vom Stock ergaben sich im Mittel 3,8 Minuten und für 200 Meter Distanz im Mittel 3,2 Minuten Flugzeit. Die Hundert-Meter-Distanz legten die erfahrenen Bienen sehr viel rascher in fünfzehn bis zwanzig Sekunden zurück (166). Towne (265) bestimmte für Rekruten, in diesem Versuch 69 Prozent aller Nachtänzerinnen, die das Ziel fanden, für eine Flugstrecke von 200 Metern im Mittel etwa vier Minuten zwischen Aufbruch zum ersten Flug und Ankunft am Ziel. Gould und Mitarbeitende (96, 105) gaben für Ziele in hundert bis 400 Metern Entfernung etwa sechs Minuten an, aber gemessen ab dem Tanzfolgeverhalten, nicht ab Verlassen des Stockes. Thomas Seeley bestimmte in seinen Untersuchungen im Mittel eine Zeitspanne von siebzehn Minuten, die Rekruten benötigten, um vom ersten Ausflug zu einem im verfolgten Tanz beworbenen Ziel wieder in den Stock zurückzukehren, wenn die Entfernung zum Ziel im Mittel etwa 1 300 Meter betrug (227). Die längsten Flugzeiten zwischen Bienenstock und Ziel bestimmte von Frisch mit vier Stunden für eine Distanz von tausend Metern (72).

Alle bisherigen Untersuchungen fanden deutlich längere Flugzeiten der Rekruten im Vergleich zu erfahrenen Bienen. Dieses Resultat spricht nicht dafür, dass die Neulinge beim Start zu ihrem ersten Flug zum Ziel dessen Lage, abgeleitet aus den beobachteten Bienentänzen, bereits kennen und gezielt ansteuern.

Einen komplett anderen Versuchsansatz wählten Ken-ichi Harano und Mitarbeitende (114). Die Forschungsgruppe bestimmte, wie viel Honig Nachtänzerinnen im Bienenstock in ihren Kropf aufnahmen, bevor sie auf den ersten Flug zum im Tanz beworbenen Ziel aufbrachen. Die erhaltenen Werte verglichen sie mit der Honigmenge, die die Tänzerinnen selbst vor ihrem Flug zur Futterstelle in ihrem Honigmagen speicherten. Das Resultat erbrachte vor allem diesen Unterschied zwischen den verglichenen Bienengruppen: Die Tänzerinnen nahmen einen Honigproviant auf, dessen Menge mit der Dauer der Schwänzelphase, sprich der Länge der Flugstrecke zum Futterplatz, direkt korreliert war. Je länger die Schwänzelphase andauerte, desto mehr Honigproviant wurde aufgenommen. Nachtänzerinnen starteten mit durchweg der doppelten Menge oder mehr an Honig als Reiseproviant auf den Flug zum beworbenen Ziel. Der Proviant ist, anders als bei den Tänzerinnen, die das Ziel kennen, nicht an die kürzeste Flugstrecke zum Ziel angepasst, sondern beträgt ein Vielfaches der für die kürzeste Flugstrecke notwendigen Mindestmenge. Auch diese Überladung mit ›Treibstoff‹ ist ein Hinweis darauf, wie grob die Vorstellung einer Tanzfolgebiene über die Lage des Futterplatzes ist, die sie aus dem Schwänzeltanz ablesen kann.

Näheres über die Flüge der Rekruten zum Ziel

Die Beobachtung mit bloßem Auge hilft, erste Eindrücke zu gewinnen. So beobachteten Harald Esch und Joseph Bastian Folgendes:

> »In zwei Fällen waren wir in der Lage, den Anflug von Rekruten zur Futterstelle über eine beachtliche Entfernung zu verfolgen. Sie kamen direkt vom Bienenstock in einem Zick-zack-Flug aus etwa 10 Metern Höhe bis auf etwa 1–2 Meter an den Futterplatz [der beduftet war, J. T.] heran.« (56, S. 180)

Solche eher anekdotischen Beobachtungen an einzelnen Bienen bekamen sachliche Unterstützung durch einen gewaltigen Quantensprung, als es technisch möglich wurde, echte Messdaten zum Flugverhalten von Honigbienen aufzuzeichnen (208, 209, 210; siehe auch Abb. 6, 33, 34).

Die Radarverfolgung fliegender Sammelbienen erlaubte erstmals in der Erforschung des Rekrutierungsverhaltens von Honigbienen, die Vorgänge zwischen Bienenstock und Futterplatz zu untersuchen. Somit leistet sie einen ganz entscheidenden Beitrag zu unserer Vorstellung dazu, wie es Rekruten trotz unklarer Ansage im Tanz zum Ziel schaffen. Alte Ideen und Modelle können überprüft werden, neue Fragen entstehen.

Betrachtet man Abbildung 34, so weisen die aufgezeichneten Flugspuren zunächst in jeweils eine Hauptrichtung, so wie es für eine Fernorientierung (siehe Abb. 1) zu erwarten ist. Nach der Entdeckung von Frischs sind die Neulinge auf diesem Abschnitt kompassorientiert (nach dem Stand der Sonne oder/und dem Polarisationsmuster des Himmels) und setzen dabei eine Richtungsinformation aus den beobachteten Tänzen um. Das Abbrechen der Hauptflugrichtung lässt sich als Beginn der Suchphase deuten, aus der heraus viele Spuren zum Ziel hin zusammenlaufen. An welchen zielführenden Reizen sich die Bienen anschließend orientieren, bleibt allerdings offen.

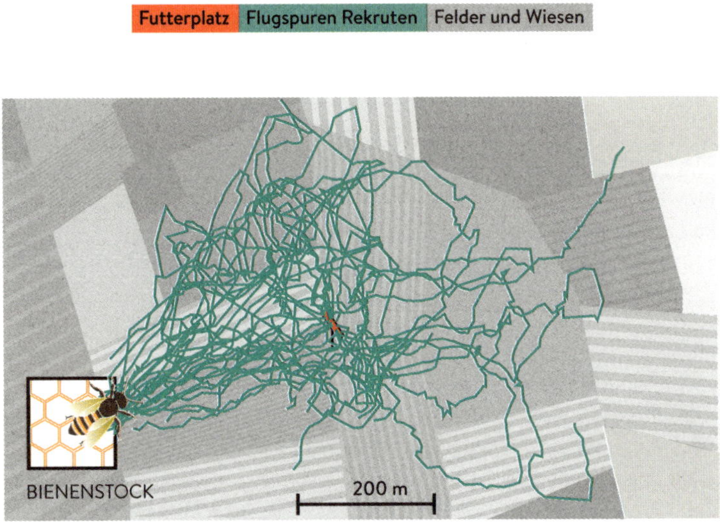

^ Abb. 34

Flugspuren der ersten Ausflüge von Nachtänzerinnen (nach 168). Für dieses Experiment wurden Sammelbienen auf den Futterplatz dressiert. Folgten dann Arbeiterinnen deren Tänzen, wurden sie markiert, beim Verlassen des Stockes abgefangen, mit Transpondern versehen und auf ihrem ersten Flug zum Ziel mittels Radar verfolgt. Diese Bienen flogen vom Bienenstock zunächst hinein in einen Sektor mit einer Öffnungsweite von etwa vierzig bis 45 Winkelgrad.

Wie gestaltet sich nun aber der erste Abschnitt des Ausflugs der Nachtänzerinnen? Dafür bieten sich zwei Hypothesen an: 1. Jede Nachtänzerin folgt im Stock einer zufälligen Auswahl an Tänzen, die für den Futterplatz werben. Sie kann in ihrem Ausflug genau der Information folgen, die sie dabei aufgenommen hat. Die breite Streuung der Ausflugspuren würde in diesem Fall die Streuung der Tänze widerspiegeln. 2. Oder aber die Tänzerin kann den Tänzen prinzipiell keine genauen Angaben (Dauer und Ausrichtung der Schwänzelphase) entnehmen, sondern erfährt nur grob, für welche Region die Tänzerin wirbt. Es wäre aber in beiden Fällen gleichgültig, ob die Tänze genaue oder ungenaue Angaben machen oder ob die Nachtänzerinnen den Angaben genau oder nur ungenau folgen können, die Nachtänzerinnen würden in jedem Fall nur irgendwohin in den Sektor, in dem das beworbene Ziel liegt, aufbrechen können.

Haben Bienen Karten im Kopf?

Wie die Rekruten trotz der breiten Streuung der anfänglichen Flugrouten das Ziel erreichen können, kann auch eine andere Vorstellung erklären, für die es keine Kommunikation zwischen den Bienen im Feld und keine Fernorientierung braucht. Nach dieser Vorstellung verfügen Bienen über Landkarten im Kopf, die im Zuge von Orientierungsflügen entstehen. Darauf wenden sie Vektorkalkulationen für Vektorflüge an, die sie ans Ziel bringen (170). Die Eingangswerte für die Kalkulationen entnehmen sie den Tänzen.

Die Vorstellung über kognitive Karten, die den Bienen die Orientierung im Freiland ermöglichen, ist nicht unumstritten. Man findet in der Forschung Arbeiten, die dies stark bezweifeln (z. B. 30, 37, 48, 288), aber auch solche, die für dieses Modell argumentieren (z. B. 28, 29, 170, 171).

Ein Experiment, das zunächst die Vorstellung einer kognitiven Karte zu unterstützen schien, erbrachte in einer Wiederholung durch andere ein Resultat, das dem widersprach. Von der ersten Forschungsgruppe wurden Bienen auf einen Futterplatz dressiert, der auf einem in einem See verankerten Boot lag (100, 101, 102). Die dabei gemachten Beobachtungen sprachen für die Vorstellung einer kognitiven Karte (100), da zu diesem kaum erreichbaren Ziel, obwohl es von dorthin dressierten Tänzerinnen beworben wurde, keine Rekruten aufbrachen und demzufolge dort keine Neuankömmlinge beobachtet wurden. Die Überlegung dazu: Die Nachtänzerinnen hätten schon beim Verfolgen der Tänze im Bienenstock gewusst, dass das beworbene Ziel mitten in einem See liegt, also an einem ›unmöglichen‹ Ort, zu dem man erst gar nicht aufbrechen muss. Ein gleichartig angelegtes Experiment einer zweiten Forschungsgruppe konnte dieses Resultat nicht bestätigen (288) und somit die Idee einer kognitiven Karte nicht stützen.

Gibt es, wie hier zur Betrachtung der Flugspuren von Rekruten, für einen Sachverhalt mehrere hinreichende mögliche Erklärungen, ist die einfachste Erklärung allen anderen vorzuziehen. Zu diesem bewährten Prinzip, bekannt als Ockhams Rasiermesser, präzisierte Johannes Clauberg (1622–1665) wie folgt: Eine Erklärung ist dann einfach, wenn sie möglichst wenige Hypothesen enthält. Unter diesem Aspekt erscheint von beiden hier vorgestellten Hypothesen (Fernorientierung oder Karte) für das Zustandekommen des Flugspurenfächers die erste Hypothese als die sparsamste: Die Nachtänzerinnen folgen auf dem ersten Abschnitt ihrer Ausflüge einer groben Ortsangabe in den Tänzen und erreichen das Ziel nach einer Suchphase anhand zielführender Hilfen.

Es ist bisher nicht erforscht, wie ausgedehnt das Suchareal, die Phase 2 der Fernorientierung, werden kann. Man kann vermuten, dass auch die Motivation der rekrutierten Bienen eine Rolle spielt, wie langandauernd und wie weit ausgreifend sie nach den Anschlussreizen suchen, um das Ziel zu finden.

Wie viel Bit Richtungsinformation steckt im Bienentanz?

Die Weitergabe von Information ist der Kern der Kommunikation. Je genauer eine Angabe, desto höher deren Informationsgehalt. Zum Bienentanz wird in unzähligen Publikationen dessen präzise Ortsangabe hervorgehoben (siehe auch Abb. 12). Dafür sei hier lediglich ein einziges Beispiel aufgeführt: Der bekannte Naturfilmer David Attenborough spricht in einem etwa dreiminütigen Film des Smithsonian, des weltgrößten Museumskomplexes, über die Informationsweitergabe durch eine Schwänzeltänzerin wie folgt:

> »[...] her instructions are remarkably accurate and can pinpoint the location of a nectar source over 6 kilometers away.«

> [»(...) ihre (die Tänzerin, J. T.) Instruktionen sind bemerkenswert genau und können die Position einer Nektarquelle mehr als 6 Kilometer entfernt präzise angeben.«, Übersetzung J. T.]

Wie hoch müsste der Informationsgehalt einer solchermaßen exakten Ortsangabe sein? Wie groß ist der tatsächliche Informationsgehalt im Schwänzeltanz?

Die Weitergabe von Information ist der Kern der Kommunikation. Die am häufigsten eingesetzte Definition von Information besagt, dass Information die Unsicherheit über einen Sachverhalt reduziert (239). Die Tänze der Bienen reduzieren für ihre Nachtänzerinnen die unendlich große Anzahl an möglichen Positionen des Ortes in der Umgebung eines Bienenstockes, für den eine Tänzerin wirbt. Der im Tanz weitergegebene Informationsgehalt lässt sich formal in der Maßeinheit Bit ausdrücken. Ein Bit ist als der Informationsgehalt definiert, der in einer Auswahl aus lediglich zwei gleich wahrscheinlichen Möglichkeiten steckt. Dazu ein Beispiel: Kann man lediglich zwischen den Farben Schwarz und Weiß wählen, beinhaltet ein Hinweis auf eine der beiden Farben genau ein Bit Information.

Die Anwendung der quantitativen Informationsbetrachtung auf den Bienentanz ist höchst hilfreich, um die Genauigkeit und damit die Bedeutung der Tänze einschätzen zu können. So lässt sich der Beitrag der Bienentänze für das Auffinden eines beworbenen Zieles auch aus informationstheoretischer Sicht gewichten. Je höher der Informationsgehalt in den Tänzen, desto geringer ist die Unsicherheit darüber, wohin die Nachtänzerinnen fliegen sollen.

Würde eine Biene beim Start zu einer Sammeltour zwischen zwei Sektoren, die gleichmäßig um zwei Hauptrichtungen herum angesiedelt sind, wählen (wenn z. B. Nord oder Süd zur Auswahl stehen), enthielte die Information, die sie in die richtige Richtung schickt, genau ein Bit. Stünden ihr vier Sektoren mit vier Ausrichtungen zur Verfügung (Nord, Süd, Ost, West), müsste sie eine aus vier Richtungen wählen, und somit läge der Informationsgehalt einer zielführenden Nachricht bei zwei Bit. In einer Nachricht, die ein Ziel mit einer Genauigkeit von zehn Grad angibt, stehen 36 mögliche Zielsektoren zur Verfügung. Das entspricht eins aus 36, die folglich durch 5,2 Bit Information vermittelt werden können. Wären die Winkelangaben zum Ziel im Tanz auf ein Grad genau (im vollen Kreis eine aus 360 Möglichkeiten), läge der Informationsgehalt einer entsprechenden Nachricht, die die richtige Richtung angibt (eins aus 360), genau bei 8,5 Bit.

Je grober die Angabe einer Richtung, desto geringer ist der Informationsgehalt der Nachricht und umgekehrt, je höher der in Bit ausgedrückte Informationsgehalt im Tanz, desto genauer wird eine gewünschte Richtung angegeben, was auch ohne mathematische Betrachtungen intuitiv klar ist.

Sind diese Überlegungen zu theoretisch, oder bringen sie uns in der Erforschung der Sprache der Bienen weiter? Aus Karl von Frischs Publikationen errechneten John Burdon Sanderson Haldane und Helen Spurway (113) für die Richtungsangabe in den Schwänzeltänzen einen Informationsgehalt von zwei Bit. Eine solche Tanzinformation grenzt folglich die Richtungswahl der Nachtänzerinnen theoretisch auf die Wahl zwischen vier Sektoren von je neunzig Grad Öffnungswinkel ein.

Die Bienen mussten für die Ausflugrichtungen zwischen vier Sektoren von je neunzig Grad Öffnungswinkel wählen. Roger Schürch und Francis Ratnieks (225) gingen bei ihrer Berechnung der Informationsmenge im Bienentanz von eigenen Messungen der Tanzbewegungen aus. Dabei berechneten sie einen Informationsgehalt von 2,9 Bit, was bedeutet, dass der Sektor, in den Nachtänzerinnen geschickt werden, einen Öffnungswinkel von 45 Grad hat.

Diese berechneten Öffnungsweiten des Sektors bezeichnen die Genauigkeit der Richtungsangabe im Tanz. Startet ein Rekrut vom Stock zum Erstlingsflug in Richtung auf das beworbene Ziel, stehen ihm bei einem übermittelten Informationsgehalt von 2,9 Bit theoretisch acht Sektoren mit je 45 Grad Öffnungsweite zur Auswahl. Der Tanz kann aufgrund der informationstheoretischen Betrachtung für diesen Fall die Richtung nicht genauer als mit einem möglichen Fehler von 45 Winkelgrad wiedergeben. Wird der volle Informationsgehalt der Ortsangabe aus dem Tanz umgesetzt, sollte bei einem Informationsgehalt von 2,9 Bit (224) der Öffnungswinkel des Sektors, in den die rekrutierten Bienen hineinfliegen, etwa 45 Winkelgrad betragen.

Diese Aussage ließe sich überprüfen, könnte man registrieren, wie genau die Nachtänzerinnen eine Richtungsinformation aus dem Tanz in Ausflugrichtungen umsetzen. Für dieses Buch wurde eine solche Überprüfung erstmals vorgenommen.

Mit der Radarverfolgung fliegender Bienen liegt eine Technik vor, mit der die von Schürch und Ratnieks berechneten Werte überprüft werden können. Im Jahr 2019 erschien eine Publikation, in der eine Vielzahl von Flugspuren von Nachtänzerinnen veröffentlicht wurden (168). Die Flugspuren verteilen sich über einen Sektor, der nach Augenschein die von Schürch und Ratnieks geschätzte Öffnungsweite von vierzig bis 45 Grad recht gut erfüllt.

Der experimentell bestimmte Sektor, den die Ausflugsrichtungen umspannen (Abb. 34), hätte nicht enger sein können, dafür war der Informationsgehalt aus den Tänzen nicht groß genug. Aber er hätte breiter ausfallen können. Das ist er aber nicht. Er entsprach dem Wert, den die Tanzinformation hergab, die Bienen verschenkten keinen Informationsgehalt aus dem Bienentanz.

Diese Betrachtung spinnt einen Faden in der Erforschung der Tanzsprache weiter. Von Frisch gab mit seinen Pionierleistungen die Richtung vor. Gould konnte qualitativ zeigen, dass die Tänze einen Einfluss darauf nehmen, wie die Neulinge sich im Feld verteilen. Das hier vorgestellte Zusammenführen von informationstheoretischen Überlegungen zum Bienentanz und der Aufzeichnung von Flugspuren bringt einen quantitativen Aspekt in die Betrachtungen ein, der zeigt, dass der im Tanz weitergegebene Informationsgehalt zu Flugrichtungen in vollem Umfang umgesetzt wird.

Karl von Frisch wählte für seine Fächerversuche Winkelabstände von acht, zehn und fünfzehn Grad zwischen benachbarten Kontrollstationen (siehe Abb. 11). Um einen Sektor mit acht Grad Öffnungsweite zuverlässig zu kommunizieren, beträgt der theoretisch erforderliche Informationsgehalt 5,5 Bit, für fünfzehn Grad Öffnungsweite beträgt er 4,5 Bit, deutlich mehr, als es die Tänzerinnen bieten (113). Es darf demnach nicht verwundern, dass sich Rekruten über einen Bereich der Kontrollstation-Anordnung einfinden, der breiter ist als die Schrittweite zwischen benachbarten Stationen. Noch deutlicher wird das Auffächern der Ausflüge der Neulinge, wenn die Kontrollstationen dichter beieinanderliegen (siehe Abb. 19 und 20).

In den Experimenten von Gould, in denen er sich an den Fächerversuchen Karl von Frischs orientierte, betrug der Winkelabstand zwischen jeweils zwei Stationen lediglich drei Grad (siehe Abb. 19 und 20). Würde ein solcher Winkel zuverlässig kommuniziert, müsste der Informationsgehalt in den Schwänzelphasen der Tänze 6,9 Bit betragen. Dieser Wert liegt weit oberhalb des maximal möglichen Informationsgehalts, der aus den Ausrichtungen der Schwänzelphasen für eine Richtungsangabe berechnet wurde. Man kann auch auf der Basis dieser Analyse die Vermutung wiederholen, dass die Tänze die in den Experimenten gefundene Verteilung von Rekruten an den Kontrollstationen nur zu einem Teil beeinflusst haben. Die Situation und die Ereignisse draußen im Feld, wie der Flugverkehr der dressierten Bienen zum Futterplatz und der Duft der Kontrollstationen, kommen als zusätzliche Informationsquellen für die Neulinge hinzu.

Wie viel Bit Entfernungsinformation steckt im Bienentanz?

Der Informationsgehalt der Tänze in Bezug auf die Entfernung zum Ziel betrug laut Schürch und Ratnieks 4,5 Bit. Dabei gingen sie in ihren Berechnungen von der Dauer der Schwänzelphasen aus (Daten aus 35) und nahmen eine maximale Flugweite von vierzehn Kilometern an (225). Bei einer nur halb so weiten maximalen Flugdistanz (sieben Kilometer) läge der Informationsgehalt der Tänze bei 3,6 Bit.

Es ist etwas schwieriger, den Wert des Informationsgehalts bei der Entfernungsangabe zu verdeutlichen als bei der Richtungsangabe. Im

Prinzip bedeutet es, dass man bei einem Informationsgehalt von 3,6 Bit die Strecke zwischen Bienenstock und Futterplatz in etwa zwölf gleichlange Strecken unterteilt und die Distanz zum Ziel nicht genauer angeben kann, als es der Länge einer solchen Teilstrecke entspricht. Für die Distanz von sieben Kilometern zwischen Bienenstock und Ziel würde das bedeuten, dass die Biene in eine Zone von etwa 600 Metern vor und hinter dem Ziel geschickt wird.

Je näher der Futterplatz zum Bienenstock liegt, desto geringer wird der berechnete Entfernungsinformationswert im Tanz, desto ungenauer wird die Ortsangabe. Eine Tatsache, die schon beim bloßen Zuschauen der Tänze auffällt (siehe Abb. 28).

Die hier angestellten Überlegungen und Beobachtungen sagen nichts darüber aus, welchen Wert (den Nutzen) die in den Tänzen übermittelte Information für eine Kolonie insgesamt hat, sie beziehen sich lediglich auf die Kommunikation zwischen Tänzerin und Nachtänzerin. Der Wert für die Kolonie insgesamt hängt essenziell davon ab, wie groß eine Kolonie ist (44), und vor allem davon, welches Blühangebot im Einzugsbereich eines Bienenvolkes vorhanden ist (43, 148, 193). Liegt ein blühender Baum als einzige Trachtquelle im Flugbereich eines Bienenvolkes, ist schon die Übermittlung einer lediglich 2,9 Bit-haltigen Information sehr hilfreich für die Sammelschar eines Bienenvolkes. Finden die Bienen hingegen ringsherum nektarreiche Blüten, ist eine solche Information auf Ebene der Kolonie weniger wertvoll bis irrelevant (148).

EINE ZWISCHENBILANZ

Missverständnisse, blinde Flecken und Hilfshypothesen

Die bisherige Erforschung der Tanzsprache der Bienen hat sich vor allem auf das konzentriert, was im Stock und am Zielort der Bienen passiert, und das Geschehen im Feld vernachlässigt. Dabei hat das klassische Modell (Abb. 12) einen fast ikonenhaften Status angenommen.

Wie ausgeführt, vermittelt der Informationsfluss zwischen den Bienen im Tanz halbwahre Angaben über die Lage eines Zielpunktes an die Nachtänzerinnen. Tatsächlich – und auch dies hat die vorliegende Argumentation gezeigt – ist dies für die Bienen aber nicht relevant. Denn die Nachtänzerinnen sollen durch die Tänze nur in ein Areal geschickt werden (der erste Schritt der Fernorientierung), wo sie dann suchen (zweiter Schritt) und von dem aus sie schließlich zum Ziel gelockt und / oder geführt werden (dritter Schritt).

Trotzdem ist darüber, wie sich die Bienen im Feld verhalten, kaum etwas bekannt. Hingegen wird das klassische Modell zum Bienentanz mit einer Vielzahl von Hilfshypothesen gestützt.

Die Daten der Forschenden sind umfangreicher als die der Bienen

Forscher und Forscherinnen, die den Tanz analysieren, haben den vollen Überblick über alle verfügbaren Informationen aus den Werbetänzen für einen Zielort. Eine Nachtänzerin hat das nicht. Es kann helfen, zur Erforschung der Rekrutierungsmechanismen zu denken wie eine Biene.

Wenn sie entsprechenden technischen Aufwand betreiben, ausreichend Daten aufnehmen und die Tänze anschließend in einzelne abgrenzbare Fragmente zerlegen, kann die Forschung in der Tanzsprache der Bienen Ortsangaben herausarbeiten, die sich auf Zielpunkte beziehen lassen. Auf diese Weise gewonnene Ortsangaben sind umso genauer, je größer unter anderem die Anzahl der analysierten Tanzrunden und damit der Umfang der Stichprobe aus der Grundgesamtheit aller vorkommenden Tänze ist. So aufbereitet und abgeleitet lässt das Datenmaterial die Aussage zu, der Bienentanz enthalte die Information über die Lage eines Ortes (siehe Abb. 12).
Dieser von einem menschlichen Beobachter rein rechnerisch abgeleitete hohe Informationsgehalt wird nun damit gleichgesetzt, was im Tanz zwischen Sender (Tänzerin) und Empfänger (Nachtänzerin) ausgetauscht wird.

Diese Annahme ist ein Missverständnis, denn sie übersieht, dass eine Nachtänzerin nur einen Bruchteil der Datenmenge mitbekommt, die der Forschung über die Tänze zur Verfügung steht. Das eine (die Vorstellung der Wissenschaft) ist ein abgeleitetes Konstrukt, ein abstraktes Resultat der Zusammenfassung und mathematischen Behandlung vieler Tänze. Etwas anderes ist der konkrete Informationsfluss im ›Alltag‹ der Honigbienen, der den Nachtänzerinnen zur Verfügung steht. Wie gering der dabei ausgetauschte Informationsgehalt tatsächlich ist, wurde am Ende des Kapitels *Von Robo-Bienen und Radartechnik* quantifiziert.

Zum Beispiel: Wie die Orientierung von Brieftauben verstanden wird

Wie vorsichtig und zugleich konzeptionell schlüssig ein anderes Feld der Verhaltensbiologie mit einer ähnlichen Datenlage umgeht, zeigt das Beispiel der Erforschung der Heimflüge von Haustauben. Lässt man Haustauben als Reisetauben aus zum Teil Hunderten von Kilometern

Entfernung von ihrem heimatlichen Taubenschlag zum Flug nach Hause aufsteigen, kann man deren anfängliche Flugrichtungen bestimmen und in Bezug setzen zur direkten Ausrichtung auf das Ziel, den heimischen Taubenschlag. Aus den beobachteten Flugrichtungen lässt sich ein mittlerer Vektor berechnen, der diese Richtung umso genauer widerspiegelt, je größer die Anzahl der beobachteten Abflugrichtungen ist.

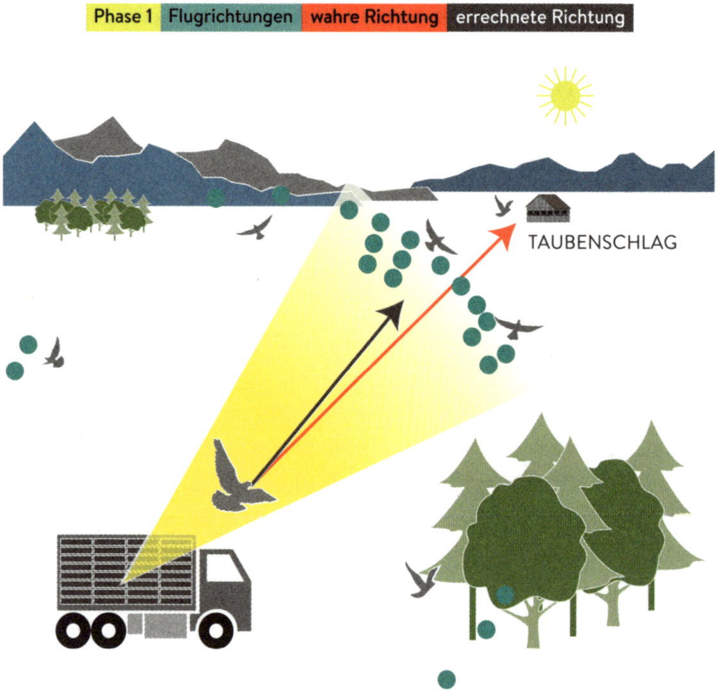

Abb. 35

Die türkisfarbenen Punkte geben die Flugrichtungen von Reisetauben in 1500 Meter Entfernung vom Startplatz an. Die Tauben sind auf dem Weg zurück zu ihrem Taubenschlag, der zwanzig Kilometer entfernt liegt. Der berechnete statistische Mittelwert der hier erfassten Flugrichtungen der einzelnen Tauben (schwarzer Pfeil) spiegelt nahezu die direkte Richtung zum Heimatschlag (roter Pfeil) wider, an dem die Tauben am Ende eingetroffen sind. Gezeigt ist hier die Phase 1 der Fernorientierung (86).

Die Forschung folgert aber aus der Tatsache, dass der Mittelwert der Abflugrichtungen mit der direkten Richtung zum Ziel übereinstimmt, nicht, dass die Tauben schon am Start ihres Rückfluges genau wüssten, welches der direkte Weg zum Ziel ist. Die breite Streuung der beobachteten Flugrichtungen würde eine solche Aussage auch nicht stützen. Stattdessen ergeben Beobachtungen und Experimente die Erkenntnis, dass die Tauben ihr Ziel erreichen, indem eine zunächst grobe Orientierung beim Start im weiteren Verlauf des Fluges in eine immer präzisere Zielführung übergeht (32), wie es für eine Fernorientierung auch nicht anders zu erwarten ist.

Die Gemeinsamkeiten in der Abfolge der zielführenden Schritte in den Heimflügen der Tauben und den Flügen der Bienenrekruten zu einem Ziel sind offensichtlich. Die Tiere sind über die Lage ihres Zieles beim Start ahnungslos, sie können es nicht direkt ansteuern. Aber sie werden durch Hilfen, nach denen sie ab einer bestimmten Strecke entlang ihres Weges suchen, bis zum Endpunkt geführt. Das ist Fernorientierung.

Die Beforschung der Tänze vernachlässigte das Verhalten der Bienen im Feld

Die Kernaussage zur Tanzsprache lautet: Im Tanz geben Honigbienen Richtung und Entfernung zu einem Ziel an.

Eines der Missverständnisse, das sich durch die Fokussierung der Forschung auf die Tanzsprache ergeben hat, besteht darin, dass die als Mittelwerte errechnete hohe Präzision einer Zielangabe in den Tänzen (siehe Abb. 30) als Informationsgehalt der konkreten Tänze verstanden wird. Das beobachtete exakte Eintreffen der Rekruten an beworbenen Zielpunkten wird als Beleg für die Richtigkeit dieser Sichtweise angenommen. Es erscheint somit in den Konzepten und Forschungsprogrammen keine Notwendigkeit, eine Kommunikation zwischen Bienen im Feld in die Überlegungen einzubeziehen.

Im Laufe der Jahrzehnte wurden unzählige Experimente durchgeführt und publiziert, denen eines gemeinsam ist: Bis auf vernachlässigbar wenige Ausnahmen kommen alle Deutungen der Beobachtungen und Daten zur Rekrutierung bei Honigbienen, gewonnen im Bienenstock und an den Zielpunkten, ohne Überlegungen zu einer Kommunikation zwischen den Bienen im Feld aus. Wie wird das komplette Flugmuster, wie werden Richtungen, Wendungen im Flug, Distanzen, Geschwindigkeiten etc. durch die zuvor beobachteten Tänze beeinflusst? Darüber wissen wie bisher so gut wie nichts.

Um zu trennen zwischen dem Beitrag, den die groben Angaben im Tanz für das Auffinden eines Zieles leisten, und dem Beitrag einer Kommunikation zwischen den Bienen im Feld, dürfen keine erfahrenen Bienen und keine vom Ziel selbst ausgehenden Zielfindungshilfen vorhanden sein. Nur so lässt sich erforschen, wie der Tanz als alleiniger Input auf die Flugmuster der Nachtänzerinnen wirkt. Um die unterschiedlichen Einflussfaktoren (Tänze im Stock, Kommunikation im Feld und Blütendüfte) auseinanderhalten zu können, ist eine experimentelle Auftrennung dieser Faktoren Voraussetzung – eine kaum lösbare Aufgabe.

Es gibt bisher in der sehr umfangreichen Bienenliteratur lediglich zwei experimentelle Ansätze zur Erforschung des Ausflugverhaltens von Nachtänzerinnen, in denen in der Region, in die diese Neulinge den Hinweisen aus Tänzen folgend hineinflogen, keine anderen Sammelbienen unterwegs und keine Futterplätze aufgebaut waren. In diesen Experimenten, die sich auf die erste Phase der Fernorientierung konzentrieren, fällt die dritte Phase, die eigentliche Hinführung zum Ziel, weg (siehe Abb. 31).

Nur zwei Experimente zielten im Feld auf die reine Tanzinformation

Im ersten dieser Versuche, dem sogenannten Tunnelexperiment (siehe Abb. 29) werben Tänzerinnen für eine nicht existierende Futterstelle. Es wird eine deutlich größere Flugweite angezeigt, als es der tatsächlichen Strecke zwischen Bienenstock und Futterplatz entspricht (59). Die so rekrutierten Neulinge sind auf ihren Ausflügen für einen Beobachter dann gut zu sehen und deshalb mit einem Schmetterlingsnetz aus der Luft vergleichsweise einfach einzufangen, wenn sie langsam fliegen. In diesem Versuch konnten an fünf fest eingerichteten Stationen positionierte Beobachter die meisten langsam fliegenden Bienen in der Umgebung des Standortes abfangen, der als Ziel von den Tänzerinnen angezeigt worden war (59). Die Versuche beschäftigten sich nicht damit, wo die abgefangenen Bienen in Phase 2 (siehe Abb. 31) in Suchflüge übergegangen sind und wie zeitlich und räumlich ausgedehnt diese waren.

Deutlich wurde aber, dass sich die Nachtänzerinnen nach der halbwahren Information bezüglich der Entfernung zur Futterstelle, die sie aus den Tänzen zogen, richteten. Das Eintreten in langsame Flüge, auf denen die Bienen gefangen werden konnten, deutet darauf hin, dass in deren Fernorientierung die Phase 1 der Annäherung an ein Ziel in einer sinnvollen Entfernung abgebrochen wird und in Phase 2 übergeht, auch ohne dass das Ziel von erfahrenen Bienen besucht wird oder von dort Duftreize ausgehen.

In einem anders angelegten Experiment von Joe Riley und Mitarbeitenden (209) wurde die Anwesenheit erfahrener Bienen in der Umgebung eines Zieles ausgeschlossen, indem Nachtänzerinnen, nachdem sie Tänzen gefolgt waren und den Stock verlassen wollten, am Stockausgang abgefangen wurden. Sie wurden dann mit Antennen versehen, die vom Radar erfasst werden können, und zu einem entfernten Ort transportiert, von dem aus sie starten durften. Ihre Flugspuren wurden mit Radartechnik aufgezeichnet. Diese Flugspuren waren nicht beliebig ausgerichtet. Jede dieser Bienen flog in einer Hauptrichtung in einen Sektor hinein. Aus den publizierten Abbildungen ließ sich dafür eine Öffnungsweite von dreißig bis vierzig Winkelgraden schätzen. Hier wird deutlich, dass die Nachtänzerinnen die halbwahren Richtungsangaben aus den Tänzen umgesetzt haben.

Der Öffnungsbereich des Sektors, den die Flugspuren umfassten, entspricht einem theoretischen Informationsgehalt in den Richtungsangaben der Tänze von etwa drei Bit. Ein solcher Informationsgehalt wurde auch auf anderem Wege für Tänze berechnet (225; siehe S. 168 ff.).

In Rileys Experiment betrug die Entfernung der in den Tänzen angezeigten Futterstelle 200 Meter. Die aufgezeichneten Flugspuren werden in der Publikation bis zu einer Flugdistanz von etwa 500 Metern gezeigt, ohne bei etwa 200 Metern, der Zieldistanz, Auffälligkeiten aufzuweisen. Es bleibt auch nach dieser Publikation unklar, wie weit die Bienen die eingeschlagenen Hauptflugrichtungen einhalten, ab welchen Flugdistanzen sie die Phase 1 der Fernorientierung beenden und die Phase 2, die Suche nach erfahrenen Bienen und Blütendüften, beginnt.

In beiden Versuchsansätzen steckt das Potenzial auszuloten, wie ausgedehnt die Areale sein können, in denen die Bienen beginnen, zielführende Reize zu suchen und wo genau sie liegen. Im konkreten Fall können Suchareale klein ausfallen, falls die suchende Biene zum Beispiel direkt auf eine erfahrene Biene bei deren Flug zum Ziel trifft oder der Wind einen Duft vom Ziel in Richtung Ausflugfächer weht – oder entsprechend ausgedehnt sein, wenn solche Anschlüsse zunächst nicht angetroffen werden.

Die Tatsache, dass Neulinge, die ein im Tanz beworbenes Ziel nicht finden, erst nach vielen Minuten bis zu einer halben Stunde zum Stock zurückkehren, könnte für ein zunehmendes Ausdehnen des Suchgebietes sprechen. Es könnte aber auch bedeuten, dass dasselbe Areal anhaltend patrouilliert wird. Oder eine Kombination aus beidem. Diese Fragen sind derzeit offen.

Die Unmöglichkeit, alleine durch die Tänze Rekruten zu einem Ziel zu bringen, ist bedingt durch die halbwahren Aussagen der Tänze. Es stellt sich aber die Frage, ob hochgenaue Tänze, die ohne jede Variabilität zuverlässige Ortskoordinaten angeben würden, Rekruten zu einem Ziel bringen könnten. Dann würde keine dreistufige Fernorientierung vorliegen. Ein Ausschließen unklarer Tanzinformation würde durch den Einsatz mechanischer Tänzerinnen mit deren präzisen Bewegungen (siehe das Kapitel *Von Robo-Bienen und Radartechnik*) möglich. Für ein entsprechendes Experiment dürfen dann auch keine Bienen im Feld unterwegs sein, und es darf kein Reiz vorhanden sein, der von einer Futterstelle ausgeht. Eine große Herausforderung und vielleicht so kaum lösbare Aufgabe für künftige Forschungen.

Hilfshypothesen und Annahmen stützen das populäre Modell zum Bienentanz

Die Resultate vieler Experimente und Beobachtungen, deren Datenlage unbestritten ist, die aber geeignet wären, die Bedeutung der Bienentänze für das Aufsuchen von Zielen durch Rekruten neu zu denken, wurden und werden auf der Basis von zusätzlichen Annahmen in das klassische Modell (siehe Abb. 12) eingepasst, sodass keine neue Bewertung alter Ideen erforderlich wird.

Dazu vier sehr grob formulierte Beispiele:

1. Die Beobachtung: Die Schwänzeltänze liefern ungenaue Ortsangaben.
   Der Lösungsvorschlag, die Hypothese: In den Tänzen steckt zwar das Problem, aber auch die Lösung. Die Nachtänzerinnen gewinnen aus ungenauen Tänzen Genauigkeit, indem sie gemäß einer Hypothese die Lage des Ortes durch Mittelung der Angaben aus mehreren Tänzen berechnen.

2. Die Beobachtung: Die Schwänzeltänze liefern ungenaue Ortsangaben.
   Der Lösungsvorschlag, die Hypothese: Falls es keine Mittelung der streuenden Ortsangaben gibt, bisher wurde sie noch nicht nachgewiesen, sollte es für die Bienen trotzdem kein Problem geben, da ja selten nur eine einzige Blüte dort steht, woher die werbende Tänzerin in den Stock zurückgekehrt ist. Verteilen sich die Bienen den ungenauen Tänzen folgend im Feld, werden mehr Blüten besucht – die Ungenauigkeit ist also letztlich ein Vorteil für das Bienenvolk.
3. Die Beobachtung: Tänze bringen Rekruten in die Nähe (was ist ›Nähe‹?) beworbener Blüten, aber ohne Düfte geht es nicht.
   Der Lösungsvorschlag, die Hypothese: Die Tanzinformation bringt die Neulinge zum Ziel und dort motivieren die Blütendüfte die Rekruten zu landen. Sie erreichen das Ziel auch ohne weitere Hilfen, kehren von dort aber ohne zu landen wieder zum Stock zurück, wenn der Futterplatz ohne Blütendüfte ist.
4. Die Beobachtung: Auch komplett ohne brauchbare Tanzinformation finden Rekruten eine Futterstelle alleine anhand von Düften.
   Der Lösungsvorschlag, die Hypothese: Der Tanz ist als Zielführung eine von mehreren gleichwertigen Alternativen, die den Rekruten zur Verfügung stehen. Die Bienen können zwischen unterschiedlichen Hilfen wählen und weichen auf andere Möglichkeiten aus, wenn der Tanz nicht hilfreich ist. Es gibt aber Situationen, in denen alleine der Tanz die Rekruten zum Ziel bringt.

In diesen vier und hier nicht aufgelisteten weiteren Hilfsannahmen zum Zusammenbringen und Einordnen dessen, was zum Bienentanz einerseits beobachtet wurde und andererseits von ihm erwartet wird, spielt die Kommunikation zwischen den Sammelbienen draußen im Feld überhaupt keine Rolle. Der Tanz bleibt demnach die einzige Verständigungsbrücke zwischen den Bienen.

Wir wissen bis heute wenig über die Kommunikation zwischen Honigbienen außerhalb ihres Nestes

Honigbienen leben in zwei Welten, im Inneren ihres dunklen Nestes und in der hellen Welt außerhalb. Sie verbringen den Großteil ihres Lebens im Stock und verlassen diesen lediglich als ältere Arbeiterinnen für ihre Sammelflüge, wenn man vom jährlichen Schwärmen absieht, an dem etwa die Hälfte des Bienenvolkes teilnimmt.

In der Schwerpunktsetzung der bisherigen Bienenforschung wird die Honigbiene wie ein Doppelwesen behandelt, das sich innerhalb des Nestes als soziales Insekt verhält, aber in der ›freien Wildbahn‹ als Einzelkämpfer unterwegs ist und bestenfalls an den Blüten Signale in Form von Duftmarkierungen hinterlässt.

Diese Schwerpunktsetzung wird bei einem Blick auf die wissenschaftlichen Publikationen zu diesem Thema ganz offensichtlich: Mehr als tausend Studien, die sich mit dem Kommunikationsverhalten der Bienen im Bienenstock befassen, stehen nicht einmal eine Handvoll Arbeiten gegenüber, die sich Beobachtungen zu Kommunikation zwischen den Arbeitsbienen auf dem Flug zu einem Ziel hin widmen. Die meisten weiteren Studien zu Signalen von Arbeitsbienen im Feld beschreiben die chemische Markierung von Blüten, um nachfolgenden Sammelbienen zu signalisieren, dass der Nektarvorrat aktuell ausgeschöpft ist (94, 183), sowie die Lockwirkung an Blüten anwesender Bienen auf Neuankömmlinge (158).

Die Rekruten werden durch den Tanz in einen Sektor im Feld gesandt, wo die Suchphase nach den Zielführungshilfen beginnt, um am Ende den beworbenen Punkt zu erreichen. Der blinde Fleck betrifft die beiden letzten Phasen in der Fernorientierung der Honigbienen.

Über Phase 2, die zwischengeschaltete Suchphase, wissen wir so gut wie nichts, außer dass sie existiert (68). Zur zeitlichen Ausdehnung der Suchphase gibt es Angaben, die sich auf die Zeitdauer der Abwesenheit von Sammelbienen vom Bienenstock stützen. Man beobachtet, wie lange eine Nachtänzerin im Anschluss an das ›Ballett‹ im Feld unterwegs ist und ohne Nektar oder Pollen zurückkehrt. Viel mehr ist über die Suchphase nicht bekannt. So wissen wir auch nicht, wie ausgedehnt das Suchareal werden kann, ob dessen Ausdehnung festgelegt ist, oder ob sie variieren kann und wie deren Erscheinung von den Umständen abhängt.

Auch über die letzte Phase, den zielgerichteten Anflug in Phase 3, lässt sich derzeit nur spekulieren. Entsprechend vage sind Überlegungen und Feststellungen, die man dazu in der Literatur findet. Karl von Frisch hatte sich in seinen frühen Arbeiten (72) zunächst mit dieser Phase befasst, sie aber dann nicht weiter verfolgt. Adrian Wenner und seine Mitarbeiter:innen haben viele grundsätzlich relevante Daten zu Phase 3 der Fernorientierung beigetragen, insbesondere hinsichtlich der Bedeutung der Düfte, die von einem Ziel ausgehen, für die Zielfindung suchender Rekruten (284). Kommunikation zwischen den Bienen kommt in diesen Schriften allerdings gar nicht vor.

Die knappe Beschreibung der Endphase der Zielfindung rekrutierter Honigbienen steht in krassem Missverhältnis zu den vielen Details, die über die Phase 1 bekannt sind, begonnen mit den sehr detaillierten Studien der Tänze der Bienen. Die knappe Erwähnung zu den Phasen 2 und 3 ist vom Erklärungsgehalt her in etwa so, als würde man als die komplette Kenntnis über die Phase 1 lediglich schreiben: »Zu Beginn werden Sammelbienen durch Tänze ins Feld geschickt.«

Arbeitstechnisch herrscht keine Chancengleichheit

Betrachtet man sich die konkreten Untersuchungsmöglichkeiten und Arbeitsbedingungen, die sich den Bienenforscherinnen und -forschern bieten, scheint das Missverhältnis von Studien im Bienenstock zu Studien zum Bienenverhalten im Freiland das unterschiedliche Ausmaß an Schwierigkeiten widerzuspiegeln, denen sich Wissenschaftler und Wissenschaftlerinnen in beiden Bienenwelten gegenübersehen.

Bringt man ein Bienenvolk in einem Beobachtungsstock unter (Abb. 36), in dem es sich durch die Anordnung der Waben zweidimensional bewegt, entgeht einem im Prinzip kein Detail im Verhalten der Bienen. Die direkte Beobachtung und die Analyse von Aufzeichnungen per Video oder mithilfe anderer technischer Systeme können prinzipiell alle Interaktionen zwischen allen Bienen erfassen.

Abb. 36

Ein Beobachtungsstock, wie er seit hundert Jahren im Zentrum der Erforschung der Bienensprache steht.

Diese idealen methodischen Voraussetzungen machen nachvollziehbar, dass in der Kommunikationsforschung an Bienen nach Antworten auch dann im Stock gesucht wird, wenn die Geheimnisse im Freiland verborgen sind (erinnert sei hier an den alten Witz, der eingangs zitiert wurde: Man sucht dort, wo Licht ist). Ein Studium der Kommunikation zwischen Honigbienen im Freiland ist derzeit in seinen technischen Ansätzen noch weit von den Möglichkeiten entfernt, die sich dem Forschenden am Beobachtungsstock bieten.

^ **Abb. 37**

Honigbienen (hier zwei Bienen auf dem Weg zu einer Futterstelle) fliegen bis zu dreißig Stundenkilometer schnell über Entfernungen von vielen Kilometern. Sie bewegen sich dabei auch mitten durch die Vegetation. Die Beobachtungsmöglichkeiten an frei fliegenden Bienen und das Aufzeichnen von Signalen, die von den Bienen hinterlassen werden, sind extrem schwierig, in natürlicher Vegetation sogar derzeit noch unmöglich.

DAS SCHWARMVERHALTEN ZEIGT, DASS BIENEN NICHT NUR ÜBER TÄNZE KOMMUNIZIEREN

Im Schwarmverhalten hat die Tanzkommunikation möglicherweise ihren Ursprung, und hier zeigt sich besonders klar, dass sie ein für sich alleine nicht hinreichender Baustein in einer lückenlose Kette von zielführenden Nachrichten ist. Da sie die gleichen Verhaltensbausteine nutzt, scheint die Rekrutierung zu Futterstellen wie ein Mini-Schwarmverhalten.

Für den ›laufenden Betrieb‹ eines Bienenvolkes sind die Tänze für das Einbringen von Nektar und Pollen hilfreich, aber es geht auch ohne sie, manchmal sogar besser (148). Das gilt nicht für das Schwarmverhalten. Welche überragende Rolle die Kommunikation zwischen den Honigbienen für das Leben und Überleben eines Bienenvolkes spielt, wird am Bienenschwarm ganz besonders offensichtlich.

Der Bienentanz ist unverzichtbar, wenn die Spurbienen eine neue Wohnstatt entdeckt haben und sich um Unterstützung für ihre Entdeckung bemühen. Es wird aber ebenso klar, dass die Halbwahrheiten im Bienentanz ein Todesurteil für das Volk bedeuten würden, würden die Unzulänglichkeiten aus dem Tanz nicht durch weitere Formen der Verständigung ausgeglichen.

Für den Schwarm aus 20000 oder mehr Bienen, der mit der alten Königin die alte Behausung verlassen hat und im Freien ein Zwischenbiwak belegt, muss eine neue, passende Wohnung rasch gefunden werden. Ist dies der Fall, müssen alle Bienen zur neuen Unterkunft, im Waldhabitat in der Regel ein Hohlraum in einem Baumstamm, gebracht werden.

Über die Vorbereitungen zum Schwarmaufbruch und die Verhaltensweisen, die den Schwarm ins Ziel bringen, sind dank der Forschungsarbeiten von Martin Lindauer, der sich als Erster mit den Tänzen auf einer Schwarmtraube befasst hat (150), sowie von Thomas Seeley (231) viele Details bekannt.

Wie einzelne Bienen für eine neue Wohnung werben

Bevor das gesamte Volk in die Kommunikation eingebunden wird, spielt sich zunächst ganz Entscheidendes zwischen wenigen Bienen ab. Ein Versagen an dieser Stelle würde ein frühes Ende für das ausgeschwärmte Bienenvolk bedeuten.

Hat ein Schwarm die alte Wohnung verlassen, ist Eile geboten. Der Reiseproviant in Form randvoller Honigblasen reicht nur begrenzt und Unwetter können einem ungeschützt am Baum hängenden Bienenvolk schwer zusetzen. Dazu kommt die Konkurrenz um die besten Wohnmöglichkeiten, wenn mehrere Bienenvölker einer Region Schwärme losschicken. Von der Schwarmtraube, zu der sich die Bienen unweit des Nestes, aus dem sie ausgezogen sind, verdichtet haben, starten 200 bis 300 sogenannte Spurbienen auf die Suche nach neuen Wohnmöglichkeiten. Spurbienen sind in der Regel ältere Sammelbienen, die sich von der Suche nach neuen Nahrungsquellen auf die Suche nach einer geeigneten Wohnung umgestellt haben. Nicht jede ältere Arbeitsbiene kann eine solche Umstellung durchlaufen. Wie für die Ausbildung vieler Eigenschaften und Fähigkeiten der einzelnen Biene gilt auch hier, dass die genetische Ausstattung entscheidend ist. Es hängt von den Genen ab, die eine Arbeitsbiene von ihrem jeweiligen Vater mitbekommen hat, mit welcher Wahrscheinlichkeit sie Spurbiene wird (212).

Wenn es dabei bliebe, dass lediglich jeder Entdeckerin ein neuer Nistplatz bekannt wäre und diese Kenntnis nicht an andere Bienen weitergegeben werden könnte, wäre der Bienenschwarm verloren. Schließlich müssen alle Bienen an dasselbe Ziel gelangen.

Es ist entscheidend wichtig, dass es jeder Spurbiene gelingt, möglichst vielen weiteren Bienen ihre Neuentdeckung zu zeigen, die sich von deren Beschaffenheit ein Bild machen und dann ebenfalls dafür mit Tänzen werben. Es müssen Mini-Schwärme, im geringsten Fall zunächst eine einzige weitere neu hinzugewonnene Biene, zur Neuentdeckung gebracht werden. Der Aufbau einer kleinen Bienenkohorte zu einer Neuentdeckung erfolgt langsam, Biene für Biene. Im Schnitt kommt alle fünf Minuten ein weiterer Rekrut hinzu (236), bis am Ende zwanzig bis dreißig Bienen (in Einzelfällen bis zu fünfzig Bienen) hinzugekommen sein können (231).

‹ **Abb. 38**

Die ›Bewerbung‹ einer neuen Wohnung erfolgt Schritt für Schritt. Hier hat die Entdeckerin eine erste weitere Biene von der Schwarmtraube zu diesem Baum gebracht. So entsteht Biene für Biene eine kleine Schar, die den neuen Ort kennt.

Diese weiteren Spurbienen werden jede einzelne durch Schwänzeltänze auf der Schwarmtraube angeworben und werben dann später selbst genauso mit Tänzen für diese Entdeckung.

Die Divergenzwinkel zwischen aufeinanderfolgenden Tanzrunden im Schwänzeltanz (siehe Abb. 28) sind bei Tänzen auf der Schwarmtraube, also auf den Körpern anderer Bienen, etwas geringer als bei

Tänzen auf einer Wabe (281). Aber anders als zunächst vermutet, haben die Bienen keine unterschiedlichen Tänze für Futterplätze und Nistplätze. Es sind die unterschiedlichen physikalischen Bedingungen auf den Tanzböden (Wabe oder Schwarmtraube), denen die Bewegungsmöglichkeiten der Bienen unterworfen sind, die mitbestimmen, wie die Tänze und damit die Divergenzwinkel zwischen den Tanzrunden ausfallen (251).

‹ **Abb. 39**

Spurbienen, die eine neue Nisthöhle gefunden haben, werben dafür mit ihren Tänzen auf der Schwarmtraube, also auf den Körpern der anderen Bienen. Diese Tänze erreichen allerdings nur einen winzigen Bruchteil aller Schwarmbienen. Für die Rekrutierung zur neuen Behausung sind die Tänze aus diesem Grunde nicht ausreichend – erst eine lückenlose Kommunikationskette aus anderen Reizen kann den ganzen Schwarm erfolgreich zum neuen Wohnort bringen.

Es geht nicht ohne Kommunikation im Feld

In dem beschriebenen Rekrutierungsvorgang der kleinen Bienenkohorte zu einer neu entdeckten Wohnstätte fällt alles weg, was in der Forschung bislang angeführt wurde, um trotz Tanzungenauigkeiten die klassische These zu bestätigen, dass die Bienentänze die Bienen in direktem Weg zur Futterstelle führen:

1. Die Bienen können hier in der kritischsten Phase nicht aus mehreren (halbwahren) Tänzen die richtige Angabe mitteln, denn zunächst tanzt nur eine einzige Biene für das Ziel.
2. Im Feld verteilt zu werden, vorteilhaft bei reicher Blütentracht, wäre hier fatal. Es muss die eine beworbene Höhle aufgesucht werden, die man nahezu als Punkt in der Landschaft auffassen kann.
3. Von der Höhle gehen keine Hinweise und Signale aus, die eine Zielfindung ermöglichen.
4. Ohne eine Fortsetzung der Kommunikation im Feld bleibt jede Spurbiene mit ihrer Entdeckung allein und kein Rekrut kommt an der Neuentdeckung an.

Für diese entscheidende Lage im Leben eines Bienenvolkes funktioniert es auf keinen Fall, der Tanzsprache die überragende Rolle in der Zielführung zuzuweisen. Die Fortsetzung der Kommunikation zwischen den Bienen im Feld, über die auch beim Schwarmverhalten große Wissenslücken (blinde Flecken) bestehen, liefert erst die entscheidenden zielführenden Beiträge.

In ihrem Bemühen um Nachfolgerinnen am neu entdeckten Wohnplatz zeigen die Spurbienen alle Verhaltensweisen, die auch von der Futterplatzrekrutierung bekannt sind: sie tanzen, sie fliegen zwischen Bienenvolk und Ziel hin und her und am Ziel lassen sich Brauseflüge und Markierungen des Zieles mit dem Pheromon der Nasanov-Drüse beobachten.

‹ **Abb. 40**

Eine Sammelbiene, die zuvor im Stock getanzt hat, mit erkennbar offener Nasanov-Drüse im Anflug an Blüten, für die sie im Tanz wirbt.

Wir wissen nichts darüber, was zwischen den Spurbienen auf dem Weg vom Zwischenbiwak des Schwarmes zum neuen Wohnort geschieht. Diese Wissenslücke deckt sich mit unserer Unkenntnis, dem blinden Fleck, bei der Futterplatzrekrutierung.

Dagegen wissen wir sehr gut Bescheid über die Flüge der kompletten Schwärme zur neuen Wohnhöhle (231).

Wie der Schwarm auch ohne Tanzinformation ans Ziel gelangt

Jede Spurbiene, die einen möglichen neuen Nistplatz entdeckt hat, tanzt auf der Schwarmtraube für diesen Ort, ebenso wie alle weiteren Bienen, die sie dazu gebracht hat, diesen Ort ebenfalls zu inspizieren. In einem Abstimmungsprozess zwischen diesen Werberinnen, dessen erste Aufklärung auf Lindauer zurückgeht (150), wird am Ende unter allen entdeckten Wohnmöglichkeiten nur noch die beste durch Schwänzeltänze beworben (233). Zu diesem einen Ort können fünfzig oder mehr Spurbienen rekrutiert worden sein, die nun auf der Schwarmtraube nur noch für diesen Ort tanzen. Ab diesem Zeitpunkt startet der Rekrutierungsprozess, der alle Schwarmbienen zur neuen Unterkunft führt, oft in etlichen Kilometern Entfernung.

Die allermeisten Bienen einer Schwarmtraube wissen nichts vom bevorstehenden Aufbruch. Mehr als 95 Prozent der Schwarmbienen haben nichts von den Tänzen mitbekommen und keine Ahnung, wann der Abflug stattfindet und wohin die Reise geht. Das Ziel haben, bevor der gesamte Schwarm aufbricht, maximal fünf Prozent des Schwarmes besucht (231). Der Bienentanz fällt also als richtungsweisender Faktor für den Umzug des Schwarmes vom Ort des Zwischenbiwaks hin zur neuen Wohnstatt komplett aus.

Wie stellen es die vergleichsweise wenigen Bienen an, den kompletten Schwarm ins Ziel zu bringen? Die hochkomplexe Verhaltenskette läuft über diese Stufen ab: Zunächst wird der Schwarm in Aufbruchsstimmung versetzt, und die ›Flugmotoren‹ laufen sich warm. Danach kommt ein Zeichen zum Aufbruch. Ist der Schwarm in der Luft, wird er zum Ziel geleitet. Auch für diese drei Schritte sind dieselben Bienen zuständig, die für die neue Behausung als bestmögliche Unterkunft mit Schwänzeltänzen geworben haben.

Etwa eine bis anderthalb Stunden, bevor der Schwarm aufbricht, treten in der Schwarmtraube Pieptöne auf (219, 220), wie sie auch schon vor dem Aufbruch des Schwarmes aus der alten Behausung zu beobachten sind (197). Die Erzeuger dieser Töne in der Schwarmtraube sind Spurbienen, die nach der Entscheidung für ein bestimmtes Ziel zunächst noch eine ganze Zeitlang zwischen Schwarmtraube und neuer Wohnstätte hin- und herfliegen, auf der Schwarmtraube Schwänzeltänze aufführen und am Ziel Duftmarkierungen setzen. Dabei wird das Grüppchen Bienen, dem das Ziel bekannt ist, weiter vergrößert.

Ab einem bestimmten Zeitpunkt erweitern diese Spurbienen das gezeigte Verhaltensrepertoire. Sie beginnen, ihre Schwänzeltänze zu unterbrechen und rasch über die Körper der Schwarmbienen zu laufen, halten zwischendurch an, packen dabei eine Biene mit ihren Beinen und lassen einen Piepton los, den sie mit ihrer Flugmuskulatur erzeugen. Schon bald nach dem Auftreten dieser Verhaltensmuster auf der Schwarmoberfläche verschwinden sie in das Innere der Schwarmtraube. Auch dort wird eifrig gepiept (232). Da sich die piependen Bienen im Inneren der Schwarmtraube zwischen den Schwarmbienen vorandrängen, sind sie permanent dicht von Bienen eingehüllt. So erreichen die Vibrationspulse der piependen Bienen auf ihren Wegen durch die Schwarmtraube rasch eine große Anzahl von Mitstreiterinnen. Die angepiepten Bienen erhöhen als Reaktion auf dieses Vibrationssignal ihre Körpertemperatur. Die Häufigkeit des Piepens nimmt kontinuierlich zu, bis es etwa dreißig Minuten vor dem Schwarmaufbruch nahezu durchgehend zu hören ist.

Parallel steigt die Gesamttemperatur der Schwarmtraube an. Ist bei allen Bienen eine Temperatur von 35 bis 37 Grad Celsius erreicht, ist der Schwarm startklar (232, 237) und wartet auf das Zeichen zum Start. Das eigentliche Signal zum Aufbruch besteht in sogenannten

Schwirrläufen (150, 211). Kurz vor dem Start laufen mehr und mehr Bienen hektisch über die Schwarmtraube. Auch dies sind dieselben Bienen, von denen die Pieplaute ausgehen. Und diese sind wiederum dieselben, denen der neue Nistplatz bekannt ist und die einige Zeit vorher noch entsprechende Werbetänze aufgeführt hatten (231).

Der Schwarm auf Reisen

Der Start des Schwarmes erfolgt explosionsartig. Alle Bienen fliegen gleichzeitig los, sie blättern nicht Schicht um Schicht von der Schwarmtraube ab. Der Schwarm hängt dann wie ein großer lebendiger Ballon zunächst auf der Stelle in der Luft, verändert dann sein Erscheinungsbild, indem er lang getreckt wird wie ein Zeppelin, der sich zunächst langsam und dann bis maximal acht Stundenkilometer immer schneller werdend, zielgerichtet zum neuen Heim in Bewegung setzt.

Die Führung übernimmt die zahlenmäßig kleine Gruppe Bienen, die schon bisher alle Schritte ausgeführt hat, von der Entdeckung, der Inspektion und der Bewerbung des neuen Heims bis zum Start des Schwarmes.

Es sind drei Reizquellen, die den Schwarm zusammenhalten und im Flug voranbringen. Der Zusammenhalt des Schwarmes geht von einem Pheromongemisch aus, für das 24 Bestandteile identifiziert worden sind und das die Königin in Drüsen in ihrem Kopf produziert. Zusätzlich besitzt die Königin in jedem Hinterleibssegment sogenannte Tergittaschendrüsen, deren Sekret ebenfalls die Arbeiterinnen zusammenhält. Honigbienen sind für ihre arteigenen Pheromone höchst empfindlich und können geringste Mengen, die in die Luft freigesetzt sind, wahrnehmen.

Als Lockstoff im Schwarm wirkt das Pheromon der Nasanov-Drüse. Eine wichtige Komponente ist das Geraniol, das bei Arbeiterinnen in der sogenannten Nasanov-Drüse produziert wird. Alphonse Avitabile und Mitarbeitende beschrieben (7), dass vor allem Pheromone den

Schwarm zum Ziel leiten und dem Geraniol dabei besondere Bedeutung zukommt. Die Spurbienen markieren am neuen Heim herumlaufend oder brausefliegend damit auch den Eingang zur neuen Behausung.

Eine Freisetzung von Geraniol ist dann besonders offensichtlich zu erwarten, wenn die Bienen durch Abknicken des Gelenkes zwischen dem vorletzten und letzten Hinterleibssegment eine Tasche sichtbar werden lassen, in die hinein Hunderte Drüsenzellen das Geraniol als Flüssigkeit ausscheiden. Die Anatomie des Nasanov-Organs und die physikochemischen Eigenschaften des Geraniols lassen nicht ausschließen, dass das Geraniol aufgrund einer geringen Oberflächenspannung die Cuticula, die Außenhülle des Bienenkörpers, benetzen und, sobald es synthetisiert wird, auch nach außen treten kann, selbst wenn die Drüsentaschen für einen menschlichen Beobachter geschlossen erscheinen.

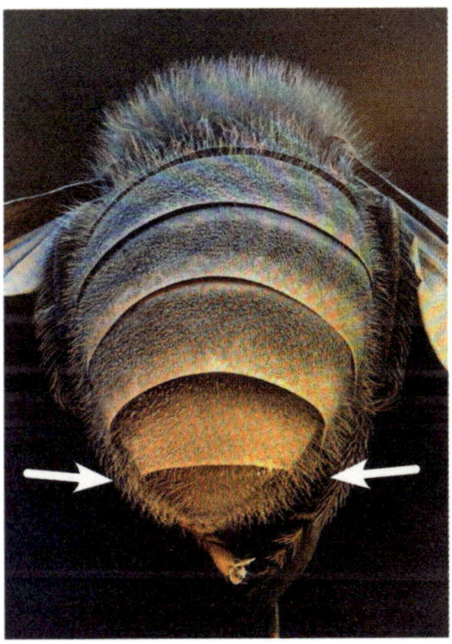

‹ **Abb. 41**

Die Nasanov-Drüse befindet sich über dem Gelenkspalt zwischen dem vorletzten und letzten Hinterleibssegment (Pfeile) und nimmt die gesamte Breite des Spaltes ein. Das letzte Hinterleibssegment ist stärker behaart als die davor liegenden. Eventuell wird das flüssige Pheromon durch den Spalt zwischen den Segmenten nach außen gezogen, auch wenn die Drüse nicht sichtbar geöffnet ist, und die Haare können den Flüssigkeitsfilm halten – dies ist allerdings bislang noch ungeklärt.

Zusätzlich zu den chemischen Signalen kommen für die Orientierung des Schwarmes optische Signale in Betracht. Lindauer beobachtete in einem Schwarm einzelne Bienen, die mit höherer Geschwindigkeit als die übrigen Bienen den Schwarm geradlinig durchflogen, wobei die Achse der Flugstrecke in Richtung des Zieles lag (106, 150).

Um die relative Gewichtung von optischen und chemischen Signalen in der Zielführung eines Bienenschwarmes zu untersuchen, verklebten Madeleine Beekman und Mitarbeitende bei allen Arbeiterinnen mehrerer kleiner Schwärme den Segmentübergang vom vorletzten zum letzten Hinterleibssegment mit einem Farbklecks, wodurch die Öffnung der Nasanov-Drüse behindert wurde. Trotzdem gelangten alle Schwärme zum Ziel (14). Die Schlussfolgerung der Autor:innen, dass der Schwarm nicht durch das Geraniol geführt wird, das sonst in allen Zusammenhängen eine Rolle spielt, wo es darum geht, Arbeitsbienen zu einem Ort zu locken, würde sicherlich aufgewertet, wenn es gelänge, den Nachweis zu führen, dass die Bienen in ihrem Experiment tatsächlich gar kein Pheromon mehr freisetzen konnten.

DIE KOMMUNIKATION ZWISCHEN BIENEN NEU DENKEN

Aus der Analyse der relevanten Publikationen (wie sie hier vorgenommen wurde), aufbauend auf Karl von Frischs epochalen Entdeckungen sowie der vertiefenden Bearbeitung durch seine Nachfolger, lässt sich feststellen: Die Tanzinformation betrifft die Phase 1 der Fernorientierung, nicht mehr und nicht weniger. Blickt man aber in Phase 2 und 3, so trifft man auf den schon mehrfach angesprochenen blinden Fleck. Wie lässt er sich schließen?

Eine Entdeckung, ebenso aufregend wie die Tänze der Bienen

Es mag mit den methodischen Problemen der Bienenforschung im Freiland zusammenhängen, dass eine sehr aufregende Entdeckung bis heute so gut wie kein Interesse und keine Aufmerksamkeit der Wissenschaft gefunden hat. Karl von Frisch (78) sowie John B. Free und Ingrid Williams (67) beschrieben als Erste bereits vor etwa fünfzig Jahren den Zusammenhang zwischen dem Kommunikationsverhalten erfahrener Bienen an einem Zielort und dessen Eigenduft. Die Eigenschaften des Zieles beeinflussen somit nicht nur die Tänze im Stock, die Tanzsprache, sondern auch die Kommunikation im Feld.

Je geringer der (für den Menschen) wahrnehmbare Eigenduft einer natürlichen oder einer künstlichen Futterquelle oder Wasserstelle ist, desto auffallenden ist (für den menschlichen Beobachter) der Einsatz der Nasanov-Drüse durch die Sammelbienen.

Das gleiche Verhalten tritt im Schwarmverhalten auf, wenn Scout-Bienen den Eingang einer neuen Wohnhöhle markieren, von der natürlicherweise keine Locksignale für die Bienen ausgehen (66, 67). Die bisherigen Aussagen der Forschung zu diesem Verhalten sind rein beschreibend, es liegen keine Messungen und keine Daten dazu vor.

Diese Beobachtungen lassen eine sehr aufregende Deutung zu: Die erfahrenen Bienen ergänzen natürlich auftretende Duftreize, die von einem Ziel ausgehen, durch eigene Signale, und zwar als Abschluss der Kommunikationskette, die mit den Tänzen im Stock begonnen hat. Die Tatsache, dass diese Ergänzung abgestuft und an den Bedarf angepasst aufzutreten scheint, ist höchst erstaunlich und ist von ihrer Bedeutung und der den Bienen unterstellten Leistung her auf eine Stufe zu stellen mit dem Einstieg in die Kommunikationskette im Bienenstock in Form der Tänze.

Aufgrund welcher Eindrücke ›wissen‹ die erfahrenen Bienen, die vorher im Stock getanzt haben, dass suchende Neulinge im Feld unterwegs sind? Woher wissen sie, dass von dem im Tanz beworbenen Ziel, wenn überhaupt, schwache Zielfindungshilfen ausgehen? Woher wissen sie mit welcher Intensität die suchenden Neulinge auch im Feld unterstützt werden müssen?

Es ergeben sich Fragen über Fragen …

Welche Rolle spielt der Duft in der Bienenkommunikation?

Karl von Frisch und anderen frühen Bienenforschern wie Bruce Lineburg (155) war klar, welche entscheidende Unterstützerrolle erfahrene Bienen für die unerfahrenen Bienen im Feld spielen. Ihnen war ebenso bewusst, welche Bedeutung dabei dem Pheromon der Nasanov-Drüse zukommt.

Diese Drüse liegt auf der Rückenseite zwischen den beiden letzten Hinterleibssegmenten (siehe Abb. 41). Dessen Entdecker, nach dem dieses Organ benannt ist (291), hatte keinerlei Vorstellung über die Funktion des Organs, das erst durch Frederic William Lambert Sladen (242) um 1900 als Drüse, die ein Duftgemisch mit Geraniol als einer Hauptkomponente produziert, erkannt wurde.

Das Problem damals: Es fehlte an Methoden, Geraniolkonzentrationen und deren zeitlich-räumliche Ausbreitung entlang der Flugrouten der Bienen zu messen. Man war auf seinen eigenen Geruchsinn angewiesen.

Von Frisch schrieb dazu:

> »[...] Auch während sie mit ausgestrecktem Organ über dem Futterplatz herumschwärmt, fällt der charakteristische Duft auf, wenn man den Flugwind ins Gesicht bekommt. Aber auf eine größere Entfernung als höchsten 1–2 Schritte konnte ich den Duft nicht bemerken. Für die Bienen kann nicht das Gleiche gelten. Denn der Zustrom von Neulingen bei einer reich gefütterten Schar ist so groß, daß sie offenbar aus einem Bannkreis von ganz anderen Dimensionen die herumstreifenden Sucher heranziehen.« (72, S. 171)

Das Fehlen geeigneter Forschungsmethoden wurde bedauert:

> »So ist wohl das Geruchsorgan der Bienen auf diesen Lockduft, den sie selbst produzieren, besonders fein abgestimmt. Ein genaues Maß hierfür zu finden, wüsste ich keinen Weg.« (72, S. 172)

Fehlendes Wissen musste damals durch Vermutungen ersetzt werden, zu denen es bis heute keine gründlichen Untersuchungen gibt. Das betrifft auch die Freisetzung des Pheromons der Nasanov-Drüse. Dazu besteht bis heute lediglich eine alte Vermutung Karl von Frischs:

> »Ob es vorkommt, dass UNTER BESONDERS GÜNSTIGEN BEDINGUNGEN auch beim Flug eine Wegmarkierung wirksam ist, bleibt eine müßige Frage, solange wir nicht wissen, ob die Sammlerinnen die Strecke mit ausgestülptem Duftorgan durchfliegen. Ich glaube, daß sie erst beim Anschwärmen ans Ziel von ihm Gebrauch macht.« (78, S. 229, Auszeichnung im Original)

Hochleistungszeitlupen-Videoaufnahmen gestatten es, einen Vorgang objektiver zu erfassen, zu dem es bisher an fliegenden Honigbienen lediglich Aussagen über direkte Beobachtungen an langsam fliegenden Bienen und maximal offenen Drüsenspalten gibt. Eine neue, noch unveröffentlichte Studie nutzte diese Hochleistungszeitlupen, um zu zeigen, dass die Form der Haltung des Hinterleibssegments und damit die Öffnung der Nasanov-Drüse von der Motivation der Biene abhängt, sprich ob diese im Stock getanzt hat oder nicht. Während die Einstufung für einen Menschen bei Direktbeobachtung schwierig ist, kann auf diese Weise das Anflugverhalten einer Biene zur Futterstelle erstmals systematisch untersucht werden (Benjamin Rutschmann, persönliche Mitteilung).

Es bleibt unbekannt, über welche Strecken im Anflug auf einen Futterplatz die erfahrenen Bienen, die zuvor im Stock getanzt haben, die Nasanov-Drüse öffnen. Und es wäre zu prüfen, ob aus dem Gelenkspalt zwischen den beiden letzten Hinterleibssegmenten nur dann Geraniol austritt, wenn die Drüse bei Beobachtung erkennbar geöffnet ist, oder ob nicht bereits zuvor das flüssige Pheromonsekret kapillar auf das letzte Abdominalsegment herausgezogen wird. Das letzte Hinterleibssegment trägt eine auffällig stärkere Behaarung als die vorderen Segmente (siehe Abb. 41). Daran könnte ein dünner Sekretfilm haften und von dort aus verdunsten. Um noch etwas weiter zu spekulieren: Die auffallend zahlreichen Fettzellen in der Körpertasche, in der sich die Nasanov-Drüse befindet, könnten ein Fixativ beisteuern, das eine verlangsamte Abgabe des Pheromons begünstigt.

Alle diese Spekulationen sind mit heutigen Forschungsmethoden überprüfbar.

Wie gut können Bienen überhaupt riechen?

Es gehört zu den erstaunlichen Tatsachen in der Erforschung der Kommunikation der Honigbienen, dass keine einzige (!) physiologische Arbeit zur Empfindlichkeit der Arbeitsbienen gegenüber dem Pheromon der für die Kommunikation extrem wichtigen Nasanov-Drüse vorliegt.

Sowohl für Sinneszellen auf den Fühlern der Biene als auch für die Nervenzellen in deren Gehirn (88) ist unbekannt, wie empfindlich sie für die Wahrnehmung von Geraniol und weitere Bestandteile des Nasanov-Drüsen-Pheromons sind.

Mit dem Duftstoff dieser Drüse locken sich die Arbeiterinnen zum Eingang des Nestes an, er spielt im Schwarmumzug die entscheidende Rolle und diese Drüse wurde von Karl von Frisch vor seiner Entdeckung der Tanzsprache für die Rekrutierung zu einem Zielpunkt verantwortlich gemacht.

In seinem Bemühen, auch in die Kommunikationswelt der Bienen außerhalb ihres Stockes einzudringen, nutzte von Frisch subjektive Schätzungen, um eine Vorstellung von der Riechwelt der Bienen zu bekommen, in denen der Geruchssinn des Menschen als Vergleichsgröße eingesetzt wurde. Für zwei Substanzen (Bromstyrol und Methylheptenon in flüssigem Paraffin) bestimmte er für sich selbst und für seine Ehefrau die Wahrnehmungsschwelle und nahm die Ergebnisse als Anhaltspunkt für entsprechende Schwellenwerte bei den Bienen (70). Ohne die Verfügbarkeit von Messgeräten zur Bestimmung von Duftkonzentrationen in Luft wurden damals Verdünnungsreihen hergestellt und die Stufe der Verdünnung bestimmt, ab der an den Bienen (und den Menschen) keine Reaktion mehr beobachtet werden konnte. Von Frisch fand so für die Bienen als relative Abschätzung für die Geruchsempfindlichkeit einen Verdünnungsfaktor für Methylheptenone von eins zu 2000. Aufgrund dieser Resultate vermutete er für die

Honigbienen keine besonders hohe Empfindlichkeit bei der Wahrnehmung von Gerüchen.

Charles Ronald Ribbands (206) fand für die gleiche Substanz bei Honigbienen in Dressurexperimenten als Schwellenwert einen Verdünnungsfaktor von eins zu vierzig Millionen, die Bienen wären demnach also zwanzigtausendfach empfindlicher, als es von Frisch angenommen hatte. In Experimenten, in denen Bienen darauf trainiert wurden, an Orten mit einem bestimmten Duft auf Futter zu treffen, ergaben sich noch wesentlich höhere Empfindlichkeitswerte (207). Folglich schätzte Ribbands die Empfindlichkeit der Bienen für Düfte entsprechend hoch ein.

Ein hochinteressantes, bisher unveröffentlichtes Resultat hat Rodrigo de Marco für dieses Buch zur Verfügung gestellt. Es vertieft die Entdeckung von Frischs (72) über den engen Zusammenhang zwischen dem Auftreten von Schwänzeltänzen im Stock und Brauseflügen, die am Futterplatz gehört und gesehen werden können. De Marco bestimmte den bereits durch von Frisch bemerkten, aber nicht gemessenen direkten Zusammenhang zwischen der Zeitdauer, die eine Sammelbiene tanzt, und der Zeitdauer, die dieselbe Biene während des Brauseflugs um den Futterplatz und nach der Landung die Nasanov-Drüse geöffnet hat. Je länger eine Biene im Stock tanzt, desto länger dauern ihre Brauseflüge und das dort sichtbare Öffnen der Nasanov-Drüse (De Marco, persönliche Mitteilung).

Die Intensität aller bisher beobachteten Signale zur Rekrutierung von Bienen, die eine erfahrene Sammelbiene sowohl im Bienenstock als auch am Futterplatz abgibt, ist jeweils gleich hoch, erfahrene Bienen kommunizieren auf allen dafür bekannten Ebenen vom Bienenstock bis ins Ziel gleich intensiv.

Den Düften im Feld auf der Spur

Es ist schwer vorstellbar, dass ein aktives Lockverhalten der erfahrenen Bienen im Feld erst dann beginnt, wenn ein menschlicher Beobachter sie wahrnimmt. Wie diese Bienen sich verhalten haben, bevor sie für den Beobachter sichtbar am Futterplatz auftauchten, ist unbekannt. Einen riesengroßen Schritt zum Schließen dieser Lücke könnte die Aufzeichnung von Flugspuren beisteuern.

Eine gleichzeitige Radarverfolgung (zur Methode siehe 208) mehrerer fliegender Bienen gelang bisher bereits an Sammelbienen, die auf mit Geraniol beduftete Futterplätze dressiert waren (169). Ein künftiges derartiges Experiment mit gleichzeitiger Verfolgung erfahrener und unerfahrener Bienen würde aufklären, wo auf der Strecke zwischen Bienenstock und Futterplatz sich die dort ankommenden Gruppen bilden und so die Vermutung zum Zustandekommen von Flugkurven (siehe Abb. 33) und über das Zusammenfinden erfahrener und unerfahrener Bienen überprüfen lassen.

Ein Zusammenfinden von Rekruten und erfahrenen Bienen im Flug könnte auf Signalstoffen basieren und/oder auf optischen Zeichen und Signalen.

Signalstoffe, die Pheromone, gehören zu den wichtigsten Informationsmitteln in der Welt der Insekten. Pheromone dienen bei nicht staatenbildenden Insekten als Sexuallockstoffe dem Zusammenführen der Geschlechter. Zur Biologie der Sexuallockstoffe bei Insekten liegt insbesondere für Falter eine riesige Menge an Studien vor (4, 25, 26). Eines der erstaunlichen Ergebnisse dieser Studien ist die unglaubliche Empfindlichkeit, die Insekten für die Wahrnehmung von Pheromonen besitzen. Schmetterlinge, wie manche Eulenfalter, locken per luftgetragenem Duft ihre Geschlechtspartner aus bis zu zehn Kilometern Entfernung an.

Ähnlich hohe Empfindlichkeiten fand man bei Ameisen. Diese besitzen als soziale Insekten ein ganzes Arsenal unterschiedlicher Pheromone, die eine differenzierte Kommunikation innerhalb der Staatengemeinschaft ermöglichen. Der Duftstoff mancher Ameisenarten ist so wirksam, dass man aus der Menge, die eine einzige Ameise herstellt, eine wirksame Rekrutierungsspur legen könnte, die rund um den Erdball reicht (118).

Auch bei Honigbienen erfüllen Signalstoffe eine Vielzahl von Aufgaben (66, 204). Verhaltensreaktionen fliegender Honigbienen auf Düfte, die nach dessen Worten auch von weither stammen konnten, beobachtete Butler schon Anfang des 17. Jahrhunderts (siehe S. 21).

In der Phase 3 der Fernorientierung von Sammelbienen zu einem in den Tänzen beworbenen Ziel spielen Düfte eine maßgebliche Rolle. Die Lockwirkung von Düften kann sogar von eintrainierten Flugspuren ablenken. Sammelbienen, die zu einer bestimmten Futterstelle hin dressiert sind, lassen sich auf dem Hinflug zu diesem Ort bis zu einer gewissen Abweichung von der ursprünglichen Flugroute ablenken, wenn sie den gelernten Duft mit dem Wind aus einer anderen Richtung zugetragen bekommen (169).

Für Sammelbienen, die ein durch Tänze beworbenes Ziel ansteuern, kommen zwei Typen von Duftquellen mit grundsätzlich unterschiedlichen Eigenschaften in Betracht: zum einen ortsfeste Duftquellen, zum anderen Bienen, die Brauseflüge ausführen.

Ortsfeste Duftquellen wie Blüten oder künstlich beduftete Futterplätze, die kontinuierlich Duftfahnen abgeben, unterliegen in ihrer räumlich-zeitlichen Ausbreitung in erster Linie den Gesetzen der Strömungsmechanik. In Luft sind das Wind und Konvektionsströmungen. Dazu liegen sehr genaue Messungen und Modellierungen vor (10). Aufzeichnungen der Flugspuren von Honigbienen, die in einem Windtunnel nach einer Futterstelle suchten, haben gezeigt, dass der Bereich, in dem die Bienen Suchflüge durchführen, gut mit dem Ausbreitungsareal der Düfte übereinstimmt. Sowie sie zufällig in die Duftfahne eingetaucht sind, wird in diesem Bereich gesucht (124; siehe auch Abb. 42).

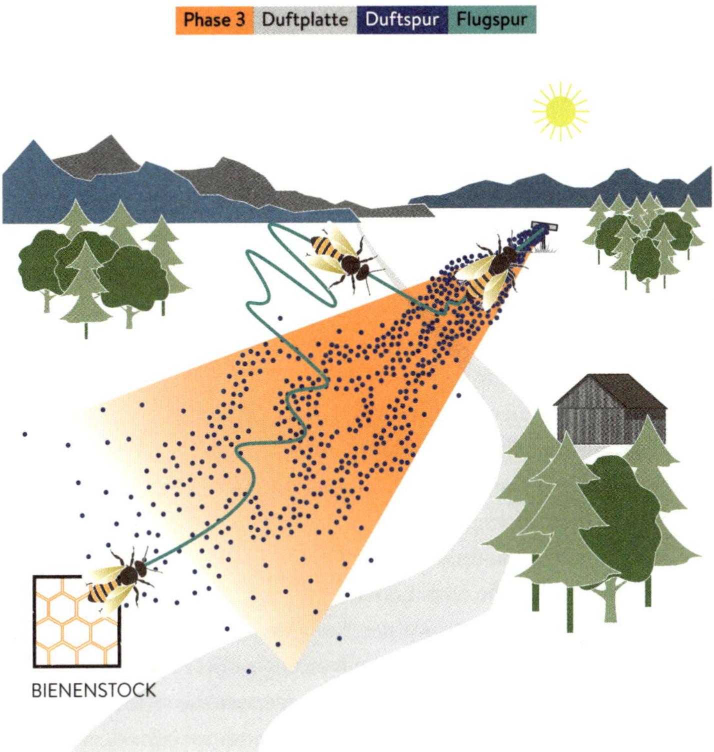

˄ Abb. 42

Die türkise Linie zeigt die mögliche Flugspur einer Biene, die sich einer Duftquelle nähert. Die dunkelblauen Punkte zeigen die Duftspur, die von einer ortsfesten Duftquelle ausgeht. Die Struktur der Duftfahne wird bestimmt von der Luftbewegung, die die Duftmoleküle trägt (nach 10). Weht der Wind, wie hier dargestellt, die Duftfahne vom Ziel bis zum Bienenstock, folgen die rekrutierten Bienen diesem Duft direkt bis zum Futterplatz. Sie treten direkt in Phase 3 (LOCKEN) ein, die beiden ersten Phasen (SCHICKEN und SUCHEN) der Orientierung fallen weg.

Die Bienen könnten mit ihren Brauseflügen Duftwellen in die Luft schicken

Honigbienen, die Brauseflüge aufführen, bilden eine komplett andere Art von Duftquelle. Nicht nur, dass sie nicht ortsfest ist, auch die Art der Ausbreitung der Pheromone wird nicht ablaufen wie bei Duftfahnen, die eine Blüte aussendet.

Da Brauseflüge nur dann auftreten, wenn diese Bienen vorher im Stock getanzt haben, und da das Auftreten der Tänze eng mit dem Öffnen der Nasanov-Drüsen zusammenhängt, ist es naheliegend, diese drei Verhaltensweisen (tanzen, brausen und Pheromone entlassen) zusammen zu betrachten.

Die Brauseflüge könnten geeignet sein, in die Luft hinter der fliegenden Biene ›Walzen‹ von Luftbewegungen abzugeben, wie sie bei Schmetterlingen gemessen werden konnten (85; siehe Abb. 43). Eine Bildung von sich ablösenden Wirbelpaketen im Bereich der sogenannten Grenzschicht auf den Flügeln von Fliegen wird von Werner Nachtigall (180 und persönliche Mitteilung) im Zusammenhang mit einer hörbaren Änderung des Flugtones dieser Insekten diskutiert. Eine solche hörbare Änderung des Flugtones hat bei den Honigbienen zu der Bezeichnung ›Brauseflüge‹ geführt.

Derartige Wirbel sind zeitlich und räumlich sehr stabil und könnten als eine Art Fallen das Pheromon der Nasanov-Drüse festhalten und so in die Luft eine duftende Spur aus derartigen Walzen legen. Messungen, wie sie zu vergleichbaren Vorgängen im Wasser vorliegen (17), zeigen, dass solche Walzen in diesem dichteren Medium bis zu Minuten stabil sein können. Auf dieser Grundlage verfolgen Seehunde ihre Beutefische, indem sie den Wirbelstraßen nachschwimmen, die die Fische hinter sich zurücklassen.

Abb. 43

Durch die Auf- und Abbewegung der Flügel entstehen bei Schmetterlingen Luftbewegungen in Form von Ringen, die hinter dem weiterfliegenden Falter zurückbleiben (85). Es ist vorstellbar, aber bisher komplett unbekannt, dass auch bei brausefliegenden Honigbienen solche Ringe entstehen, in denen dann das Pheromon der Nasanov-Drüse festgehalten werden könnte. Eine Abfolge derartiger Ringe könnte eine Spur in die Luft legen.

Dienen optische Effekte der Kommunikation zwischen Bienen?

Neben der Orientierung nach einem lockenden Duft, vielleicht schon im Flug von erfahrenen Bienen abgesetzt, ist auch eine optische Zielfindungshilfe durch die erfahrenen Bienen vorstellbar.

Eine optische Zielfindungshilfe wurde für den Flug eines Bienenschwarmes zu dessen endgültigem Ziel, in der Natur meist ein hohler Baum, sehr wahrscheinlich gemacht (14). Die auffallend schnellen Flüge der ortskundigen Bienen, die im oberen Bereich einer Schwarmwolke hin- und herfliegen (106), sollten von der großen Masse der Schwarmbienen, die das Ziel nicht kennen, gesehen werden, zumal die ›Schnellflieger‹ von unten her gegen einen hellen Himmel gut erkennbar sind. Ein Hinterherfliegen, um zum Ziel zu gelangen, ist dann für die ortsunkundigen Schwarmbienen die naheliegende Lösung.

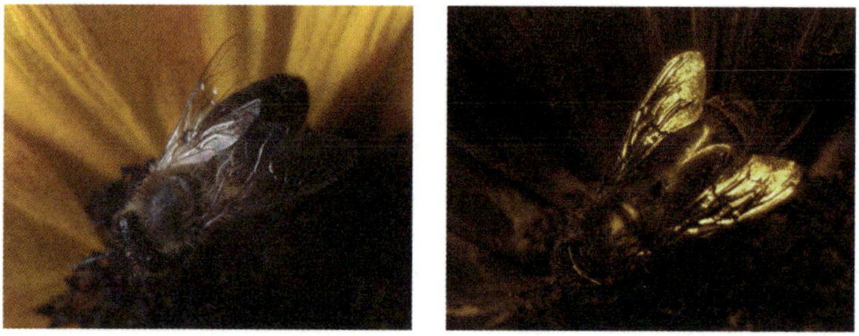

^ Abb. 44

Lichtreflexe von den Flügeln einer Honigbiene im Lichtspektrum des Tageslichtes (links) und im kurzwelligen UV-Bereich (rechts).

Fliegende Bienen könnten aber nicht nur als dunkle Objekte vor dem Hintergrund eines hellen Himmels erkannt werden. Es könnte auch von den Flügeln Tageslicht reflektiert werden. Die Flügel werden im

Flug auf komplexen dreidimensionalen Bahnen etwa 270-mal pro Sekunde auf und ab bewegt, wodurch aufblitzende Reflexe aus einem breiten Bereich der Umgebung her gesehen werden könnten. Die Farbwahrnehmung der Honigbienen basiert auf drei Sehzelltypen, die je für eine der drei Farben maximal empfindlich sind: Grün, Blau und Ultraviolett. Das kurzwellige UV-Licht wird, ebenso wie von manchen Blüten, von den Flügeln der Bienen hervorragend reflektiert (Abb. 44).

Auch dieser Gedanke über eine weitere Zielführungshilfe bei den Bienen ist pure Spekulation und als Anregung für kommende Untersuchungen gedacht.

Die Beobachtung, dass Sammelbienen bevorzugt an Blütenständen landen, an denen bereits andere Bienen sitzen (158), könnte darauf beruhen, dass diese Bienen dafür ihren Sehsinn einsetzen. Bienen können, optisch erkannt, Mengen bis zur Anzahl vier auseinanderhalten (108) und so im Prinzip zumindest den Umfang kleiner Bienengruppen erkennen und unterscheiden.

Versuche mit polarisiertem Licht und waagrecht gelegten Bienenstöcken

Honigbienen richten im dunklen Bienenstock ihre Tänze nach der Schwerkraft aus. Wird ihnen zusätzlich eine Lichtquelle geboten, wirken beide Reize auf die Orientierung der Tänze (siehe die Experimente von Gould, S. 79 ff.).

Legt man in einem Versuch die Wabe, auf der getanzt wird, waagrecht, so sind die Tänze im dunklen Stock komplett desorientiert, da die Schwerkraft als Bezugsgröße wegfällt. Die Ausrichtungen der Schwänzelphasen weisen nicht mehr in einen bestimmten Winkelbereich, sondern komplett zufällig in alle Richtungen. Bietet man nun in einer solchen Situation eine Lichtquelle, richten sich die Bienen ausschließlich nach dieser einzigen Orientierungsmöglichkeit.

Gould hat in seinen Experimenten eine punktförmige Lichtquelle eingesetzt, es gibt aber eine alternative Methode, deren optisches Reizfeld sich sehr viel exakter einstellen und kontrollieren lässt. Denn das Licht einer Lampe, die von jedem Ort auf der Wabe unter einem anderen Winkel gesehen wird (Parallaxe), ist als Orientierungshilfe für eine Winkeleinstellung nur bedingt brauchbar.

Die Atmosphäre unserer Erde wirkt als Filter auch für die Ausrichtung der Schwingungsrichtungen des Sonnenlichtes. Das zunächst ›ungeordnet‹ eintreffende Sonnenlicht wird polarisiert, es bekommt eine Ordnung. Honigbienen erkennen diese Polarisation von Licht (60, 142, 214, 215, 278, 279). Das nutzen sie auf ihren Flügen draußen im Feld. Dafür genügt die Sicht auf einen kleinen Ausschnitt des Polarisationsmusters am Himmel (278; erstmals entdeckt durch Karl von Frisch: 78).

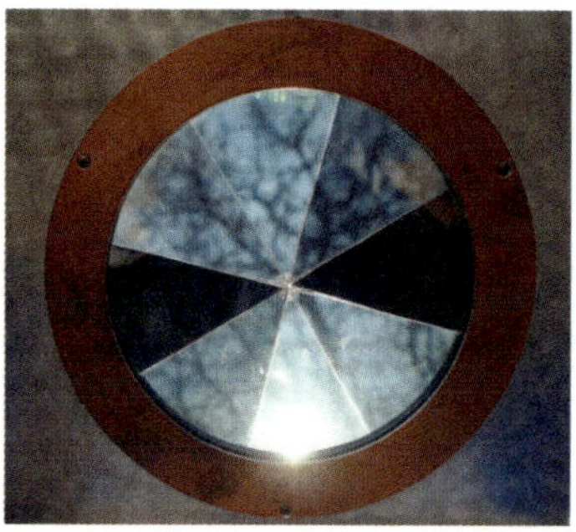

‹ **Abb. 45**

Die Sternfolie, eine Originalapparatur von Karl von Frisch. In zwei übereinanderliegenden und gegeneinander drehbaren Scheiben sind je acht Polarisationsfoliensegmente sternförmig angeordnet. Betrachtet man durch sie hindurch den Himmel, wird durch Drehen der Scheiben dessen Polarisationsmuster erkennbar.

Diese Sinnesfähigkeit der Bienen wurde in einer Reihe von Experimenten zur Tanzsprache genutzt, die Christine Scholtyssek für ihre Diplomarbeit (221), eingereicht bei der Universität Freiburg im Jahr 1998, durchgeführt hat. Grundlage war ein sehr eleganter Versuchsaufbau, der von Rüdiger Wehner und Samuel Rossel für ein Projekt zur Erforschung des Polarisationssehens der Bienen ersonnen worden war (279).

Das folgende Experiment, wir nannten es Gieshügel-Experiment, durchgeführt auf einer Außenstelle der Bienenstation der Universität Würzburg, nutzt ähnliche Voraussetzungen.

Das Gieshügel-Experiment gibt Aufschluss über das Verhalten der Bienen im Feld

Das Gieshügel-Experiment sollte überprüfen, wie stark der Einfluss der Tanzsprache auf die Zielfindung der Rekruten im Feld ist. Der Grundgedanke dieses Versuchs folgt einem Experiment, das Wehner und Mitarbeiter:innen viele Jahre zuvor durchgeführt haben (280). Vor einer Publikation in einer Fachzeitschrift war geplant, diesen Versuch zur Erhöhung des Datenumfangs zu wiederholen. Äußere Umstände haben das bisher verhindert – es wird hier insofern erstmals veröffentlicht.

Ein waagrecht gelegter Beobachtungsstock wurde von einer lichtdichten Halbkugel eingeschlossen, in deren höchster Region eine runde Aussparung geschnitten war. Diese Aussparung wurde mit einer sogenannten Polarisationsfolie bedeckt (siehe Abb. 46). Die Folie ließ nur den polarisierten Anteil des Himmelslichtes auf die Wabe fallen. Das so für die Bienen auf der Wabe sichtbare Licht hatte nun zwar durch die Polarisation eine Ausrichtung, diese war aber doppeldeutig. Es gab keinen Hinweis auf die richtige Richtung von den beiden angezeigten möglichen Richtungen, in der die Sonne tatsächlich stand. Man kann sich diese Situation durch parallele Linien veranschaulichen, an deren beiden Enden Pfeilspitzen sitzen, die in je eine Richtung weisen. Für die Bienen blieb unklar, ob die Sonne auf der einen Seite oder genau entgegensetzt auf der anderen Seite stand.

Die Unklarheit über den wahren Sonnenstand führte dazu, dass sich, wie es erwünscht und erwartet war, die Hälfte aller Schwänzeltänze, die sich in jedem Fall nach dem Polarisationsmuster als Vergleichswert richteten, nach der einen Seite und die andere Hälfte nach genau der entgegengesetzten Seite richteten (Abb. 47).

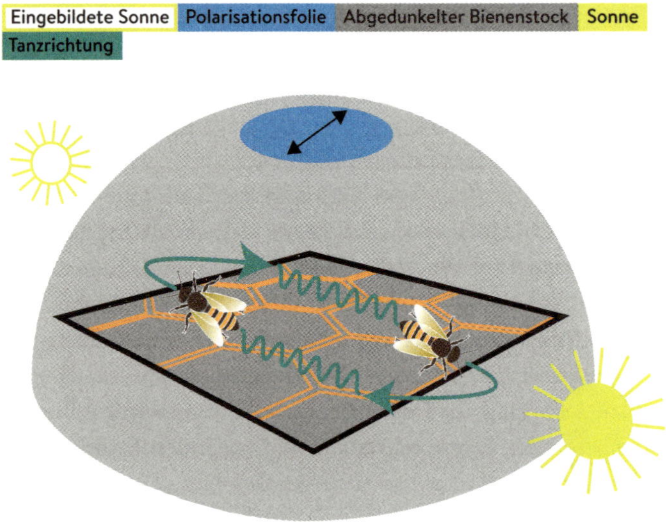

⌃ Abb. 46

Der Versuchsaufbau des Gieshügel-Experiments. Der Bienenstock wurde waagrecht (sodass die Orientierung über die Schwerkraft wegfiel) unter eine lichtdichte Halbkugel gesetzt, wobei die kreisrunde Öffnung oben mit einer Folie (blaue Scheibe) verschlossen war, um nur polarisiertes Licht einzulassen. Dabei passte der Lichteinfall (Doppelpfeil) zu zwei möglichen, aber entgegengesetzten Sonnenständen. Die grünen Wellenlinien geben die Tanzausrichtungen der Bienen an, die sich – weil sie sich nach dem Licht orientierten – in zwei entgegengesetzte Richtungen bewegten.

Nach der Dressur der markierten Sammelbienen auf den Futterplatz F1 warben diese Bienen für die Futterstelle F1 und zusätzlich für eine exakt entgegengesetzte und gleichweit entfernte Futterstelle F2, zu der aber keine Sammelbienen des Versuchsvolkes flogen (für den Versuchsaufbau siehe Abb. 48).

Um gleiche Attraktivität der beiden angezeigten Orte zu schaffen, wurden zu der in den Tänzen angezeigten, aber nicht besuchten Futterstelle F2 Sammelbienen aus einem zweiten, normal gehaltenen Bienenvolk (auf senkrechten Waben) dressiert, die dafür in deren Bienenstock tanzten und dorthin rekrutierten. Und es wurde in gleicher

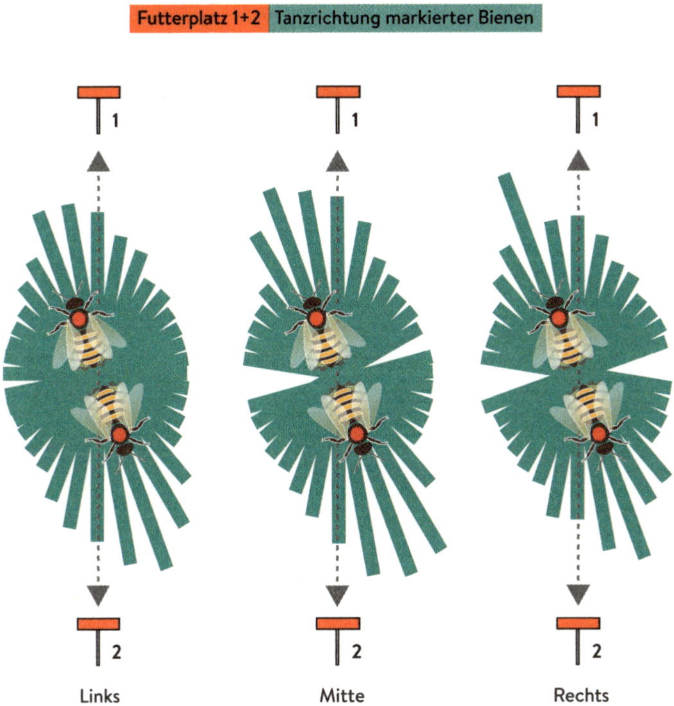

^ Abb. 47

Gezeigt sind die Richtungen der Schwänzelstrecken aller tanzenden Bienen im Gieshügel-Experiment. Dabei sind sie in drei Kategorien geordnet, je nach Position der Tänzerin in Bezug auf die Polarisationsfolie (links, Mitte, rechts), denn der Bereich, in dem getanzt wurde, war größer als die Fläche genau unterhalb der Polarisationsfolie. Die Pfeile weisen exakt in Richtung der beiden Futterplätze F1 und F2. Die Länge der grünen Balken zeigt, wie oft sich die Schwänzelphasen in die entsprechenden Winkelbereiche richteten. Es wurden insgesamt 5255 Schwänzelphasen gezählt, davon 2624 (fünfzig Prozent) links, 1248 (23,7 Prozent) mittig und 1383 (26,3 Prozent) rechts unterhalb der Folie. Die Tänze sind klar bimodal, die Bienen zeigten die beiden in entgegengesetzter Richtung liegenden Futterplätze gleich häufig an.

Entfernung vom waagrecht liegenden Beobachtungsstock eine dritte gleich beschaffene Futterstelle F3 eingerichtet. Auch dorthin wurden aus einem dritten, ebenfalls normalen Bienenstock Sammelbienen dressiert. Diese Kontrollstation, die im Versuchsvolk nicht angezeigt wurde, sollte einen Eindruck darüber ermöglichen, welcher Anteil Sammelbienen aus dem experimentellen Volk weder den Angaben aus den Tänzen im waagrecht liegenden Versuchsstock noch der Kommunikation der Tänzerinnen außerhalb des Stockes folgte, sondern durch ungezieltes Absuchen der Umgebung einen Futterplatz fand.

An allen drei Futterstellen wurde Zuckerwasser angeboten, die Futterplätze waren außer für ein Experiment (Versuch 3 in Abb. 49) nicht künstlich beduftet. Eintreffende Rekruten, die sich an den drei Futterstellen niedersetzten, wurden abgefangen.

Um die Herkunft der Rekruten an den drei Futterstationen erkennen zu können, wurde als experimentelles Volk *Apis mellifera buckfast,* eine Kreuzung mehrerer Rassen, eingesetzt. Die beiden Kontrollvölker waren Bienen der Rasse *Apis mellifera carnica.* Diese Bienen sind farblich sehr zuverlässig zu unterscheiden.

Dieser Versuch erzeugte ›lügende‹ Bienen, denn nur eine der beiden gleichwertig angezeigten Richtungen war die wahre Richtung, in der der beworbene Futterplatz lag. Das sollte erlauben zu untersuchen, wie sich Rekruten auf beide in den Tänzen angezeigten Orte verteilen.

Was uns das Experiment verrät

Ein derart angelegtes Experiment erlaubt Vorhersagen zu unterschiedlichen Annahmen über die Mechanismen der Rekrutierung. Die Tanzsprache sollte die Rekruten gleichmäßig auf die beiden angezeigten Futterstellen verteilen. Findet aber eine dreistufige Fernorientierung statt, sollten Rekruten überwiegend an der Futterstelle auftauchen, die auch von den Tänzerinnen tatsächlich besucht wurden.

Die folgende Tabelle (Abb. 49) listet die Verteilung von Rekruten aus dem Versuchsvolk an den drei Futterstellen auf. Diese drei Versuche wurden an jeweils einem Tag über drei Stunden hin durchgeführt.

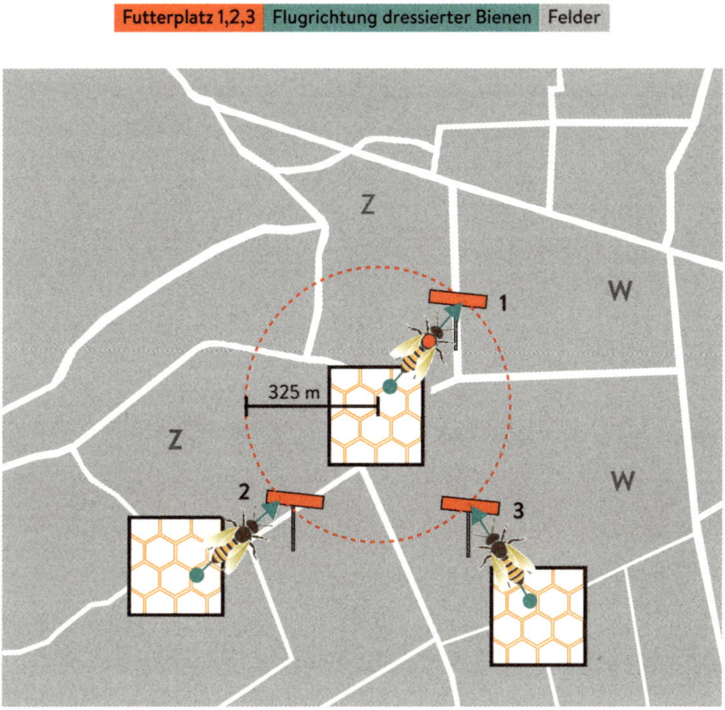

^ Abb. 48

Lageplan für die drei Bienenstöcke und die drei Futterplätze im Gieshügel-Experiment. Die Fußpunkte der tükisen Pfeile geben die genaue Position der Bienenstöcke im Gelände wieder und deren Spitzen die Flugrichtungen der markierten Bienen aus jedem Stock hin zum jeweiligen Futterplatz. Alle Futterplätze befanden sich in gleichem Abstand vom Beobachtungsstock (325 Meter, roter Kreis). Die umliegenden Felder trugen Weizen (W) oder Zuckerrüben (Z).

Die Verteilung der Rekruten an den Futterstationen F1 und F2 spiegelt in allen drei Versuchen nicht die Gleichverteilung der Tanzausrichtungen wieder. Im Experiment 3, in dem mit Duft gearbeitet wurde, trafen mehr Rekruten aus dem experimentellen Volk auch am nun bedufteten Futterplatz 2 ein, für den zwar getanzt worden war, der aber nicht von den Tänzerinnen aus dem experimentellen Volk beflogen wurde. Die

Tänzerinnen tragen in diesem Versuch den Pfefferminzduft, nach dem die Rekruten in Phase 2 der Fernorientierung im Feld suchen. In allen Versuchen trafen die meisten Rekruten an F1 ein, also dort, wohin auch die Tänzerinnen flogen.

	Futterplatz 1	Futterplatz 2	Futterplatz 3
Versuch 1	15	1	1
Versuch 2	40	6	1
Versuch 3 (mit Duft)	40	20	2

^ Abb. 49

Die Tabelle zeigt die Verteilung der Rekruten auf die Futterplätze im Gieshügel-Experiment. Futterplatz 1 und 2 lagen in genau entgegengesetzter Richtung und für beide Futterplätze war getanzt worden, aber die erfahrenen Bienen aus dem experimentellen Volk flogen nur Futterplatz 1 an. Zu Futterplatz 2 flogen nur Bienen aus einem anderen Volk ebenso wie zu Futterplatz 3, der zur Kontrolle angelegt worden war. Gezählt wurden die unmarkierten Neulinge aus dem experimentellen Bienenvolk, die während der Versuchszeit an einem der drei Futterplätze erschienen und dort abgefangen wurden. Für die Versuche 1 und 2 waren die Futterplätze unbeduftet, in Versuch 3 wurde jeder Futterplatz mit je fünf Tropfen Pfefferminzöl beduftet.

Wehner und Mitarbeitende schrieben zu deren Versuch, dessen Methodik zur Erzeugung bimodaler Tänze das Gieshügel-Experiment folgte:

> »Here we show that bees really use the spatial information encoded in the direction and velocity of the waggle dances, fly to the location indicated by the dancing bee, but finally appear at the food source only when some additional requirements (presence of other bees, odor) are fulfilled.« (280, S. 1223)
> [»Hier zeigen wir, dass Bienen die räumliche Information, die in der Richtung und Geschwindigkeit der Schwänzeltänze kodiert ist, wirklich

> nutzen, zu dem von der tanzenden Biene angegebenen Ort fliegen, aber schließlich nur dann an der Nahrungsquelle erscheinen, wenn einige zusätzliche Anforderungen (Anwesenheit anderer Bienen, Geruch) erfüllt sind«, Übersetzung J. T.]

Diese Resultate decken sich qualitativ mit denen des Gieshügel-Experimentes. Ein quantitativer Vergleich beider Versuchsergebnisse ist nicht möglich, Wehners Publikation (280) macht keine Angaben dazu, wie die zahlenmäßige Verteilung eintreffender Rekruten auf diese beiden in den Tänzen angezeigten Futterstellen war.

In der Verfolgung einer komplett anderen Fragestellung erzeugte Harald Esch mit einem anderen Versuchsansatz ebenfalls Tänze, die die Bienen in zwei unterschiedliche Richtungen leiteten. Dafür dressierte er in einem Stufenversuch eine einzige Tänzerin zu einem Futterplatz, der genau in Richtung Sonne lag. Esch machte keine Angaben dazu, wo die Kontrollstationen aufgebaut waren. In den Tänzen dieser Biene traten keine Rückläufe mehr auf, eine Schwänzelphase schloss sich direkt an die vorhergehende an. Das schaffte Esch mit folgendem Trick: Kam diese Biene zum Tanzen zurück in den Stock, richtete sie ihre Schwänzelphase wie erwartet nach oben aus. Esch spiegelte nach einer solchen Schwänzelphase von unten her die Sonne in den Stock, woraufhin die Tänzerin die nächste Schwänzelphase ohne Rücklaufphase nach unten richtete. So konnten durch ständigen Wechsel des Spiegels bis zu 200 Schwänzelphasen hintereinander auftreten. Diese doppeldeutigen Tänze brachten in dem einzigen derartigen Versuch, den Esch durchführen konnte (55), Rekruten ausschließlich zu dem Futterplatz, zu dem auch die Tänzerin flog. Auch dieses Experiment wurde bisher nicht mehr wiederholt, es deckt sich aber in seinen Beobachtungen mit dem Gieshügel-Experiment.

Die Resultate des Gieshügel-Experiments lassen sich unter dem Blickwinkel einer dreiphasigen Fernorientierung betrachten. Danach würden die Rekruten nach doppeldeutigen Tänzen in die beiden angezeigten Areale fliegen, wo die Suchphase beginnt. Die Rekruten, die in die richtige Richtung aufgebrochen sind, müssen auf die hin- und herfliegenden, erfahrenen Bienen treffen. Die Daten zeigen, dass die meisten Rekruten tatsächlich in jedem Fall dort ankamen, wohin auch die Tänzerinnen flogen. Wenige Rekruten aus dem Versuchsvolk landeten dort, wohin Bienen eines anderen Volkes deren Rekruten lockten (siehe Tabelle, Abb. 49). Man kann spekulieren, dass die Rekruten aus dem Versuchsvolk bei immer weiteren Suchflügen auf diese fremden Bienen gestoßen sind und sich ihnen anschlossen. Wie Versuch 3 auch zeigt, bringt Duft deutlich mehr Rekruten zu der angezeigten, aber nicht von den Tänzerinnen besuchten Futterstelle. Experimentelle Situationen mit dufttragendem Wind aus unterschiedlichen Richtungen sollten dann zu mehr oder weniger Rekruten zum ›falschen‹, aber bedufteten Futterplatz führen.

Was könnte der Lebensraum Wald zur Erforschung der Orientierung und Kommunikation der Honigbienen beitragen?

Der Wald ist ein natürliches Habitat der Honigbienen (6), in dem die natürliche Selektion dafür sorgt, dass die Bienen Eigenschaften und Fähigkeiten hervorbringen, die ihnen dort das Leben und die Vermehrung ermöglichen. Ein Blick in den Wald (Abb. 50) macht schlagartig bewusst, dass hier die Bedingungen für die Orientierung und die Kommunikation der Honigbienen komplett anders sind, verglichen mit den Umständen, unter denen bisherige Forschung zu Orientierung und Kommunikation der Bienen stattgefunden hat (Abb. 51).

‹ **Abb. 50**

Ein Blick in einen Wald, einem natürlichen Habitat für Honigbienen, macht klar, dass nicht nur die Bienen ein Problem beim Zurechtfinden haben dürften, die es aber offenbar gelöst haben. Demgegenüber steht die Bienenforschung noch immer vor kaum lösbaren Aufgaben.

^ Abb. 51

Zwei experimentelle Situationen aus den Stufenversuchen von Karl von Frisch. Je ein Mitarbeitender von Frischs saß am Beobachtungsstock. Die Flugstrecke zwischen dem Beobachtungsstock und den Futterplätzen und Kontrollstationen, typisch für unzählige Experimente der folgenden Jahrzehnte der Bienenforschung, verlief entlang eines Weges in busch- und baumloser Umgebung mit weiter freier Sicht für den Beobachter. Ort und Zeitpunkt der Aufnahmen sind unbekannt.

Es fallen im Wesentlichen drei Bedingungen auf, die im Wald anders sind als im freien Feld:

1. Die Umwelt ist im Wald kleinräumig fraktioniert, es gibt keinen weiten Blick in die Ferne, keine für uns Menschen auffallende Landmarken (»Man sieht den Wald vor lauter Bäumen nicht«).
2. Der Blick nach oben fällt nicht auf ein freies Firmament, sondern der Himmel erscheint in Bruchstücke zergliedert zwischen den Wipfeln der Bäume.
3. Ein Kennzeichen von Waldklima ist unter anderem seine ausgesprochene Windstille.

Das sind Bedingungen, unter denen sich im Laufe der Evolution Fähigkeiten und Eigenschaften herausgebildet haben, die es den dort lebenden Tieren ermöglichen, sich zu orientieren und im Falle der Honigbienen zu kommunizieren.

Es gibt bisher keine einzige Studie zu Orientierung und Kommunikation von Honigbienen in ihrer natürlichen Umgebung, dem Waldhabitat. Aus methodischen Gründen ist dies gut nachvollziehbar und vielleicht auf absehbare Zeit auch nicht mit gleicher Intensität machbar wie Studien in freien Landschaften.

Zu möglichen Auswirkungen der besonderen Bedingungen im Wald auf die Orientierung und Kommunikation der Bienen kann deshalb derzeit nur spekuliert werden.

Ein Blick in die Ferne ist im Wald ausgeschlossen, man bewegt sich von Teilabschnitt zu Teilabschnitt, wobei die Teilabschnitte zumindest für unsere Augen nicht sehr unterschiedlich aussehen. Brauchbare Landmarken sind hier nicht offensichtlich. Über weitere Strecken könnten Flüge oberhalb der Baumwipfel stattfinden, und so könnte die Sonne als Orientierungshilfe dienen. Ganz offenbar ist es für die Sammelbienen dabei kein Problem, den eigenen Wohnbaum wiederzufinden.

^ Abb. 52

Fliegt die Biene über den Wipfeln der Bäume, so muss sie in der Lage sein, den Baum zu finden, in dem ihr Volk wohnt.

Auch für die Orientierung nach dem Polarisationsmuster des Himmels bietet das Waldhabitat den Bienen komplett andere Verhältnisse im Vergleich zu Flügen unter offenem Himmel.

Honigbienen können ihre Flüge auch über lange Strecken ausrichten, indem die Sonne als Anhaltspunkt dient. Wie von Karl von Frisch entdeckt (78), nutzen die Bienen bei verdecktem direktem Blick auf die Sonne ihre Fähigkeit, polarisiertes Licht von nicht polarisiertem Licht zu unterscheiden und somit das Muster der Lichtpolarisation am Himmel zu erkennen (279). Das Ausmaß und die Richtung der Polarisation ändern sich gleichmäßig über den gesamten freien Himmel. Punkte die nahe beisammen liegen, unterscheiden sich nur gering in Ausrichtung und Ausmaß der Polarisation.

Bienen, die nicht oberhalb der Bäume, sondern durch den Wald fliegen, haben nicht das zusammenhängende Firmament über sich, sondern sie sehen den Himmel fragmentiert in mehr oder weniger große Himmelsflächen (Abb. 53). Die Facetten der Komplexaugen der Bienen, die im Flug nach oben schauen und auf diese Himmelsfragmente blicken, sind diejenigen Teilaugen, über die Bienen die Polarisation des Lichtes wahrnehmen können (siehe Abb. 16).

Innerhalb der kleinen einzelnen Flächen erscheint das polarisierte Himmelslicht weitgehend homogen. Aber in den unterschiedlichen Flächen ist die Polarisation umso unterschiedlicher ausgerichtet, je weiter solche Teilflächen auseinanderliegen. Die Bienen werden so ein Mosaik aus Flächen mit unterschiedlich ausgerichteten Polarisationen sehen.

Es ist vollkommen offen, welche Konsequenzen dieses besondere optische Panorama auf die Orientierung der Bienen im Wald haben könnte. Es könnte die Orientierung erleichtern und den Bienen helfen, Flüge auch in dichtem Wald über lange Strecken auszurichten. Es könnte sie aber auch erschweren und somit einer chemischen Orientierung mehr Gewicht verleihen. Auch hier ergeben sich Fragen über Fragen.

Die hohe Komplexität im Kommunikationsverhalten der Bienen, deren ausgeprägte Lernfähigkeit und Plastizität im Verhalten stellen an das Studium der Honigbienen ganz besondere Herausforderungen.

Das Zusammengehen von Verhaltensbeobachtungen, Verhaltensexperimenten und dem Einsatz der modernsten verfügbaren Methoden wird wahrscheinlich in Zukunft ein umfangreiches und komplettes Bild der Tanzsprache bei Honigbienen liefern können.

^ Abb. 53

Der Abschnitt im Facettenauge der Bienen, der im Flug nach oben schaut, erkennt die Schwingungsrichtung polarisierten Lichtes. Unter freiem Himmel ändert sich das Muster des polarisierten Himmelslichtes kontinuierlich, im Wald erscheint der Himmel in Fragmente zerbrochen. Derartige ›Himmelsflecken‹ erleichtern es den Bienen möglicherweise, sich anhand der Teilflächen unterschiedlich polarisierten Lichtes zu orientieren und längere Stecken auch in dichtem Wald geradeaus zu fliegen.

FAZIT

Die Wissenslücken bleiben erheblich

Karl von Frisch hat sein epochemachendes Buch *Tanzsprache und Orientierung der Bienen* betitelt. Damit sind die beiden wohl eindrucksvollsten Verhaltensleistungen der Tiere benannt: die Kommunikation und das Zurechtfinden im Raum.

Die Rekrutierung von Sammelbienen zu einem Ort basiert auf diesen beiden Leistungen. In ihren Orientierungsleistungen unterscheiden sich die Bienen nicht von vielen anderen daraufhin untersuchten Insektenarten. Der Besitz einer Tanzsprache hebt sie aber scheinbar auf eine eigene Ebene, umso mehr, wenn die klassische Auffassung zur Funktion der Tanzsprache zugrunde gelegt wird, dass sie nämlich die Position eines Zieles angibt. »Nur der Mensch und die Honigbienen können über einen Sachverhalt kommunizieren, der sich abseits in der Ferne befindet« – so findet man die erstaunliche Schlussfolgerung aus der Tanzsprache häufig zusammengefasst.

Gerade diese ›Erhöhung‹ der Honigbienen mag ein Grund dafür gewesen sein, wieso in einer Gegenreaktion den Bienentänzen jeder Einfluss auf das Orientierungsverhalten außerhalb der Bienenstockes abgesprochen wurde, was schon deshalb leicht fiel, weil, wie in diesem Buch herausgearbeitet, ein überzeugender Nachweis dafür fehlt, dass der Tanz Rekruten direkt zu einem Ziel schicken kann.

Das Rekrutierungsverhalten bei Honigbienen ist dermaßen spannend und die Deutungen dessen, was sich beobachten lässt, reichen in derart viele auch nicht biologische Gebiete hinein, dass es nicht verwundern darf, dass der Bienentanz zu den besterforschten Verhaltensweisen bei Tieren gehört. Insbesondere im Laufe der letzten nahezu hundert Jahre der Beschäftigung mit diesem Phänomen ist ein wahres Gebirge an Beobachtungen und Daten entstanden. Dabei deckt die

Faktenlage aber nicht unbedingt die Schlussfolgerungen. Man stößt auf Ungereimtheiten und Widersprüche, die sich aber auflösen, wenn man nicht von den Deutungen, sondern von den Daten und Fakten ausgeht. Ordnet man diese in das Konzept der Fernorientierung ein, entsteht ein schlüssiges Bild.

Orientieren sich Tiere nach einem Ziel und geschieht das anhand von Signalen und/oder Reizen, die vom Ziel ausgehen, spricht man von Nahorientierung. Die Fernorientierung oder auch indirekte Orientierung ist dagegen im ersten Teil einer Kette von Orientierungshandlungen dadurch gekennzeichnet, dass es zunächst keinen Bezug zum Ziel gibt, das somit erst in der letzten Phase des Weges direkt angesteuert werden kann.

Brechen Honigbienen von ihrem Stock zu einem Blütenziel auf, kann unabhängig von der tatsächlichen Entfernung Nahorientierung vorliegen, wenn etwa der Wind, auch von weither, einen Blütenduft direkt zum Bienenstock trägt. Die Bienen können dieser Botschaft ganz direkt bis zum Ziel folgen. Diese Situation ist aber die Ausnahme. In der Regel gibt es für die am Bienenstock losfliegenden Arbeiterinnen keinen Kontakt zum Ziel, die Bienen, die am Ziel eintreffen, zeigen Fernorientierung. Dabei ist der Bienentanz (die Tanzsprache) für den ersten Abschnitt der Zielfindung unverzichtbar.

Wie gezeigt werden konnte, hat sich Karl von Frisch in seinen frühen Arbeiten über Brauseflüge und den Einsatz der Nasanov-Drüse mit der letzten Phase, der Phase 3, einer Fernorientierung befasst und dazu wichtige Einsichten beigetragen. Auch die Forschungen derjenigen, die die Funktion der Tanzsprache nicht anerkennen, haben eine Vielzahl wichtiger Details zur Phase 3 der Fernorientierung beigetragen (allen voran Adrian Wenner). Die späteren Arbeiten Karl von Frischs und anderer Wissenschaftler und Wissenschaftlerinnen zur Tanzsprache befassen sich hingegen ausnahmslos mit der Phase 1, dem Einstieg in die Fernorientierung. Die Tanzsprache wurde in dem Modell, das aus diesen Studien hervorging, für den gesamten Weg vom Bienenstock bis zur Blüte verantwortlich gemacht und nicht lediglich als Einstiegsstufe in eine Fernorientierung gesehen. Aber auch die ›Leugner‹ der Tanzsprache, die Wenner folgten, gingen gleichermaßen einengend vor und sahen ihrerseits nur die von ihnen erforschten Orientierungshilfen auf dem kompletten Weg vom Start zum Ziel am Werk. Dabei hatte jeder der beiden Standpunkte die halbe Wahrheit.

Sowohl die Von-Frisch- als auch die Wenner-Schule hatten mit ihren Auffassungen je in einem wesentlichen Punkt recht und in einem wesentlichen Punkt unrecht. Von Frisch lag richtig damit, dass der Tanz einen starken Einfluss darauf hat, wohin die Ausflüge von Nachtänzerinnen gerichtet sind, aber unrecht damit, dass der Tanz die Rekruten direkt zum Ziel schickt. Wenner hatte recht damit, dass alleine Duftreize auch ohne Tanzrekruten zum Ziel bringen können, aber unrecht damit, dass der Tanz keinerlei Orientierungshilfe für die Rekruten bietet.

So musste sich zwangsläufig eine der bekanntesten Kontroversen der Verhaltensbiologie ergeben, deren Auflösung in diesem Buch vorgestellt wird.

Zugleich wird durch einen neuen Blick auf alte Daten und deren Einordnung in das Konzept der Fernorientierung deutlich, wie groß unsere Wissenslücken zur Sprache der Bienen noch immer sind.

ANHANG

Tipp: Wie man Honigbienen zu einem Futterplatz dressiert

Honigbienen bringen von Natur aus Eigenschaften und Fähigkeiten mit, die sie zu idealen Versuchstieren machen. Das hat als Erster Karl von Frisch erkannt und eingesetzt.

Bienen besitzen hervorragende Lernfähigkeiten, die ihnen helfen, die Vielfalt in der Blütenwelt anhand von Farben, Formen und Düften auseinanderzuhalten. Sie verfügen über ein leistungsstarkes Ortsgedächtnis und einen zuverlässigen Zeitsinn.

In der Natur lernen die Bienen rasch, welche Blüten an welchen Orten und zu welchen Zeiten Nektar spenden. Werden anstelle von Blüten künstliche Futterstellen angeboten, lernen die Bienen auch dazu alles sehr rasch, was für sie wichtig ist.

Man kann einen in der Landschaft aufgestellten Futterplatz (siehe Abb. 54) sich selbst überlassen und warten, bis eine suchende Sammelbiene ihn entdeckt.

Man kann die Vorgänge aber auch steuern. Die Vorgehensweise ist dabei wie folgt: Ein Gefäß ist als Futterstation dann besonders geeignet, wenn die Sammelbienen angebotenes Honig- oder Zuckerwasser ähnlich wie aus Blüten aufsaugen können. Freie Flüssigkeitsoberflächen sind weniger günstig, ideal sind feine Rillen, in die das Futter hineinläuft. Die Auffälligkeit dieser Futterstation wird gesteigert durch farbliche Markierung und durch einen Duft, der entweder dem Futter direkt beigegeben ist oder auf der Unterlage des Futtergefäßes aufgebracht wird.

Das so vorbereitete Gefäß stellt man direkt am Eingang eines Bienenstockes so auf, dass herauskommende Sammelbienen, ohne fliegen zu müssen, das Futter quasi zu Fuß entdecken können. Stellen sich die ersten Bienen ein, markiert man sie mit einem farbigen Punkt auf dem Hinterleib. Durch unterschiedliche Farben oder Punktemuster lassen sich Bienen individuell unterscheiden. So lässt sich feststellen, welche Bienen im Laufe der Zeit wiederkehren und welche neu hinzukommen. Kehren markierte Bienen regelmäßig zum Futtergefäß zurück, kann man mit dessen Wanderung beginnen. Dabei sollte man sich zunächst nur ganz wenig vom Bienenstock entfernen. Die Bienen müssen nun zum Futter fliegen. Man wartet jetzt etliche Besuchsrunden der markierten Bienen ab. Kehren sie mehrmals zuverlässig zum Futter zurück, transportiert man das Futtergefäß mit den darauf sitzenden und trinkenden Bienen um einige Meter weiter. Die so ortsversetzten Bienen fliegen nach dem Trinken zu ihrem Stock und merken sich dabei die Strecke zum Futter, zu dem sie dann wieder zurückkehren.

Damit ist die Vorgehensweise im Prinzip schon ausreichend beschrieben. Auf der Strecke bis zum endgültigen Ziel, das man für ein Experiment vorgesehen hat, kann man immer größere Schritte zurücklegen. Man sollte nicht zu rasch vorgehen, aber kann im Laufe eines halben Tages einige hundert Meter Flugdistanz erreichen. Liegen Hindernisse wie Büsche im Weg, kann das Probleme bereiten. Die Bienen bleiben dann dort ›hängen‹ und sind nur mit Mühe im Versuch zu halten.

Sollen die so dressierten Bienen über Tage im Versuch bleiben, muss täglich am gelernten Ort Futter angeboten werden. Geschieht das nicht, erkennen die Bienen rasch, dass es diese Futterstelle nicht mehr gibt, und kehren später nicht mehr dorthin zurück.

‹ **Abb. 54**

Glasgefäß (Durchmesser 4 cm), aus dem Zuckerwasser in die Rillen einer kleinen Platte läuft, aus denen die Sammelbienen das Futter aufnehmen. Eine farbliche Markierung und fast immer ein künstliches Beduften dieses Ortes gehören zum Standard-Dressurexperiment mit Honigbienen.

VERWENDETE LITERATUR

1. Ai, H., Nishino, H., & T. Itoh: Topographic organization of sensory afferents of Johnston's organ in the honeybee brain. J. Comp. Neurol. 502, 1030–1046, 2007.
2. Ai, H., Kai, K., Kumaraswamy, A., Ikeno, H., & T. Wachtler: Interneurons in the honeybee primary auditory center responding to waggle dance-like vibration pulses. J. Neurosci. 37, 10624–10635, 2017.
3. Ai, H., Okada, R., Sakura, M., Wachtler, T., & H. Ikeno: Neuroethology of the waggle dance: how followers interact with the waggle dancer and detect spatial information. Insects 10, 336, 2019.
4. Allison, J. D., & R. T. Cardé (eds.): Pheromone communication in moths: evolution, behavior, and application. Oakland: University of California Press, 2016.
5. Aristoteles: Historia Animalium. Buch VIII und IX. Übersetzt und erläutert von Stefan Schnieders. Berlin/Boston: Walter de Gruyter, 2019.
6. Arndt, I., & J. Tautz: Honigbienen: Geheimnisvolle Waldbewohner. München: Knesebeck Verlag, 2020.
7. Avitabile, A., Morse, R. A., & R. Bloch: Swarming honey bees guided by pheromones. Ann. Entomol. Soc. Am. 68, 1079–1082, 1975.
8. Bacon, Sir F.: Novum Organum (1629). In: Hutchins, R. M. (ed.): Great Books of Western World, 103–195. Chicago: Ill. Encyclopedia Britannica, 1952.
9. Batschelet, E.: Circular statistics in biology. London: Academic Press, 1981.
10. Bau, J., & R. T. Cardé: Modeling optimal strategies for finding a resource-linked, windborne odor plume: theories, robotics, and biomimetic lessons from flying insects. Integrative and Comparative Biology 55, 461–477, 2015.
11. Beekman, M., & J. B. Lew: Foraging in honeybees – when does it pay to dance? Behavioral Ecology 19, 255–261, 2008.

12. Beekman, M., & F. L. W. Ratnieks: Long-range foraging by the honey-bee, *Apis mellifera* L. Funct. Ecol. 14, 490–496, 2000.

13. Beekman, M., Doyen, L., & B. P. Oldroyd: Increase in dance imprecision with decreasing foraging distance in the honey-bee *Apis mellifera* L. is partly explained by physical constraints. J. Comp. Physiol. A 191, 1107–1113, 2005.

14. Beekman, M., Fathke, R. L., & T. D. Seeley: How does an informed minority of scouts guide a honeybee swarm as it flies to its new home? Anim. Behav. 71, 161–171, 2006.

15. Beekman, M., Sumpter, D. J. T., Seraphides, N., & F. L. W. Ratnieks: Comparing foraging behaviour of small and large honey-bee colonies by decoding waggle dances made by foragers. Funct. Ecol. 18, 829–835, 2004.

16. Biesmeijer, J. C., & T. D. Seeley: The use of waggle dance information by honeybee throughout their foraging careers. Behav. Ecol. Sociobiol. 59, 133–142, 2005.

17. Bleckmann, H., Breithaupt, T., Blickhan, R., & J. Tautz: The time course and frequency content of hydrodynamic events caused by moving fish, frogs, and crustaceans. J. Comp. Physiol. A 168, 749–757, 1991.

18. Boch, R.: Die Tänze der Bienen bei nahen und fernen Trachtquellen. Z. vergl. Physiol. 38, 136–167, 1956.

19. Boch, R.: Rassenmässige Unterschiede bei den Tänzen der Honigbiene (*Apis mellifica* L.). Z. vergl. Physiol. 40, 289–320, 1957.

20. Bonnier, G.: Sur la division du travail chez les abeilles. CR Acad. Sic. Paris 143, 941–946, 1906.

21. Božič, J., & T. Valentinčič: Attendants and followers of honey bee waggle dances. J. Apic. Res. 30, 125–131, 1991.

22. Breed, M. D.: Recognition pheromones of the honey bee. BioScience 48, 463–470, 1998.

23. Brockmann, A., & G. E. Robinson: Central projections of sensory systems involved in honey bee dance language communication. Brain Behav. Evol. 70, 125–136, 2007.

24. Butler, C.: The feminine monarchie or a treatise concerning bees. Oxford: Joseph Barnes, 1609.

25. Cardé, R. T.: Chemo-orientation in flying insects. In: Bell, D. J., & R. T. Cardé (eds.): Chemical ecology of insects, 111–124. New York: Chapman & Hall, 1984.

26. Cardé, R. T.: Moth navigation along pheromone plumes. In: Allison, J. D., & R. T. Cardé (eds.): Pheromone communication in moths: evolution, behavior, and application, 173–189. Oakland: University of California Press, 2016.

27. Chatterjee, A., George, E. A., Prabhudev, M. V., Basu, P., & A. Brockmann: Honey bees flexibly use two navigational memories when updating dance distance information. J. Exp. Biol. 222, 1–11, 2019.

28. Cheeseman, J. F., Millar, C. D., Greggers, U., Lehmann, K., Pawley, M. D. M., Gallistel, C. R., Warman, G. R., & R. Menzel: Way-finding in displaced clock-shifted bees proves bees use a cognitive map. PNAS USA 111, 8949–8954, 2014.

29. Cheeseman, J. F., Millar, C. D., Greggers, U., Lehmann, K., Pawley, M. D. M., Gallistel, C. R., Warman, G. R., & R. Menzel: Reply to Cheung et al.: The cognitive map hypothesis remains the best interpretation of the data in honeybee navigation. PNAS USA 111, E4398, 2014.

30. Cheung, A., Collett, M., Collett, T. S., Dewar, A., Dyer, F., Graham, P., Mangan, M., Narendra, A., Philippides, A., Stürzl, W., Webb, B., Wystrach, A., & J. Zeil: Still no convincing evidence for cognitive map use by honeybees. PNAS USA 111, E4396–E4397, 2014.

31. Christ, J. L.: Anweisung zur nützlichsten und angenehmsten Bienenzucht [...]. Leipzig: Johann Benjamin Georg Fleischer, 1783.

32. Cochran, W. W., & M. Wikelski: Individual migratory tactics of New World Catharus thrushes: current knowledge and future tracking options from space. In: Greenberg, R., & P. P. Marra (eds.): Birds of Two Worlds, 274–289. Baltimore: John Hopkins University Press, 2005.

33. Couvillon, M. J.: The dance legacy of Karl von Frisch. Insect. Soc. 59, 297–306, 2012.

34. Couvillon, M. J., Pearce, F. C. R., Harris-Jones, E. L., Kuepfer, A. M., Mackenzie-Smith, S. J., Rozario, L. A., Schürch, R., & F. L. W. Ratnieks: Intra-dance variation among waggle runs and the design of efficient protocols for honey bee dance decoding. Biol. Open 15, 467–472, 2012.

35. Couvillon, M. J., Schürch, R., & F. L. W. Ratnieks: Dancing bees communicate a foraging preference for rural lands in high level agri-environment schemes. Curr. Biol. 24, 11, 1212–1215, 2014.

36. Couvillon, M. J., Schürch, R., & F. L. W Ratnieks: Waggle dance distances as integrative indicators of seasonal foraging challenges. PLOS ONE 9, e93495, 2014.

37. Cruse, H. J., & R. Wehner: No need for a cognitive map: decentralized memory for insect navigation. PLoS. Comput. Biol. 7, e1002009, 2011.

38. Dawkins, R.: Bees are easily distracted. Science 165, 751, 1969.

39. De Marco, R. J., & W. M. Farina: Changes in food source profitability affect the trophallactic and dance behavior of forager honeybees (*Apis mellifera* L.). Behav. Ecol. Sociobiol. 50, 441–449, 2001.

40. De Marco, R. J., & R. Menzel: Learning and memory in communication and navigation in insects. In: Menzel, R., & J. Byrne (eds.): Learning and memory: a comprehensive reference, 477–498. New York: Elsevier, 2008.

41. De Marco, R. J., Gil, M., & W. M. Farina: Does an increase in reward affect the precision of the encoding of directional information in the honeybee waggle dance? J. Comp. Physiol. A 191, 413–419, 2005.

42. De Marco, R. J., Gurevitz, J. M., & R. Menzel: Variability in the encoding of spatial information by dancing bees. J. Exp. Biol. 211, 1635–1644, 2008.

43. Donaldson-Matasci, M. C., & A. Dornhaus: How habitat affects the benefits of communication in collectively foraging honey bees. Behav. Ecol. Sociobiol. 66, 583–592, 2012.

44. Donaldson-Matasci, M. C., DeGrandi-Hoffman, G., & A. Dornhaus: Bigger is better: honeybee colonies as distributed information-gathering systems. Anim. Behav. 85, 585–592, 2013.

45. Dornhaus, A., & L. Chittka: Why do honey bees dance? Behav. Ecol. Sociobiol. 55, 395–401, 2004.

46. Dreller, C., & W. H. Kirchner: Hearing in honeybees: localization of the auditory sense organ. J. Comp. Physiol. A 173, 275–279, 1993.

47. Dyer, F. C.: Memory and sun compensation by honey bees. J. Comp. Physiol. A 160, 621–633. 1987.

48. Dyer, F. C.: Bees acquire route-based memories but not cognitive maps in a familiar landscape. Anim. Behav. 41, 239–246, 1991.

49. Dyer, F. C.: The biology of the dance language. Annu. Rev. Entomol. 47, 917–949, 2002.

50. Dyer, F. C.: Dance language. In: Breed, M. D. (ed.): Encyclopedia of animal behavior, 445–453. Oxford: Elsevier Acad. Press, 2010.

51. Esch, H.: Die Elemente der Entfernungsmitteilung im Tanz der Bienen. Experientia 12, 439–441, 1956.

52. Esch, H.: Analyse der Schwänzelphase im Tanz der Bienen. Naturwissenschaften 9, 207, 1956.

53. Esch, H.: Über die Schallerzeugung beim Werbetanz der Honigbiene. Z. vergl. Physiol. 45, 1–11, 1961.

54. Esch, H.: Auswirkung der Futterplatzqualität auf die Schallerzeugung im Werbetanz der Honigbiene. Verh. Dtsch. Zool. Ges. 26, 302–309, 1963.

55. Esch, H.: Beiträge zum Problem der Entfernungsweisung in den Schwänzeltänzen der Honigbienen. Z. vergl. Physiol., 48, 534–546, 1964.

56. Esch, H., & J. A. Bastian: How do newly recruited honey bees approach a food site? Z. vergl. Physiol. 68, 175–181, 1970.

57. Esch, H., & J. Burns: Distance estimation by foraging honeybees. J. Exp. Biol. 199, 155–162, 1996.

58. Esch, H., & D. Wilson: The sounds produced by flies and bees. Z. vergl. Physiol. 54, 256–267, 1967.

59. Esch, H., Zhang, S., Srinivasan, M., & J. Tautz: Honeybee dances communicate distance by optic flow. Nature 411, 581–583, 2001.

60. Evangelista, C., Kraft, P., Dacke, M., Labhart, T., & M. V. Srinivasan:: Honeybee navigation: critically examining the role of the polarization compass. Philos. Trans. R. Soc. B Biol. Sci. 369, 2014.

61. Farina, W. M.: Food-exchange by foragers in the hive – a means of communication among honey bees? Behav. Ecol. Sociobiol. 38, 59–64, 1996.

62. Farina, W. M., Grüter, C., & P. C. Díaz: Social learning of floral odours inside the honeybee hive. Proc. R. Soc. B 272, 1923–1928, 2005.

63. Fernandez, P. C., Gil, M., & W. M. Farina: Reward rate and forager activation in honeybees: recruiting mechanisms and temporal distribution of arrivals. Behav. Ecol. Sociobiol. 54, 80–87, 2003.

64. Ferrari, T. E., & J. Tautz: Severe honey bee (*Apis mellifera*) losses correlate with geomagnetic disturbances in earth's atmosphere. J. Astrobiology & Outreach 134, 2015.

65. Françon, J.: Die Klugheit der Bienen. Berlin: Paul Neff Verlag, 1939.

66. Free, J. B.: The conditions under which foraging honeybees expose their Nasanov glad. J. Apic. Res. 7, 139–145, 1968.

67. Free, J. B., & I. H. Williams: Exposure of the Nasanov gland by honeybees (*Apis mellifera*) collecting water. Behaviour 37, 286–290, 1970.

68. Friesen, L. J.: The search dynamics of recruited honeybees, *Apis mellifera ligustica* Spinola. Biological Bulletin 144, 107–131, 1973.

69. Frisch, K. v.: Der Farbensinn und Formensinn der Bienen. Zool. Jb., Abt. Allg. Zool. u. Physiol. 35, 1–188, 1914.

70. Frisch, K. v.: Über den Geruchsinn der Bienen und seine blütenbiologische Bedeutung. Zool. Jb., Abt. allg. Zool. u. Physiol. 37, 1–238, 1919.

71. Frisch, K. v.: Über das Tanzen der Honigbiene. Bayerische Bienen-Zeitung 42, 167–168, 1920.

72. Frisch, K. v.: Über die »Sprache« der Bienen. Zool. Jb., Abt. allg. Zool. u. Physiol. 40, 1–186, 1923.

73. Frisch, K. v.: Sinnesphysiologie und »Sprache« der Bienen. Sonderausgabe der Naturwissenschaften 12, 1–27, 1924.

74. Frisch, K. v.: Die Werbetänze der Bienen und ihre Auslösung. Naturwissenschaften 30, 269–277, 1942.

75. Frisch, K. v.: Die Tänze der Bienen. Österr. Zool. Z. 1, 1–48, 1946.

76. Frisch, K. v.: Die »Sprache« der Bienen und ihre Nutzanwendung in der Landwirtschaft. Experientia 2, 397–404, 1946.

77. Frisch, K. v.: Duftgelenkte Bienen im Dienste der Landwirtschaft und Imkerei. Salzburger Wochenschau für Österreich 25/26, 1946.

78. Frisch, K. v.: Tanzsprache und Orientierung der Bienen. Heidelberg: Springer, 1965.

79. Frisch, K. v.: Honeybees: do they use direction and distance information provided by their dances? Science 158, 1072–1076, 1967.

80. Frisch, K. v., & R. Jander: Über den Schwänzeltanz der Bienen. Z. vergl. Physiol. 40, 239–263, 1957.

81. Frisch, K. v., & O. Kratky: Über die Beziehung zwischen Flugweite und Tanztempo bei der Entfernungsmeldung der Bienen. Naturwissenschaften 49, 409–417, 1962.

82. Frisch, K. v., & M. Lindauer: The »language« and orientation of the honey bee. Annu. Rev. Entomol. 1, 45–58, 1956.

83. Frisch, K. v., & M. Lindauer: Über die »Mißweisung« bei den richtungsweisenden Tänzen der Bienen. Naturwissenschaften 18, 585–594, 1961.

84. Frisch, K. v., & G. A. Rösch: Neue Versuche über die Bedeutung von Duftorgan und Pollenduft für die Verständigung im Bienenvolk. Z. vergl. Physiol. 4, 1–21, 1926.

85. Fuchiwaki, M., Kuroki, T., Tanaka, K., & T. Tababa: Dynamic behavior of the vortex ring formed on a butterfly wing. Exp. Fluids 54, Article number: 1450, 2013.

86. Gagliardo, A., Ioalè, P., Savini, M., Lipp, H.-P., & D. Dell'Omo: Finding home: the final step of the pigeons' homing process studied with a GPS data logger. J. Exp. Biol. 210, 1132–1138, 2007.

87. Gaius Plinius Secundus: Naturalis historia (auch Historia naturalis), Book XI: The various kinds of insects, Kapitel 16.

88. Galizia, C. G., Sachse, S., Rappert, A., & R. Menzel: The glomerular code for odor representation is species specific in the honeybee *Apis mellifera*. Nat. Neurosci. 2, 473–478, 1999.

89. Gardner, K. E., Seeley, T. D., & N. W. Calderone: Hypotheses on the adaptiveness or non-adaptiveness of the directional imprecision in the honey bee's waggle dance (Hymenoptera: Apidae: *Apis mellifera*). Entomol. Gen. 29, 285–298, 2007.

90. Gardner, K. E., Seeley, T. D., & N. Calderone: Do honeybees have two discrete dances to advertise food sources? Anim. Behav. 75, 1291–1300, 2008.

91. Gil, M., & R. J. De Marco: Decoding information in the honeybee dance: revisiting the tactile hypothesis. Anim. Behav. 80, 887–894, 2010.

92. Gil, M., & W. M. Farina: Foraging reactivation in the honeybee *Apis mellifera* L.: factors affecting the return to known nectar sources. Naturwissenschaften 89, 322–325, 2002.

93. Gilley, D. C.: Hydrocarbons emitted by waggle-dancing honey bees increase forager recruitment by stimulating dancing. PLOS ONE 9, 2014.

94. Giurfa, M., & J. A. Núñez: Honeybees mark with scent and reject recently visited flowers. Oecologia 89, 113–117, 1992.

95. Gould, J. L.: Honeybee communication: the dance-language controversy. Dissertation: Rockefeller University, New York, 1975.

96. Gould, J. L.: Honey bee recruitment: the dance-language controversy. Science 189, 685–693, 1975.

97. Gould, J. L.: The dance language controversy. Q. Rev. Biol. 51, 211–244, 1976.

98. Gould, J. L: Teaching bees to lie. Mosaic 10, 31–32, 1979.

99. Gould, J. L.: The case for magnetic sensitivity in birds and bees (such as it is). Am. Sci. 68, 256–267, 1980.

100. Gould, J. L.: Natural history of honey bee learning. In: Marler, P., & H. S. Terrace (eds.): The biology of learning, 149–180. Berlin: Springer, 1984.

101. Gould, J. L., & C. G. Gould: The insect mind: physics or metaphysics? In: Griffin, D. R. (ed.): Animal mind human mind, 269–298. Heidelberg: Springer, 1982.

102. Gould, J. L., & C. G. Gould: The honey bee. New York: W. H. Freeman, 1988.

103. Gould, J. L., & W. F. Towne: Evolution of the dance language. Am. Nat. 130, 317–338, 1987.

104. Gould, J. L., Dyer, F. C., & W. F. Towne: Recent progress in the study of the dance language. In: Hölldobler, B., & M. Lindauer (eds.): Fortschritte der Zoologie, 3: Experimental Behavioral Ecology, 141–161. Stuttgart: Fischer Verlag, 1985.

105. Gould, J. L., Henery, M., & M. C. McLeod: Communication of direction by the honey bees. Science 169, 544–554, 1970.

106. Greggers, U., Schöning, C., Degen, J., & R. Menzel: Scouts behave as streakers in honeybee swarms. Naturwissenschaften 100, 805–809, 2013.

107. Greggers, U., Koch, G., Schmidt, V., Dürr, A., Floriou-Servou, A., Piepenbrock, D., Göpfert, M. C., & R. Menzel: Reception and learning of electric fields in bees. Proc. R. Soc. B 280, 20130528, 2013.

108. Gross, H. J., Pahl, M., Si, A., Zhu, H., Tautz, J., & S. Zhang: Number-based visual generalisation in the honeybee. PLOS ONE 4, e4263, 2009.

109. Grüter, C., & W. M. Farina: The honeybee waggle dance: can we follow the steps? Trends Ecol. Evol. 24, 242–247, 2009.

110. Grüter, C., & E. Leadbeater: Insights from insects about adaptive social information use. Trends Ecol. Evol. 29, 177–184, 2014.

111. Grüter, C., & F. L. W. Ratnieks: Honeybee foragers increase the use of waggle dance information when private information becomes unrewarding. Anim. Behav. 81, 949–954, 2011.

112. Grüter, C., Sol Balbuena, M., & W. M. Farina: Informational conflicts created by the waggle dance. Proc. R. Soc. B. 275, 1321–1327, 2008.

113. Haldane, J. B. S., & H. Spurway: A statistical analysis of communication in »Apis mellifera« and a comparison with communication in other animals. Insect. Soc. 1, 247–283, 1954.

114. Harano, K., Mitsuhata-Asai, A., Konishi, T., Suzuki, T., & M. Sasaki: Honeybee foragers adjust crop contents before leaving the hive. Behav. Ecol. Sociobiol. 67, 1169–1178, 2013.

115. Hasegawa, Y., & H. Ikeno: How do honeybees attract nestmates using waggle dances in dark and noisy hives? PLOS ONE 6, e19619, 2011.

116. Hasenjager, M. J., Hoppitt, W., & E. Leadbeater: Network-based diffusion analysis reveals context-specific dominance of dance communication in foraging honeybees. Nat. Commun. 11, Article number 625, 2020.

117. Heidborn, T.: Der Forscher, der auf Bienen flog. Max Planck Forschung 1/10, 76–82, 2010.

118. Hölldobler, B., & E. O. Wilson: The ants. Heidelberg: Springer 1990.

119. Hrncir, M., Barth, F. G., & J. Tautz: Acoustic communication in bees. In: Drosopoulos, S., & M. F. Claridge (eds.): Insect sounds and communication: physiology, behaviour, ecology, and evolution. Boca Raton: CRC-Press, 2005.

120. Hrncir, M., Gravel, A. I., Schorkopf, D. L. P., Schmidt, V. M., Zucchi, R., & F. G. Barth: Thoracic vibrations in stingless bees (*Melipona seminigra*): resonances of the thorax influence vibrations associated with flight but not those associated with sound production. J. Exp. Biol. 211, 678–685, 2008.

121. Hrncir, M., Maia-Silva, C., Mc Cabe, S. I., & W. M. Farina: The recruiter's excitement – features of thoracic vibrations during the honey bee's waggle dance related to food source profitability. J. Exp. Biol. 214, 4055–4064, 2011.

122. Huber, F.: Nouvelles observations sur les abeilles, Paris: Debray, 1796. Neue Beobachtungen an den Bienen. Deutsch von G. Kleine. Einbeck: Ehlers, 1856.

123. Hunt, J. H., & F. J. Richard: Intracolony vibroacoustic communication in social insects. Insect. Soc. 60, 403–417, 2013.

124. Ikeno, H., Akamatsu, T., Hasegawa, Y., & H. Ai: Effect of olfactory stimulus on the flight course of a honeybee, *Apis mellifera*, in a wind tunnel. Insects 5, 92–104, 2014.

125. Ikeno, H., Kumaraswamy, A., Kai, K., Wachtler, T., & H. Ai: A segmentation scheme for complex neuronal arbors and application to vibration sensitive neurons in the honeybee brain. Front. Neuroinform. 12/61, 2018.

126. Jammalamadaka, S. R., & A. Sengupta: Topics in circular statistics. Series on multivariate analysis 5. Singapore: World Scientific, 2001.

127. Jensen, I. L., Michelsen, A., & M. Lindauer: On the directional indications in the round dances of honeybees. Naturwissenschaften 84, 452–454, 1997.

128. Johannes von Salisbury: Metalogicon, 3,4, 47–50, 1159.

129. Johnson, D. L.: Communication among bees with field experience. Anim. Behav. 15, 487–492, 1967.

130. Johnson, D. L.: Honey bees: Do they use the direction information contained in their dance maneuver? Science 155, 844–847, 1967.

131. Judd, T. M.: The waggle dance of the honey bee: which bees following a dancer successfully acquire the information? J. Insect Behav. 8, 343–354, 1994.

132. Kietzman, P., & K. Visscher: Follower position does not affect waggle dance information transfer. Psyche: A Journal of Entomology, 1–5, 2019.

133. Kilpinen, O., & J. Storm: Biophysics of the subgenual organ of the honeybee, *Apis mellifera*. J. Comp. Physiol. A 181, 30–318, 1997.

134. Kirchner, W. H.: Hearing in honeybees: the mechanical response of the bee's antenna to near field sound. J. Comp. Physiol. A 175, 261–265, 1994.

135. Kirchner, W. H., & A. Grasser: The significance of odor cues and dance language information for the food search behavior of honeybees (Hymenoptera: Apidae). J. Insect Behav. 11, 169–178, 1998.

136. Kirchner, W. H., & W. F. Towne: The sensory basis of the honeybee's dance language. Sci. Am. 270, 52–59, 1994.

137. Kirchner, W. H., Dreller, C., & W. F. Towne: Hearing in honeybees: operant conditioning and spontaneous reactions to airborne sound. J. Comp. Physiol. A 168, 85–89, 1991.

138. Kirchner, W. H., Lindauer, M., & A. Michelsen: Honeybee dance communication: acoustical indication of direction in round dances. Naturwissenschaften 75, 629–630. 1988.

139. Klir, G. J., & T. A. Folger: Fuzzy Sets, uncertainty and information. New York: Prentice-Hall, 1988.

140. Knaffl, H.: Über die Flugweite und Entfernungsmeldung der Bienen. Z. Bienenforsch. 2, 131–140, 1953.

141. Kohl, P. L., Thulasi, N., Rutschmann, B., George, E. A., Steffan-Dewenter, I., & A. Brockmann: Adaptive evolution of honeybee dance dialects. Proc. R. Soc. B 287, 20200190, 2020.

142. Kraft, P., Evangelista, C., Dacke, M., Labhart, T., & M. V. Srinivasan: Honeybee navigation: following routes using polarized-light cues. Philos. Trans. R. Soc. B Biol. Sci. 366, 703–708, 2011.

143. Kumaraswamy, A., Ai, H., Kai, K., Ikeno, H., & T. Wachtler: Adaptations during maturation in an identified honeybee interneuron responsive to waggle dance vibration signals. eNeuro 6, 2019.

144. Landgraf, T.: Robobee: A biomimetic honeybee robot for the analysis of the dance communication system. Dissertation: Freie Universität Berlin, 2013.

145. Landgraf, T., Rojas, R., Nguyen, H. F., Kriegel, H. E., & K. Stettin: Analysis of the waggle dance motion of honeybees for the design of a biomimetic honeybee robot, PLOS ONE 6, e21354, 2011.

146. Landgraf, T., Bierbach, D., Kirbach, A., Cusing, R., Oertel, M., Lehmann, K., Greggers, U., Menzel, R., & R. Rojas: Dancing honey bee robot elicits dance-following and recruits foragers. arxiv.org/pdf/1803.07126v1, 2018.

147. L'Anson Price, R., & C. Grüter: Why, when and where did honey bee dance communication evolve? Front. Ecol. Evol. 3, 125, 2015.

148. L'Anson Price, R., Dulex, N., Vial, N., Vincent, C., & C. Grüter: Honeybee forage more successfully without the »danced language« in challenging environments. Sci. Adv. 5, 1–9, 2019.

149. Lehrer, M. (ed.): Orientation and communication in arthropods. Heidelberg: Springer, 1997.

150. Lindauer. M.: Schwarmbienen auf Wohnungssuche. Z. vergl. Physiol. 37, 263–324, 1955.

151. Lindauer, M.: Orientierung im Erdmagnetfeld. Fortschr. Zool. 21, 211–228, 1973.

152. Lindauer, M., & H. Martin: Magnetic effect on dancing bees. In: Galler, S. R., & K. Schmidt-Koenig (eds.): Animal orientation and navigation, 559–567. Washington: Scient. and Techn. Information Off., 1972.

153. Lindauer, M., & B. Schricker: Über die Funktion der Ocellen bei den Dämmerungsflügen der Honigbiene. Biol. Zbl. 82, 721–725, 1963.

154. Linnaeus, C. v.: Horologium Florae. In: Philosophia Botanica, 274–276. Stockholm: R. Kiesewetter, 1751.

155. Lineburg, B.: Communication by scent in the honey-bee – a theory. The Am. Nat. 58, 530–537, 1924.

156. Łopuch, S., & A. Tofilski: Importance of wing movements for information transfer during honey bee waggle dance. Ethology 123, 974–980, 2017.

157. Łopuch, S., & A. Tofilski: Impact of the quality of food sources on the wing beating of honey bee dancers. Apidologie 51, 631–641, 2020.

158. Lowell, E. S. H., Morris, J. A., Vidal, M. C., Durso, C. S., & S. M. Murphy: The effect of conspecific cues on honey bee foraging behavior. Apidologie 50, 454–462, 2019.

159. Lubbock, J.: Ants bees, and wasps. A record of observations on the habits of the social Hynemoptera. New York: D. Appleton and Company, 1882.

160. Maeterlinck, M.: Das Leben der Bienen. Jena: Eugen Diederichs, 1919.

161. Markl, H.: Ein neuer Propriorezeptor am Coxa-Trochanter-Gelenk der Honigbiene. Naturwissenschaften 52, 460, 1965.

162. Markl, H.: Schwerkraftdressuren an Honigbienen. I. Die geomenotaktische Fehlorientierung. Z. vergl. Physiol. 53, 328–352, 1966.

163. Markl, H. :Schwerkraftdressuren an Honigbienen. II. Die Rolle der schwererezeptorischen Borstenfelder verschiedener Gelenke für die Schwerekompassorientierung. Z. vergl. Physiol. 53, 353–371, 1966.

164. Markl, H.: Manipulation, modulation, information, cognition: some of the riddles of communication. Fortschr. Zool. 31, 163–194, 1985.

165. Martin, H., & M. Lindauer: Der Einfluß des Erdmagnetfeldes auf die Schwereorientierung der Honigbiene (*Apis mellifica*). J. Comp. Physiol. 122, 145–187, 1977.

166. Mautz, D.: Der Kommunikationseffekt der Schwänzeltänze bei *Apis mellifica carnica* (Pollm.). Z. vergl. Physiol. 72, 197–220, 1971.

167. Maynard Smith, J., & D. Harper: Animal signals. Oxford: Oxford University Press, 2003.

168. Menzel, R.: Unbeirrt zum Ziel. Deutsches Bienen-Journal 1, 56–59, 2019.

169. Menzel, R., & U. Greggers: Guidance by odors in honeybee navigation. J. Comp. Physiol. A 199, 867–873, 2013.

170. Menzel, R., Greggers, U., Smith, A., Berger, S., Brandt, R., Brunke, S., Bundrock, G., Huelse, S., Pluempe, T., Schaupp, F., Schuettler, E., Stach, S., Stindt, J., Stollhoff, N., & S. Watzl: Honeybees navigate according to a map-like spatial memory. PNAS USA 102, 3040–3045, 2005.

171. Menzel, R., Kirbach, A., Haass, W.-D., Fischer, B., Fuchs, J., Koblofsky, M., Lehmann, K., Reiter, L., Meyer, H., Nguyen, H., Jones, S., Norton, P., & U. Greggers: A common frame of reference for learned and communicated vectors in honeybee navigation. Curr. Biol. 21, 645–650, 2011.

172. Michelsen, A.: Ein mechanisches Modell der tanzenden Honigbiene. Mit einer kleinen Roboterbiene kann man die Sprache der Bienen studieren und den Bienen erzählen, wohin sie fliegen sollen. BiuZ 19, 121–126, 1989.

173. Michelsen, A.: Signals and flexibility in the dance communication of honeybees. J. Comp. Physiol. A 189, 165–174, 2003.

174. Michelsen, A., Andersen, B. B., Kirchner, W. H., & M. Lindauer: Honeybees can be recruited by a mechanical model of a dancing bee. Naturwissenschaften 76, 277–280, 1989.

175. Michelsen, A., Andersen, B. B., Kirchner, W. H., & M. Lindauer: How honeybees perceive communication dances, studied by means of a mechanical model. Behav. Ecol. Sociobiol. 30, 143–150. 1992.

176. Michelsen, A., Kirchner, W. H., & M. Lindauer: Sound and vibrational signals in the dance language of the honeybee, *Apis mellifera*. Behav. Ecol. Sociobiol. 18, 207–212, 1986.

177. Michelsen, A., Towne, W. F., Kirchner, W. H., & P. Kryger: The acoustic near field of a dancing honeybee. J. Comp. Physiol. A, 161, 633–643, 1987.

178. Munz, T.: The bee battles: Karl von Frisch, Adrian Wenner and the honey bee dance language controversy. J. Hist. Biol. 38, 535–570, 2005.

179. Munz, T.: Der Tanz der Bienen: Karl von Frisch und die Entdeckung der Bienensprache. Wien: Czernin, 2018.

180. Nachtigall, W.: Hohe Fluggeschwindigkeiten subalpiner Zweiflügler (Diptera). Entomol. Gen. 26, 235–239, 2003.

181. Nieh, J. C., & J. Tautz: Behaviour-locked signal analysis reveals weak 200–300 Hz comb vibrations during the honeybee waggle dance. J. Exp. Biol. 203, 1573–1579, 2000.

182. Núñez, J. A.: Quantitative Beziehungen zwischen den Eigenschaften von Futterquellen und dem Verhalten von Sammelbienen. Z. vergl. Physiol. 53, 142–164, 1966.

183. Núñez, J. A.: Sammelbienen markieren versiegte Futterquellen durch Duft. Naturwissenschaften 54, 322–323. 1967.

184. Núñez, J. A.: The relationship between sugar flow and foraging and recruiting behaviour of honey bees (*Apis mellifera* L.). Anim. Behav. 18, 527–538, 1970.

185. Núñez, J. A.: Beobachtungen an sozialbezogenen Verhaltensweisen von Sammelbienen. Z. Tierpsychol. 28, 1–18, 1971.

186. Núñez, J. A.: Honeybee foraging strategies at a food source in relation to its distance from the hive and the rate of sugar flow. J. Apic. Res. 21, 139–150, 1982.

187. Núñez, J. A., & M. Giurfa: Motivation and regulation of honey bee foraging. Bee World 77, 182–196, 1996.

188. Nürnberger, F., Keller, A., Härtel, S., & I. Steffan-Dewenter: Honey bee waggle dance communication increases diversity of pollen diets in intensively managed agricultural landscapes. Molecular Ecology 28, 3602–3611, 2019.

189. Nürnberger, F., Steffan-Dewenter, I., & S. Härtel: Combined effects of waggle dance communication and landscape heterogeneity on nectar and pollen uptake in honey bee colonies. Peer J. 5, e3441, 2017.

190. Oh, S. M., Rehg, J. M., Balch, T., & F. Dellaert: Learning and inferring motion patterns using parametric segmental switching linear dynamic systems. Int. J. Comput. Vis. 77, 103–124, 2008.

191. Okada, R., Ikeno, H., Aonuma, H., & E. Ito: Biological insights into robotics: honeybee foraging behavior by waggle dance. Adv. Robotics 22, 1665–1681, 2018.

192. Okada, R., Ikeno, H., Sasayama, N., Aonuma, H., Kurabayashi, D., & E. Ito: The dance of the honeybee: how do they dance to transfer the food information effectively? Acta Biol. Hung. 59, 157–162. 2018.

193. Okada, R., Akamatsu, T., Iwata, K., Ikeno, H., Kimura, T., Ohashi, M., Aonuma, H., & E. Ito: Waggle dance effect: dancing in autumn reduces the mass loss of a honeybee colony. J. Exp. Biol. 215, 1633–1641, 2012.

194. Okada, R., Ikeno, H., Kimura, T., Ohashi, M., Aonuma, H., & E. Ito:: Error in the honeybee waggle dance improves foraging flexibility. Sci. Rep. 4, 4175, 2014.

195. Pahl, M., Tautz, J., & S. Zhang: Honeybee cognition. In: Kappeler, P. (ed.): Behavior: evolution and mechanisms. Heidelberg: Springer 2010.

196. Pahl, M., Zhu, H., Pix, W., Tautz, J., & S. Zhang: Circadian timed episodic-like memory – a bee knows what to do when, and also where. J. Exp. Biol. 210, 3559–3567, 2007.

197. Pierce, A. L., Lewis, L. A., & S. Schneider: The use of the vibration signal and worker piping to influence queen behavior during swarming in honey bees, *Apis mellifera.* Ethology 113, 267–275, 2007.

198. Polakoff, L. M.: Dancing bees and the language controversy. Integr. Biol. 1, 187–194, 1998.

199. Preece, K., & M. Beekman: Honeybee waggle dance error: adaptation or constraints? Unravelling the complex dance language of honeybees. Anim. Behav. 94, 19–26, 2014.

200. Rau, A.: Realtime honey bee waggle dance decoding system. Masterarbeit: TU Berlin, 2014.

201. Réaumur, R. A. S. de: Mémoires pour servir à l'historie des insectes. Paris: Imprimerie Royale, 1740. Deutsch: Physicalisch-oeconomische Geschichte der Bienen. Leipzig / Frankfurt: Adam Jonathan Felseckers Erben, 1759.

202. Renner, M.: Neue Versuche über den Zeitsinn der Honigbiene. Z. vergl. Physiol. 40, 85–118, 1957.

203. Renner, M.: Über ein weiteres Versetzungsexperiment zur Analyse des Zeitsinnes und der Sonnenorientierung der Honigbiene. Z. vergl. Physiol. 42, 449–483, 1959.

204. Renner, M.: Das Duftorgan der Honigbiene und die physiologische Bedeutung ihres Lockstoffes. Z. vergl. Physiol. 43, 411–468, 1960.

205. Renner, M., & T. Heinzeller: Do trained honeybees with reliably blinded ocelli really return to the feeding site? J. Apic. Res. 18, 225–229, 1979.

206. Ribbands, C. R.: The behaviour and social life of honeybees. New York: Dover Publications, 1953.

207. Ribbands, C. R.: The scent perception of the honeybee. Proc. R. Soc. B 143, 367–379, 1955.

208. Riley, J. R., & A. D. Smith: Design considerations for an harmonic radar to investigate the flight of insects at low altitude. Comput. Electron. Agr. 35, 151–169, 2002.

209. Riley, J. R., Greggers, U., Smith, A. D., Reynolds, D. R., & R. Menzel: The flight paths of honeybees recruited by the waggle dance. Nature 435, 205–207, 2005.

210. Riley, J. R., Smith, A. D., Reynolds, D. R., Edwards, A., Osborne, J. L., Williams, I. H., Carreck, N. L., & G. M. Poppy: Tracking bees with harmonic radar. Nature 379, 29–30, 1999.

211. Ritschoff, C. C., & T. D. Seeley: The buzz-run: how honeybees signal »time to go«. Anim. Behav. 75, 189–197, 2008.

212. Robinson, G. E., & R. E. Page Jr.: Genetic determination of nectar foraging, pollen foraging, and nest-site scouting in honey bee colonies. Behav. Ecol. Sociobiol. 24, 317–323, 1989.

213. Rohrseitz, K., & J. Tautz: Honey bee dance communication: waggle run direction coded in antennal contacts? J. Comp. Physiol. A 184, 463–470, 1999.

214. Rossel, S., & R. Wehner: Celestial orientation in bees: the use of spectral cues. J. Comp. Physiol. A 155, 605–613. 1984.

215. Rossel, S., & R. Wehner: The bee's e-vector compass. In: Menzel, R., & A. Mercer (eds.): Neurobiology and behavior of honeybees, 76–93. Heidelberg: Springer, 1987.

216. Sammlung Karl August Forster: Die Biene. Graphische Blätter aus fünf Jahrhunderten. Küsnacht-Zürich: Selbstverl., 1975.

217. Sandeman, D., Tautz, J., & M. Lindauer: Transmission of vibration across honeycombs and its detection by bee leg receptors. J. Exp. Biol. 199, 2585–2594, 1996.

218. Schäfer, S.: Schwerkrafteinfluss auf das Bewegungsmuster kurvenlaufender Bienen. Diplomarbeit: Universität Ulm / Würzburg, 1997.

219. Schlegel, T., Visscher, P. K., & T. D. Seeley: Beeping and piping: characterization of two mechano-acoustic signals used by honey bees in swarming. Naturwissenschaften 99, 1067–1071, 2012.

220. Schneider, S. S., Visscher, P. K., & S. Camazine: Vibration signal behavior or waggle-dancers in swarms of the honey bee, *Apis mellifera* (Hymenoptera: Apidea). Ethology 104, 963–972, 1998.

221. Scholtyssek, C.: Zwei Versuche zur Bedeutung des Richtungssignals von Bienentänzen. Diplomarbeit: Universität Freiburg, 1998.

222. Schöne, H.: Orientierung im Raum. Formen und Mechanismen der Lenkung des Verhaltens im Raum bei Tier und Mensch. Stuttgart: Wissenschaftliche Verlagsgesellschaft, 1983.

223. Schricker, B.: Die Orientierung der Honigbiene in der Dämmerung. Zugleich ein Beitrag zur Frage der Ocellenfunktion bei Bienen. Z. vergl. Physiol. 49, 420–458, 1965.

224. Schürch, R., & M. J. Couvillon: Too much noise on the dance floor: intra- and inter-dance angular error in honey bee waggle dances. Commun. Integr. Biol. 6, 1–3, 2013.

225. Schürch, R., & F. L. W. Ratnieks: The spatial information content of the honey bee waggle dance. Front. Ecol. Evol. 18, 2015.

226. Schürch, R., Couvillon, M. J., Burns, D., Tasman, K., Waxman, D., & F. L. W Ratnieks: Incorporating variability in honey bee waggle dance decoding improves the mapping of communicated resource locations. J. Comp. Physiol. A 199, 1143–1152, 2013.

227. Seeley, T. D.: Division of labor between scouts and recruits in honeybee foraging. Behav. Ecol. Sociobiol. 12, 253–259, 1983.

228. Seeley T. D.: Social foraging by honey bees: how colonies allocate foragers among patches of flowers. Behav. Ecol. Sociobiol. 19, 343–354, 1986.

229. Seeley T. D.: Honey bee foragers as sensory units of their colonies. Behav. Ecol. Sociobiol. 34, 51–62, 1994.

230. Seeley, T. D.: The wisdom of the hive. Cambridge: Harvard University Press, 1995.

231. Seeley, T. D.: Bienendemokratie: Wie Bienen kollektiv entscheiden und was wir davon lernen. Berlin: Fischer, 2015.

232. Seeley, T. D., & J. Tautz: Worker piping in honey bee swarms and its role in preparing for liftoff. J. Comp. Physiol. A 187, 667–676, 2001.

233. Seeley, T. D., & P. K. Visscher: Sensory coding of nest-site value in honeybee swarms. J. of Exp. Biol. 211, 3691–3697, 2008.

234. Seeley T. D., Camazine, S., & J. Sneyd: Collective decision-making in honey bees: how colonies choose among nectar sources. Behav. Ecol. Sociobiol. 28, 277–290, 1991.

235. Seeley, T. D., Mikheyev, A., & G. Pagano: Dancing bees tune both duration and rate of waggle-run production in relation to nectar-source profitability. J. Comp. Physiol. A 186, 813–819, 2000.

236. Seeley, T. D., Morse, R. A., & P. K. Visscher: The natural history of flight of honey bee swarms. Psyche 86, 103–113, 1979.

237. Seeley, T. D., Kleinhenz, M., Bujok, B., & J. Tautz: Thorough warm-up before take-off in honey bee swarms. Naturwissenschaften 90, 256–260, 2003.

238. Sen Sarma, M., Esch, H., & J. Tautz: A comparison of the dance language in *Apis mellifera carnica* and *Apis florea* reveals striking similarities. J. Comp. Physiol. A 190, 49–53, 2003.

239. Shannon, C. E.: A mathematical theory of communication. Bell Syst. Tech. J. 27, 379–423. 1948.

240. Sherman, G., & P. K. Visscher: Honeybee colonies achieve fitness through dancing. Nature 419, 920–922, 2002.

241. Simpson, J.: The mechanism of honey-bee queen piping. Z. vergl. Physiol. 48, 277–282, 1964.

242. Sladen, F. W. L.: A scent organ in the bee. British Bee Journal 29, 142, 143, 151–153, 1901.

243. Srinivasan, M. V., Zhang, S., Altwein, M., & J. Tautz: Honeybee navigation: nature and calibration of the »odometer«. Science 287, 851–853, 2000.

244. Sprengel, C. K.: Das entdeckte Geheimnis der Natur im Bau und in der Befruchtung der Blumen. Berlin: Vieweg, 1793.

245. Spitzner, J. E.: Ausführliche Beschreibung der Korbbienenzucht im sächsischen Churkreise […]. Leipzig: Junius, 1788.

246. Steche, W.: Gibt es »Dialekte« der Bienensprache? Dissertation: Uni München, 1954.

247. Steche, W.: Gelenkter Bienenflug durch »Attrappentänze«. Naturwissenschaften 44, 598, 1957.

248. Steche, W.: Beiträge zur Analyse der Bienentänze. Insect. Soc. 4, 305–318, 1957.

249. Steffan-Dewenter, I., & A. Kuhn: Honeybee foraging in differentially structured landscapes. Proc. Biol. Sci. 270, 569–75. 2003.

250. Tanner, D. A.: An evaluation of the tuned-error hypothesis in the honey bee. MS thesis: University of California, Riverside, 2003.

251. Tanner, D. A., & K. Visscher: Do honey bees tune error in their dances in nectar-foraging and house-hunting? Behav. Ecol. Sociobiol. 59, 571–576, 2006.

252. Tanner, D. A., & P. K. Visscher: Do honey bees average directions in the waggle dance to determine a flight direction? Behav. Ecol. Sociobiol. 62, 1891–1898, 2008.

253. Tanner, D., & K. Visscher: Does the body orientation of waggle dance followers affect the accuracy of recruitment? Apidologie 40, 55–62, 2009.

254. Tanner, D., & P. K. Visscher: Adaptation or constraints? Reference-dependent scatter in honey bee dances. Behav. Ecol. Sociobiol. 64, 1081–1086, 2010.

255. Tautz, J.: Honeybee waggle dance: recruitment success depends on the dance floor. J. Exp. Biol. 199, 1375–1381, 1996.

256. Tautz, J.: Das Festnetz der Bienen. Spektrum der Wissenschaft 8, 60–66, 2002.

257. Tautz, J.: Die Erforschung der Bienenwelt. Neue Daten – neues Wissen. Ingolstadt: Klett und Audi-Stiftung, 2014.

258. Tautz, J., & K. Rohrseitz: What attracts honeybees to a waggle dancer? J. Comp. Physiol. A 183, 661–667, 1998.

259. Tautz, J., & D. C. Sandeman: Recruitment of honeybees to non-scented food sources. J. Comp. Physiol. A 189, 293–300, 2002.

260. Tautz, J., Casas, J., & D. C. Sandeman: Phase reversal of vibratory signals in honeycomb may assist dancing honeybees to attract their audience. J. Exp. Biol. 204, 3737–3746, 2001.

261. Tautz, J., Rohrseitz, K., & D. C. Sandeman: One-strided waggle dance in bees. Nature 382, 32, 1996.

262. Tautz, J., Zhang, S., Spaethe, J., Brockmann, A., Si, A., & M. Srinivasan: Honeybee odometry: performance in varying natural terrain. PLOS 2, 0915–0923, 2004.

263. Thom, C., Gilley, D. C., Hooper, J., & H. E. Esch: The scent of the waggle dance. PLOS Biol. 5, e228, 2007.

264. Torres, L. M. de: Tratado breve de la cultivación y cura de las colmenas. Alcala de Henares, 1586.

265. Towne, W. F.: The spatial precision and mechanisms of the dance communication of honey bees: experimental and comparative studies. PhD Thesis: Princeton University Press, 1985.

266. Towne, W. F., & J. L. Gould: Magnetic field sensitivity in honey bees. In: Kirschvink, J. L., Jones, D. S., & B. J. McFadden (eds.): Magnetite biomineralization and magenetoreception in organisms, Chapter 18, 1984.

267. Towne, W. F., & J. L. Gould: The special precision of the honeybee's dance communication. J. Insect Behav. 1, 129–155, 1988.

268. Towne, W. F., & W. H. Kirchner: Hearing in honey bees: detection of air-particle oscillations. Science 244, 686–688, 1989.

269. Tsujiuchi, S., Sivan-Loukianova, E., Eberl, D. F., Kitagawa, Y., & T. Kadowaki: Dynamic range compression in the honey bee auditory system toward waggle dance sounds. PLOS ONE 2, e234, 2007.

270. Unhoch, N.: Anleitung zur wahren Kenntniß und zweckmäßigsten Behandlung der Bienen nach drey- und dreyßigjähriger genauer Beobachtung und Erfahrung. München: Fleischmann, 1823.

271. Vadas, R. L.: The anatomy of an ecological controversy: honeybee searching behavior. Oikos (Forum Section) 69, 158–166, 1994.

272. Waddington, K. D.: Honey bee foraging profitability and round dance correlates. J. Comp. Physiol. A 148, 279–301, 1982.

273. Waddington, K. D., & W. H. Kirchner: Acoustical and behavioral correlates of profitability of food sources in honey bee round dances. Ethology 92, 1–6, 1992.

274. Waddington, K. D., Nelson, C. M., & R. E. Page Jr.: Effects of pollen quality and genotype on the dance of foraging honey bees. Anim. Behav. 56, 35–39, 1998.

275. Wario, F., Wild, B., Couvillon, M. J., Rojas, R., & T. Landgraf: Automatic methods for long-term tracking and the detection and decoding of communication dances in honeybees. Front. Ecol. Evol. 3, 2015.

276. Wario, F., Wild, B., Rojas, R., & T. Landgraf: Automatic detection and decoding of honey bee waggle dances. PLOS ONE 12, e0188626, 2017.

277. Watson, J. B., & K. S. Lashley: Homing and related activities in birds. Washington: Carnegie Institution, 1915.

278. Wehner, R.: Himmelsnavigation bei Insekten. Neurophysiologie und Verhalten. Neujahrsbl. Naturforsch. Ges. Zürich 184,1–132, 1982.

279. Wehner, R., & S. Rossel: The bee's celestial compass: a case study in behavioural neurobiology. In: Hölldobler, B., & M. Lindauer (eds.): Experimental behavioural ecology (Fort Zool 31), 11–53. Stuttgart / New York: Fischer, 1985.

280. Wehner, R., Stulzer, W., & M. Obrist: The bee-dance controversy revisited. Experientia 41, 1223, 1985.

281. Weidenmüller, A., & T. D. Seeley: Imprecision in the waggle dances of the honeybee (*Apis mellifera*) for nearby food sources: error or adaptation? Behav. Ecol. Sociobiol. 46, 190–199, 1999.

282. Wenner, A. M.: Sound production during the waggle dance of the honey bee. Anim. Behav. 10, 79–95,1962.

283. Wenner, A. M.: The elusive honey bee dance »language« hypothesis. J. Insect Behav. 15, 859–878, 2002.

284. Wenner, A. M., & P. H. Wells: Anatomy of a controversy – the question of a »language« among bees. New York: Columbia Press, 1990.

285. Wenner, A. M., Wells, P. H., & D. L. Johnson: Honeybee recruitment to food sources: olfaction or language? Science 164, 84–86, 1969.

286. Wenner, A. M., Wells, P. H., & F. J. Rohlf: An analysis of the waggle dance and recruitment in honey bees. Physiol. Zool. 40, 317–344, 1967.

287. Wilson, E. O.: The insect societies. Cambridge, Mass.: Belknap Press of Harvard University Press, 1971.

288. Wray, M. K., Klein, B. A., Mattila, H. R., & T. D. Seeley: Honeybees do not reject dances for ›implausible‹ locations: reconsidering the evidence for cognitive maps in insects. Anim. Behav. 76, 261–269, 2008.

289. Yesh'kov, Y. K., & A. M. Sapozhnikov: Mechanisms of generation and perception of electric fields by honey bees. Biofizika 21, 1097–1102, 1976.

290. Zhang, S., Schwarz, S., Pahl, M., Zhu, H., & J. Tautz: Honeybee memory: a honey bee knows what to do and when. J. Exp. Biol. 209, 4420–4428, 2006.

291. Zoubareff, A.: A propos d'un organe de l'abeille non encore décrit. Bull. d'Apiculture pour la Suisse Romande 5, 215–216, 1883.

KURZE ERKLÄRUNG EINIGER WICHTIGER BEGRIFFE

Brauseflug: Sammelbienen, die im Stock mit dem Schwänzeltanz für einen Futterplatz geworben haben, nähern sich danach dem angezeigten Ziel mit einem auffallend hörbaren Flugton.

Comb-wide web: Die oberen Ränder der Zellen einer Wabe bilden in ihrer Gesamtheit ein Netz, über das Vibrationssignale zwischen den Bienen ausgetauscht werden.

Cuticula: Der äußere feste Panzer der Insekten.

Erfahrene Bienen: Sammelbienen, denen bestimmte Sammelplätze bereits bekannt sind.

Facetten: Einzelaugen eines Komplexauges.

Flagellum: Auch Antennengeißel, vielgliedriger letzter Teil des Fühlers der Insekten.

Geraniol: Eine Alkoholverbindung und wichtiger Bestandteil des Pheromons der Nasanov-Drüse der Bienen.

Johnston-Organ: Sinnesorgan im Inneren der Fühler von Insekten. Hochempfindlich zur Wahrnehmung von schwächsten Luftbewegungen, die das Flagellum reizen.

Komplexaugen: Augentyp bei Insekten, zusammengesetzt aus vielen Facetten.

Laser-Doppler-Vibrometrie: Moderne Untersuchungsmethode, gestattet ein berührungsloses Erfassen der unvorstellbar schwachen Vibrationen, die eine Tänzerin auf der Wabe erzeugt.

Mechanorezeptoren: Sinneszellen, durch die mechanische Kräfte wahrgenommen werden.

Nachtänzerinnen: Sammelbienen, die im Bienenstock dem Tanz einer Tänzerin folgen.

Nasanov-Drüse: Drüse im Hinterleib von Arbeiterinnen, deren Pheromon der Anlockung von Nestgenossinnen dient.

Neulinge: Sammelbienen, die einen bestimmten Futterplatz zum ersten Mal aufsuchen.

Ocellen: Siehe Facetten.

Pheromone: Von Lebewesen hergestellte chemische Verbindungen mit Signalfunktion.

Polarisation: Lichtwellen, die von der Sonne ausgehen, sind in ihrer Schwingungsrichtung zufällig verteilt. Schwingen Lichtwellen nur in einer Ebene, ist das Licht polarisiert. Polarisiertes Licht lässt sich durch optische Filter erzeugen.

Rekruten / Rekrutierung: Sammelbienen, die im Stock Bienentänzen gefolgt sind und danach an den Zielen auftauchen, für die die Tänzerinnen werben, heißen Rekruten, der Vorgang der Gewinnung neuer Arbeitskräfte heißt Rekrutierung.

Sakkadenbewegung: Schnelle, ruckartige Bewegung mit anschließender Bewegungspause.

Schweresinnesorgane: Sinnesorgane, mit denen die Richtung der Schwerkraft bestimmt werden kann.

Schwingungsamplitude: Die größte Entfernung (Auslenkung), die die Schwingungsbewegung im Verhältnis zur Ruheposition erreicht.

Sonnenazimut-Richtung: Der Punkt auf der Erdoberfläche, an dem eine senkrecht nach unten weisende gedachte Linie von der Sonne auftrifft.

Tergittaschendrüsen: Drüsen in jedem Segment des Hinterleibes einer Bienenkönigin, die das Königinnenpheromon abscheiden.

Vibrationspulse: Zeitlich kurze Vibrationen, von Bienentänzerinnen während des Bienentanzes erzeugt.

Wabengasse: Zwischenraum zwischen zwei benachbarten Waben.

DANK

Zur Entwicklung des schwierigen und komplexen Inhalts dieses Buches haben zahlreiche Menschen beigetragen.

Ich danke David C. Sandeman für seine jahrelange geduldige konstruktiv-kritische Unterstützung und sein Vertrauen in das Zustandekommen dieses Buches.

Rodrigo De Marco, Benjamin Rutschmann und Stephen Buchmann danke ich für Einblicke in und die Zustimmung zur Nutzung bisher unveröffentlichter Projekte. Werner Nachtigall, Mitbegründer der Gesellschaft für Technische Biologie und Bionik, danke ich für Informationen zur Kinematik und Aerodynamik des Bienenfluges, die für die Funktion von Brauseflügen relevant sein dürften. Michael Boppre danke ich für Literaturhinweise und gemeinsame Spekulationen zur Möglichkeit einer dosierten Freisetzung des Nasanov-Drüsen-Pheromons. Martin Wikelski danke ich für Diskussionen zur Fernorientierung bei Vögeln. Mein Dank geht an Silke Arndt für Kreativität und Geduld bei der Entwicklung der Grafiken. Claudia Caesar danke ich für ein außerordentlich konstruktives Lektorat, dem Verlagsteam bei Knesebeck für die hervorragende Zusammenarbeit.

Ohne den Rückhalt meiner Ehefrau Rosemarie Müller-Tautz, auch in den schwierigen Phasen des quälenden Zweifelns an den eigenen Überlegungen, wäre dieses Buch nicht zustande gekommen.

Deutsche Originalausgabe

Ein Unternehmen der Média-Participations

Projektleitung:
Dr. Thomas Hagen und Hans Peter Buohler, Knesebeck Verlag
Lektorat: Dr. Claudia Caesar, Bad Vilbel
Gestaltung und Umschlaggestaltung: Favoritbüro, München
Umschlagabbildung: modifiziert nach S. M. Oh, J. M. Rehg,
T. Balch und F. Dellaert (2008)
Fotografien: S. 36, 70, 186, 228: R. Müller-Tautz;
S. 75, 77, 99, 195: S. Diller; S. 76, 189–191, 218, 220, 222: I. Arndt;
S. 153: D. Ausserhofer/DFG; S. 133: M. Kleinhenz, HOBOS-Team;
S. 185: H. Heilmann, Universität Würzburg; S. 186: J. Tautz;
S. 208: N. Chalewatzis; S. 219: Unbekannt
Grafiken: © Silke Arndt, Schlüchtern-Elm
Grafikelemente Einband: © Shutterstock/Bodor Tivadar
Satz und Herstellung: Arnold & Domnick, Leipzig
Druck: Livonia Print, Riga
Printed in Latvia

ISBN 978-3-95728-503-4

www.knesebeck-verlag.de

MIX
Papier aus verantwortungsvollen Quellen
FSC® C002795
www.fsc.org